有色金属行业教材建设项目

新能源系列精品教材

U0642441

储能材料纳米技术与应用

主 编 张宝

副主编 明磊 张佳峰 欧星 王小玮

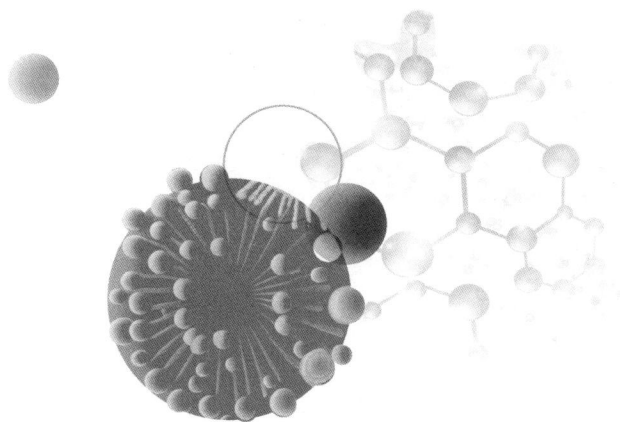

中南大学出版社·长沙
www.csupress.com.cn

图书在版编目(CIP)数据

储能材料纳米技术与应用 / 张宝主编. —长沙：中南
大学出版社，2023.12
ISBN 978-7-5487-5655-2

Ⅰ. ①储… Ⅱ. ①张… Ⅲ. ①储能－功能材料－纳米
技术－教材 Ⅳ. ①TB34

中国国家版本馆 CIP 数据核字(2023)第 239965 号

储能材料纳米技术与应用
CHUNENG CAILIAO NAMI JISHU YU YINGYONG

张宝　主编

□ 出 版 人	林绵优	
□ 责任编辑	史海燕　李宗柏	
□ 责任印制	李月腾	
□ 出版发行	中南大学出版社	
	社址：长沙市麓山南路	邮编：410083
	发行科电话：0731-88876770	传真：0731-88710482
□ 印　　装	长沙市雅高彩印有限公司	

□ 开　　本	787 mm×1092 mm 1/16	□ 印张 11.5	□ 字数 293 千字
□ 版　　次	2023 年 12 月第 1 版	□ 印次 2023 年 12 月第 1 次印刷
□ 书　　号	ISBN 978-7-5487-5655-2	
□ 定　　价	42.00 元	

序

Preface

生态兴则文明兴，生态衰则文明衰，生态环境变化直接影响文明兴衰演替。党的二十大报告强调，推动绿色发展，必须牢固树立和践行绿水青山就是金山银山的理念，站在人与自然和谐共生的高度谋划发展，坚定不移走生产发展、生活富裕、生态良好的文明发展道路，实现中华民族永续发展。能源绿色低碳发展是我国生态文明建设的重要内容，当前以高效化、智能化、绿色化为显著特点的新一轮能源革命席卷世界，不断推动全球能源结构发生深刻变革。作为当代科学技术的战略制高点之一，纳米科技的理论研究与工程应用正成为新能源技术与产业革命的重要支撑。

能源与人类发展息息相关，一部人类的发展史，就是一部能源的开发利用史。人类经历了三次技术革命，无论是将蒸汽机热能转换为机械能，还是对电能的使用，抑或是在能源的支持下计算机算力不断提升，孕育出如火如荼的人工智能，一切都与能源息息相关。能源利用技术的发展离不开材料科技的支撑，当今新能源革命实质就是一场新材料革命。在新能源新材料领域，中南大学有着独特的学科优势，通过不断强化传统学科与新兴学科的高效协同、高度集成、高水平交叉融合，持续推进开放式科创平台和智库基地多元布局，完善教育、科技、人才一体化发展机制，形成了具有一定集团优势的战略科技力量。

在"双碳"目标下，新能源与新型储能已成为亮眼的国家战略性新兴产业。在新的历史节点上，面向新能源与新型储能产业蓬勃发展，张宝教授团队所编的《储能材料纳米技术与应用》一书，收录了多年来对纳米储能材料前沿问题的思考、认识和探索，体现了"想国家之所想、急国家之所急、研国家之所需"的价值追求，彰显了"深耕新能源材料、赋能可持续未来"的科研情怀。全书既有理论上的新构建，凝聚了作者近十年教学研究的智慧结晶；也有实践上的新突破，提供了新能源材料应用与产业化的实践经验。

中南大学被社会誉为我国新能源行业"黄埔军校"。我到学校工作以后，对我国新能源新材料领域迅猛发展和巨大成绩的感受更加深刻，对中南大学在新能源新材料领域的学科优势、鲜明特色、突出贡献的认识也更加深刻。放眼未来，以新能源为重点的能源革命将为人类生产方式的变革提供更多可能。基于此，为满足高校与行业企事业单位学习、研究、交流等需要，我认为出版本书很有意义。相信这本书会推动和帮助更多的研究者以昂扬奋斗之姿，投身新能源新材料领域的科研报国行动，不断向科学技术广度和深度进军，为中国式现代化建设贡献更加坚实的力量！

中国工程院院士，中南大学校长

序

Preface

随着人类社会快速发展，世界能源需求也不断增长。储能材料和纳米技术都将发挥重要积极作用，从而有效应对日益增长的能源和环境问题的挑战。纳米技术在许多领域已经广泛应用并迅猛发展，促使研究者将目光投向材料科学领域，特别是储能应用材料。通过新型纳米储能材料技术的发展与应用，减少二氧化碳排放，能有效促进我国碳达峰、碳中和目标的实现。

纳米材料的命名最早出现在 20 世纪 80 年代，我国纳米材料与技术的发展与世界发达国家几乎同步，意味着我国极有希望在该技术领域处于世界领先水平，这对于我国社会经济发展以及国家繁荣安定具有重要意义。为了推动纳米材料与技术的发展，国家多次将纳米材料与纳米技术列入国家重点基础研究发展计划以及五年规划中，持续投入经费。在 2022 年，经国务院学位委员会第 37 次会议审议通过，将纳米科学与工程列入交叉学科门类下新的一级学科，这是纳米科技领域人才培养的一个重要里程碑。

纳米材料具有宏观材料所不具备的特殊性质，这使得纳米技术的应用渗透到能源、军事、生物、环境、医疗以及生活日用等几乎所有的生产和研究领域中。新能源作为当前发展最为火热的领域之一，对纳米材料与技术同样具有广泛的应用需求。包含锂离子电池在内的碱金属离子电池是目前最重要的二次储能系统，其性能瓶颈成为新能源领域发展的一大挑战。而随着纳米材料与纳米技术的发展与应用，以锂离子电池为代表的储能电池的性能问题迎来了转机。将纳米技术与储能材料领域交叉融合，成为了新时代下的研究重点。

本书以储能材料为主线，将纳米技术和锂离子电池等储能系统两个领域进行融合，对储能纳米材料与技术进行介绍，并就纳米技术与锂离子电池之间的关系进行了论述，深入探讨了纳米技术对储能材料物理特性和电化学性能的影响；同时还对纳米材料的分析表征方法与技术进行了介绍说明，使得人们能够更深入地了解纳米材料与技术，学习与掌握如何利用纳米技术改善储能材料的性能。本书还将储能电极材料中的纳米现象进行了归纳总结，阐述了纳米现象的产生原因并归纳了克服局限性的策略和方法，为纳米电极材料设计提供新思路。

另外，本书还补充介绍了最先进的纳米材料原位电化学表征技术，以及纳米材料与技术在其他领域中的发展与应用，进一步扩宽读者的视野。

　　本书可作为新能源材料与器件、新能源科学与工程、材料科学与工程等相关专业本科生以及研究生的学习教材，亦可作为锂离子电池等储能材料相关企业以及高校、科研院所相关研究人员的有益参考书籍。

中国工程院院士，中南大学副校长

前 言

Foreword

　　纳米技术作为当今世界最为炙手可热的前沿领域之一，已经在诸多领域展现出了其强大的应用潜力。在能源储存领域，储能材料的研究与应用已经成为推动能源技术发展的重要方向之一；而在纳米技术的推动下，储能材料的性能和效率也得到了大幅提升，其应用前景更加广阔。

　　本书以纳米技术及储能材料为主线，介绍了纳米技术及其在储能领域中的应用与研究进展，涵盖了纳米储能材料的制备、表征、性能和应用等方面。本书共分为10章：第1章介绍了纳米技术的发展历程和纳米材料的研究进展，以及纳米材料的定义和特点，同时介绍了储能技术的基本原理和应用现状，为读者全面了解储能技术提供了帮助；第2章介绍了纳米材料的表征方法，包括传统的物理化学方法和现代的先进表征技术；第3章介绍了常见的纳米材料合成方法，包括物理法、化学法、模板法等；第4章介绍了纳米材料的改性方法，分析了团聚产生的原因及改性方法的基本原理；第5章介绍了纳米材料在锂离子电池正极材料中的应用，包括锂铁磷酸、锂镍钴锰氧化物等纳米正极材料的研究进展；第6章介绍了纳米材料在锂离子电池负极材料中的应用，包括碳基纳米材料、硅基纳米材料、氧化物/硫化物等负极材料的研究进展；第7章介绍了纳米材料在超级电容器和锂空气电池中的应用，包括纳米碳材料、纳米金属氧化物等超级电容器材料和锂空气电池催化剂的研究进展；第8章介绍了锂离子电池中的纳米现象，包括锂离子扩散、电化学反应、电解液分解等方面的纳米效应和机理；第9章介绍了纳米电极材料的先进原位表征技术，包括原位X射线吸收光谱技术，原位透射电子显微镜技术等；第10章介绍了纳米材料在其他新能源材料和环境领域的应用，有利于读者进一步加深对纳米技术全面的理解。

　　参加本书编写的有中南大学冶金与环境学院的张宝(第1章和第10章)，明磊(第6章和第7章)，张佳峰(第4章和第5章)，欧星(第8章和第9章)，王小玮(第2章和第3章)；全书由张宝修改定稿。此外，研究生何鑫友、王星元、邹景田、彭德招、方绍钧为本书资料搜集、图片整理、文字编辑以及文稿校订做了大量工作。本书还得到了低碳有色冶金国家工程研究中心和先进电池材料教育部工程研究中心的资助，在此表示衷心感谢。本书的编写还得到了何静教授、李运姣教授、彭志宏教授等多位专家的支持与指导，给予了许多宝贵意见，在此表示衷心感谢。

本书编者在编写过程中结合了多年的教学经验，旨在为读者提供一份全面、系统的纳米储能材料方面的学习资料。无论是从事基础研究还是产业生产人员，本书都能够为其提供有价值的参考，进而为新能源领域的发展和产业升级做出贡献。

本书主要针对新能源材料与器件领域大学三年制或四年制的学生而编写的，因此读者必须先掌握了大学化学、材料科学基础和现代电化学等课程的基础知识，而且预先修完新能源材料与器件概论等基础课程，这样对阅读本书会更有帮助。由于作者水平有限，书中难免有不足和疏漏之处，敬请读者批评指正。

张宝

中南大学

2023 年 7 月

目 录

Contents

第 1 章　纳米技术与纳米材料

PPT

1.1　概述

纳米技术是在原子和分子水平上控制物质颗粒大小的科学。一般来说，纳米技术是涵盖 100 纳米（nm）或更小尺寸微粒的制备技术，或设备研发技术。1 nm 是 1 m 的十亿分之一。换个角度来说，1 nm 与 1 m 相比，就像一块 10 cm 左右的大理石与地球比较大小一样；或者说，1 nm 是一个普通男人在把剃刀举到脸上的时间里长出的胡子的量。

若以研究对象或工作性质来讨论，纳米技术包括三个研究领域：（1）纳米材料制备工艺及设备，是纳米科技的基础；（2）纳米器件，纳米器件的研制水平和应用程度是人类是否进入纳米科技时代的重要标志；（3）纳米尺度的检测与表征，是纳米技术研究必不可少的手段，是理论与实验研究的重要基础。

1.1.1　纳米材料的含义

纳米材料是指在三维空间中至少有一维处于纳米尺度范围（$10^{-9} \sim 10^{-7}$ m）内或由它们作为基本单元构成的材料（如图 1-1）。

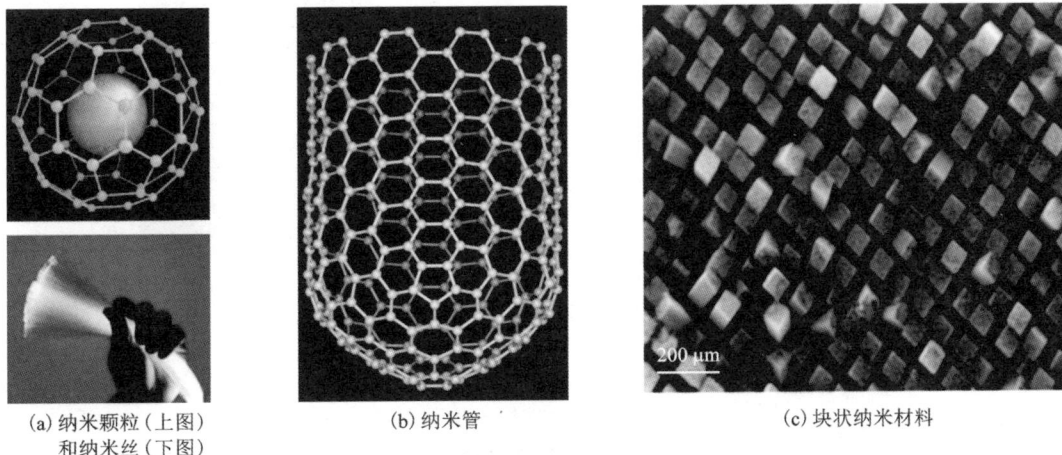

(a) 纳米颗粒（上图）
和纳米丝（下图)　　(b) 纳米管　　(c) 块状纳米材料

200 μm

图 1-1　几种纳米材料

纳米粒子从微生物到复杂的生物体，广泛存在于自然界中，并可能通过人类的活动而进入大气环境中。光合作用，火山喷发，海水蒸发，森林火灾以及一些藻类、真菌、酵母和细菌孢子的脱落等自然过程也会向大气环境散发纳米颗粒。人工合成的纳米颗粒具有特定的尺寸、形状、表面特性和化学性质。纳米材料的合成方法有自大而小和自小而大两种。在自大而小的方法中，采用电弧、研磨、溅射、球磨和热烧蚀等不同的方法将块状材料缩小尺寸，使其形成纳米材料。但在自小而大的方法中，纳米材料是通过连接原子、分子和微小粒子等小实体来合成的，并依赖于化学方法和生物方法。自小而大的方法比自大而小的方法有更大的优势，因为它们更容易合成所需的纳米颗粒。

由于纳米粒子的尺寸小，比波长为 4000~7000 Å 的平均光要小，所以用简单的光学显微镜是看不到它的。当物质从宏观尺度降至纳米尺度时，它们表现出不同的物理化学性质，如透明物质变成不透明物质，耐火材料变成可燃材料，绝缘体变成导体，固体在室温下可能变成液体，吸光度和发光光谱发生蓝移。在半导体中，其带隙随着尺寸的减小而增大。纳米粒子的物理性质取决于其大小、形状、比表面积和结构，包括结晶度、缺陷结构和聚集状态(与它们的分散介质有关)。纳米颗粒的化学性质取决于其组成、结构、表面配体、物相特性、表面化学性质(如疏水性或亲油性等)。

1.1.2 纳米材料的分类

按维数或结构来分，纳米材料的基本单元可以分为四类：零维纳米材料、一维纳米材料、二维纳米材料和三维纳米材料。

零维纳米材料，指空间三维尺度均在纳米尺度以内的材料，如纳米尺寸颗粒、原子团簇、人造原子等(如图 1-2)。这些纳米颗粒可以是非晶态或晶体，单晶或多晶，由单一或多种化学元素组成，呈现出各种形状和形式，它们单独存在或融入基体、金属、陶瓷或聚合物中。

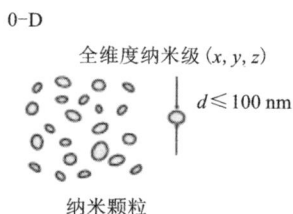

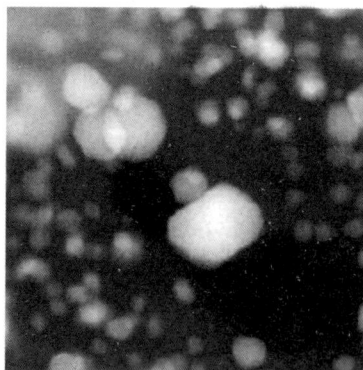

(a) 零维纳米材料结构示意图　　　　(b) 零维纳米材料电镜图

图 1-2　零维纳米材料

一维纳米材料，指在空间有两维处于纳米尺度的材料，如纳米丝、纳米棒、纳米管、纳米带等(如图 1-3)。一维纳米材料与零维纳米材料的不同之处在于其中一个维度不局限在纳米尺度。这些纳米颗粒可以是非晶态或晶体，单晶或多晶，由单一或多种化学元素组成，它们单独存在或融入基体、金属、陶瓷或聚合物中。

由上述零维和一维纳米材料的定义可知，二维纳米材料则是指其中两个维度不局限于纳米尺度的材料。因此，二维纳米材料呈现出片状形状(如图 1-4)。二维纳米材料包括纳米膜、纳米层和纳米涂层等。这些纳米材料可以是非晶态或晶体，由各种化学成分组成，为单层或多层结构，沉积在基体材料金属、陶瓷或聚合物中。

1-D

二维 (x, y) 纳米级，
其他维度 (L) 非纳米级

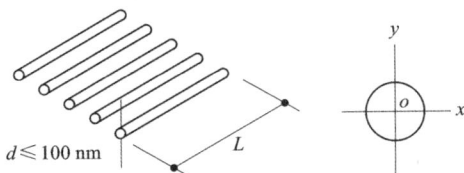

$d \leqslant 100 \ nm$

L

纳米丝, 纳米棒, 纳米管

(a) 一维纳米材料结构示意图

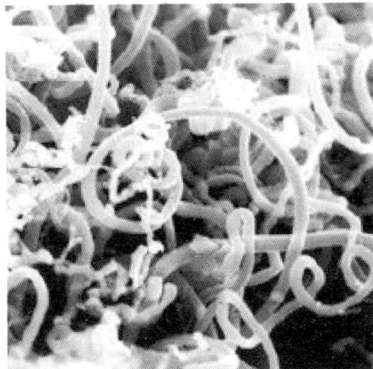

(b) 一维纳米材料电镜图

图 1-3 一维纳米材料

2-D

一维 (t) 纳米级，
其他二维 (L_x, L_y) 非纳米级

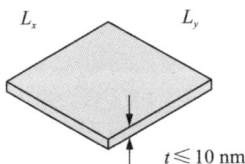

L_x L_y

$t \leqslant 10 \ nm$

纳米涂层和纳米膜

(a) 二维纳米材料结构示意图

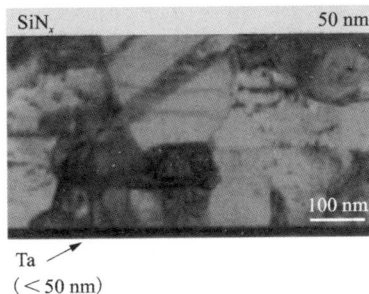

SiN$_x$ 50 nm

100 nm

Ta
($< 50 \ nm$)

(b) 二维纳米材料电镜图

图 1-4 二维纳米材料

三维纳米材料，也被称为块状纳米材料。然而，根据我们目前建立的尺寸参数可知，块状纳米材料是一种不局限于任何维度的纳米尺度的材料。因此，这些材料具有三个任意尺寸超过 100 nm 的特征（见图 1-5）。随着这些任意维度的引入，我们当然会问为什么这些材料被称为纳米材料。继续将这些材料归类为纳米材料的原因是，尽管它们的尺寸只有数十纳米，但这些材料具有纳米晶体结构或涉及纳米级特征的存在。在纳米晶体结构方面，块状纳米材料可以由多种排列的纳米尺寸的晶体组成，最典型的是晶体不同的取向。就纳米尺度特征的存在而言，三维纳米材料可以包含分散的纳米颗粒，成束的纳米线、纳米管以及多分子层。三维纳米材料可以是非晶态或晶体，化学纯或不纯的复合材料，由多分子层组成的金属、陶瓷或聚合物。

纳米材料按属性分又可分为七种类型：金属纳米材料，氧化物纳米材料，硫化物纳米材料，碳（硅）化合物纳米材料，氮（磷）化合物纳米材料，含氧酸盐纳米材料，复合纳米材料；按功能分又可分为半导体型材料，光敏型纳米材料，磁性纳米材料和功能型纳米材料几种类型。

金属纳米材料，如纳米金、纳米银。有些纳米结构有利于提高金属材料的强度和塑性，金属材料的力学行为和性能可以通过合成纳米结构来优化，并表现出显著的各向异性。目前，有研究者已经将一种层次纳米孪晶结构运用到钢、中熵或高熵合金中，改善了金属材料的物理性能。

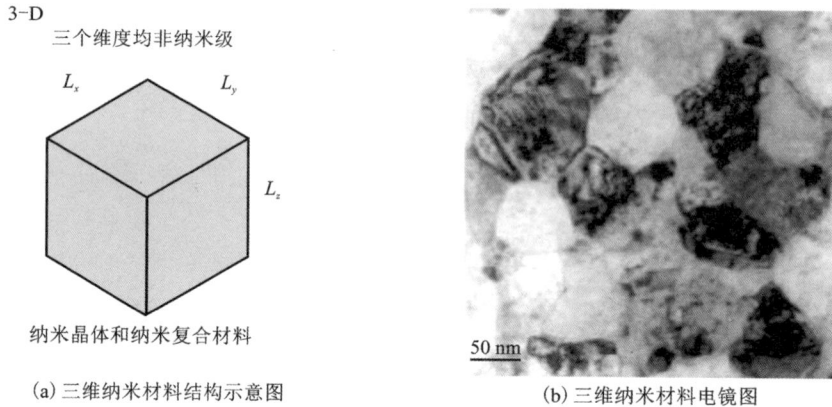

(a) 三维纳米材料结构示意图   (b) 三维纳米材料电镜图

图 1-5   三维纳米材料

氧化物纳米材料，该类纳米材料的表面容易被改性，化学和物理性质比较稳定，方便运输、存储、加工。

含氧酸盐纳米材料，如硫酸盐类、钛酸盐类、磷酸盐类、碳酸盐等含氧酸盐纳米材料具有许多特别的性能。最常见的是碳酸钙，目前纳米碳酸钙已有多种制造方法，生产能力达年产数十万吨的公司在全国有数百家，其产品纳米碳酸钙粒径大约是 30~50 nm，现在的市场价为 2000~3000 元/t；而普通碳酸钙 400 目市场价为 250 元/t，1000 目市场价为 350 元/t。

复合纳米材料，多种纳米材料复合在一起而形成的复合体系，其性质取决于复合纳米材料的各个元素的状态。复合纳米材料彼此相互作用，共同形成一个相态，这种复合纳米材料不是组成元素性质的叠加，而是会产生新的性质。

1.1.3   纳米材料的效应

纳米材料是指在三维空间中微粒至少有一维处于纳米尺度范围（$10^{-9} \sim 10^{-7}$ m）或由它们作为基本单元构成的材料，它的比表面积很大，晶界处的原子数比率高达 15%~50%，一些科学家认为，纳米材料不同于晶态与非晶态物质，是物质的第三态固体材料，其种类很多，可分为金属氧化物、含氧酸盐、复合纳米材料等。

因此，纳米材料具有四大特点：尺寸小、比表面积大、表面能高、表面原子数比例大。

纳米材料的特殊性能是纳米材料的特殊结构造成的，使之产生四大效应，即小尺寸效应、表面效应、量子尺寸效应和量子隧道效应，从而具有传统材料所不具备的物理性能、化学性能。

（1）表面效应。纳米粒子表面原子数与总原子数之比随粒径的变小而急剧增大后引起的性质上的变化（如图 1-6）。

从图中可以看出，粒径在 10 nm 以下时，将迅速增加表面原子数的比例。当粒径降到 1 nm 时，表面原子数的比例达到 90% 以上，原子几乎全部集中到纳米粒子的表面。由于纳米粒子表面原子数增多，表面原子配位数不足且具有高的表面能，使表面原子易与其他原子相结合而稳定下来，故具有很高的化学活性。

球形颗粒的表面积与直径的平方成正比关系，其体积与直径的立方成正比关系，故其比表面积（表面积/体积）与直径成反比关系。随着颗粒直径变小，比表面积会显著增大，说明表面原子所占的百分数将会显著增加。1 g 超微颗粒表面积的总和可达到 100 m²。

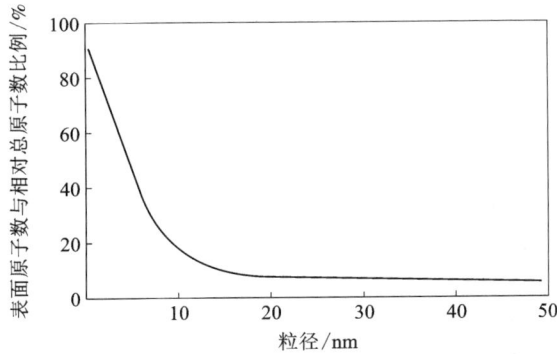

图 1-6　表面效应

(2)小尺寸效应。当纳米粒子尺寸与德布罗意波以及超导态的相干长度或透射深度等物理特征尺寸相当或更小时,晶体周期性的边界条件将被破坏,非晶态纳米粒子表面层附近的原子密度减小,在一定条件下会引起颗粒性质的质变(声、光、电磁、热力学性质等特征方面出现新的变化,如图1-7)。由于颗粒尺寸变小所引起的宏观物理性质的变化称为小尺寸效应。

(3)量子尺寸效应。当微粒纳米尺寸降到某一值时,金属费米能级附近的电子能级出现由准连续变为离散的现象,从而造成了吸收或者荧光的光谱边界蓝移。当能级间距大于热能、磁能、电能或超导态的凝聚能时,纳米微粒会呈现出一系列与宏观物体截然不同的反常特性,称之为量子尺寸效应。

(4)量子隧道效应。纳米材料中的粒子具有穿过势垒的能力叫隧道效应(如图1-8)。宏观物理量在量子相干器件中的隧道效应叫宏观量子隧道效应。例如,微颗粒的磁化强度、量子相干器件中的磁通量具有量子隧道效应。

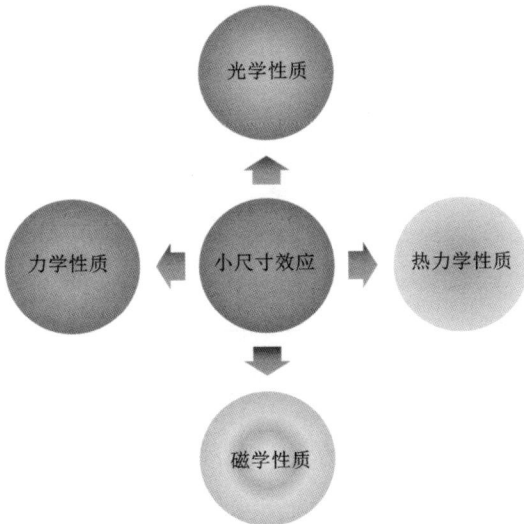

图 1-7　小尺寸效应

图 1-8　量子隧道效应

5

量子尺寸效应和宏观量子隧道效应将会是未来微电子、光电子器件的基础，或者它们将确立现存微电子器件进一步微型化的极限。当微电子器件进一步微型化时，必须考虑上述的量子效应。

1.1.4 纳米材料的性能

与非纳米级别材料相比，纳米材料在力学性能、电学性能、磁学性能、热力学性质、光学性质和化学性质等方面，表现出不同的特点。

1.1.4.1 力学性能

1）超塑性

超塑性从现象学上定义为，在一定应力下拉伸时产生了极大的伸长量，其 $\Delta l/l \geqslant 100\%$。某些纳米陶瓷材料具有超塑性，如氧化铝和羟基磷灰石及复相陶瓷 ZrO_2/Al_2O_3 等。研究表明，陶瓷材料出现超塑性的临界颗粒尺寸范围为 $200\sim500$ nm。陶瓷材料超塑性的机制主要为极大的界面以及界面间原子排列混乱。

2）硬度和强度

随着晶粒尺寸减小到纳米量级，纳米材料的强度和硬度提高。如：纳米相 Fe 的晶粒尺寸由 100 nm 减少到 6 nm 时，硬度增加 $4\sim5$ 倍。直径为几十纳米的 Si_3N_4 纳米线的弯曲强度在 10^3 MPa 量级，比块体 Si_3N_4 材料高出一个数量级。

3）模量

纳米氧化物材料的模量与烧结温度有密切关系。未烧结的纳米材料切变模量低于粗晶；经烧结后，随烧结温度的升高，切变模量提高。这一特点在纳米金属材料中尚未观察到。这主要是因为烧结前大体积分数的界面内存在着不饱和键和悬键，从而导致界面的键结合弱；烧结后界面体积分数下降，不饱和键与悬键减少，因此键结合增强。

1.1.4.2 电学性能

纳米材料的电阻高于同类粗晶材料，电阻随温度的上升而上升；随颗粒尺寸减小，电阻温度系数下降；当颗粒小于某一临界尺寸时，电阻温度系数可能由正变负；磁场中电阻显著下降（如图1-9）。

电子可以在各个维度上自由移动。当它们传导时会发生多种散射，例如声子、杂质和界面，类似于随机游走过程。然而，随着系统长度尺度减小到纳米级，则会出现量子效应和表面效应。（1）量子效应，由于电子限制，能带被离散的能态取代，使导电材料可以表现为半导体或绝缘体。（2）表面效应，其中

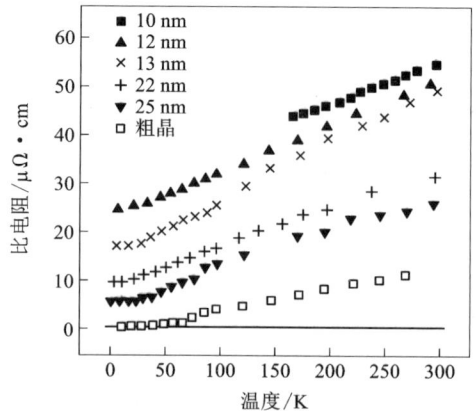

图1-9 比电阻与温度的关系

非弹性散射的平均自由路径变得与系统的大小相当，导致散射事件减少。在三维纳米材料中，三个空间维度都在纳米级以上，因此上述两个影响可以忽略不计。然而，块状纳米晶体材料表现出高的晶界面积与体积比，增加电子散射。因此，纳米尺寸的晶粒往往会降低电导率。

由于电子状态沿纳米级厚度受限,因此电子动量仅沿面内方向相关。结果,声子和杂质的散射主要发生在平面内,导致二维电子传导。然而,对于具有纳米晶体结构的二维纳米材料而言,大量的晶界区域为面内散射提供了额外的来源。因此,晶粒尺寸越小,二维纳米晶材料的电导率越低。

1.1.4.3　磁学性能

纳米材料具有很高的磁化率和矫顽力,具有低饱和磁矩与低磁滞损耗。如 20 nm 纯铁纳米微粒的矫顽力是大块铁的 1000 倍。

蜜蜂的体内也存在磁性的纳米粒子,这种磁性的纳米粒子具有"罗盘"的作用,可以为蜜蜂的活动导航。

以前,人们认为蜜蜂是利用北极星或通过摇摆舞向同伴传递信息来辨别方向的。最近,英国科学家发现,蜜蜂的腹部存在磁性纳米粒子,这种磁性粒子具有指南针功能,蜜蜂能利用这种"罗盘"来确定其周围环境,通过自己头脑里的图像来判明方向。美国科学家发现海龟的头部有磁性的纳米微粒,它们凭借这种纳米微粒准确无误地完成几万里的迁移。生物体内的纳米微粒为我们设计纳米尺度的新型导航器提供了有益的依据,这也是纳米科学研究的重要内容。

1.1.4.4　超顺磁性

通常,铁磁材料的矫顽场随着颗粒尺寸或晶粒尺寸的减小而增加,在临界直径附近的范围内达到最大值。如果颗粒尺寸或晶粒尺寸进一步减小到低于此范围,矫顽场将急剧减小(原因:在小尺寸下,当各向异性能减小到与热运动能可比拟时,磁化方向就不再固定在一个易磁化方向,易磁化方向作无规律的变化,结果是超顺磁性的出现),直到超顺磁性使磁化变得不稳定(如图1-10)。在此范围内,可以在任何温度下完全消除滞后现象。事实上,具有 10~15 nm 晶粒尺寸的纳米级非晶 Fe-Ni-Co 化合物几乎没有显示出滞后现

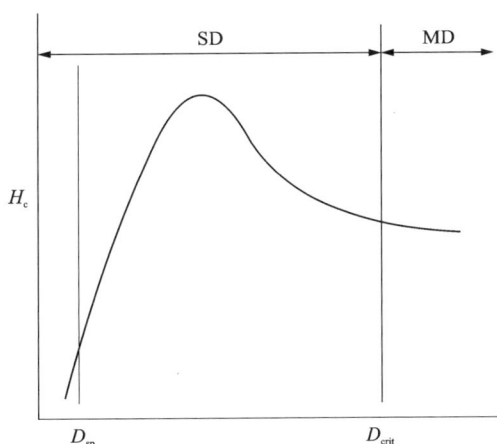

图 1-10　矫顽力与粒径的关系

象。从技术角度来看,如果要制造强永磁体,矫顽力应该设计得尽可能高。

1.1.4.5　热力学性质

(1)纳米材料具有大的比热,纳米金属或合金的比热比同类粗晶材料高出 10%~80%。

(2)相对于普通材料,纳米材料的熔点显著降低。

(3)纳米材料的烧结温度显著降低。烧结温度是指把粉末先用高压压制成型,然后在低于熔点的温度下使这些粉末互相结合成块,密度接近常规材料的最低加热温度。因此,在较低温度下烧结就能达到致密化目的。

1.1.4.6　光学性质

金属超微颗粒对光的反射率很低,通常可低于1%,大约几微米的厚度就能完全消光,可应用于红外敏感元件、红外隐身技术等。

这种现象在图 1-11 中清晰可见。图 1-11(a)显示了不同尺寸的 CdSe-ZnS 纳米粒子的光致发光光谱。纳米颗粒尺寸越小，发出的可见光波长越短。由于量子限制，图 1-11(b)中显示的从蓝色到红色的转变对应于纳米颗粒尺寸的增加。在这方面，一个重要的问题是要使用均匀分布的纳米颗粒，因为尺寸和组成的波动会导致光谱的不均匀分布。

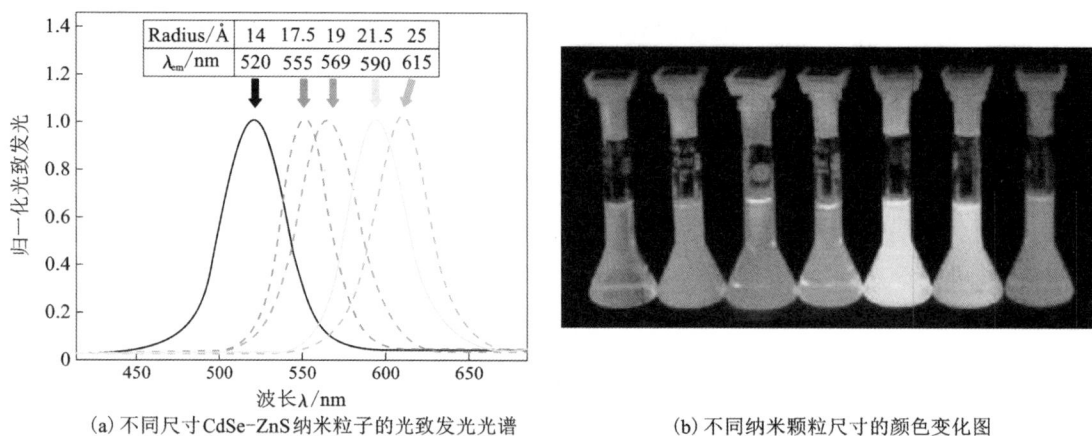

Radius/Å	14	17.5	19	21.5	25
λ_{em}/nm	520	555	569	590	615

(a)不同尺寸 CdSe-ZnS 纳米粒子的光致发光光谱　　　　(b)不同纳米颗粒尺寸的颜色变化图

图 1-11　各种尺寸的 CdSe 量子点的光致发光

扫一扫，看彩图

1.1.4.7　光催化性质

纳米材料在光的照射下，通过把光能转变成化学能，促进有机物的合成或使有机物降解的过程称作为光催化。近年来，人们在实验室里利用 TiO_2 纳米微粒的光催化性进行海水分解，提取 H_2。以粒径小于 300 nm 的 Ni 和 Cu-Zn 合金的超细微粒为主要成分制成的催化剂，可使有机物氢化的效率提高到传统镍催化剂的 10 倍。

1.1.4.8　化学性质

纳米材料具有的比表面积大、界面原子数多、界面区原子扩散系数高和表面原子配位不饱和的特点，使其具有较高的化学活性。将其用作催化剂会有较好的化学催化作用。

1.1.4.9　特殊性质

纳米材料有莲花效应。莲花的叶面是由一层微米至纳米尺寸大小的表面所组成。叶面上布满细微的凸状物，再加上表面存在的蜡质，这使得在尺寸上远大于该结构的灰尘、雨水等降落在叶面上时，只能和叶面上的凸状物形成点的接触。液滴在自身的表面张力作用下形成球状，由液滴在滚动中吸附灰尘，并滚出叶面，这样的能力胜过人类的任何清洁科技。这就是莲花纳米表面"自我洁净"的奥妙所在。

将这种纳米颗粒放到织物纤维中，做成的衣服不沾尘，省去不少洗衣的麻烦。利用纳米材料的疏水性能制成的汽车挡风玻璃将会起到很好的去水、去雾作用。

鹅毛和鸭毛是防水的。因为鹅毛和鸭毛的排列非常整齐，且毛与毛之间的隙缝极小，小到纳米尺寸，所以水分子无法穿透层层的鹅毛和鸭毛，但极易通气，使鹅与鸭可以在水中保持身体的干燥。

1.2　几种典型的纳米材料

1.2.1　碳纳米材料

碳纳米材料表现出巨大的结构多样性,这是因为碳原子能够与其他碳原子和非金属元素在不同的杂化态(sp、sp^2 和 sp^3)上形成共价键。所得到的同素异形体根据维数进行分类,即 0-D、1-D 和 2-D,分别具有量子点、纳米管和石墨烯等已知模型。碳的电学性质受到纳米结构各向异性及其复制程度的高度影响。所有 sp^2 碳材料都具有各向异性,因为它在垂直于基面的平面上含有非杂化价 π 电子,如图 1-12(d)所示。晶格内的迁移率和一种特定构型的动力学产生了"电子层",负责高二维电导。石墨烯与生物分子具有相似的大小,因此可以成为增强生物体内生物活性的有效平台。具体来说,石墨烯和碳纳米管等具有高表面积质量比(如图 1-12),可以最大限度地发挥细胞发育的支架潜力,并与 DNA、酶、蛋白质和肽等生物分子相互作用。

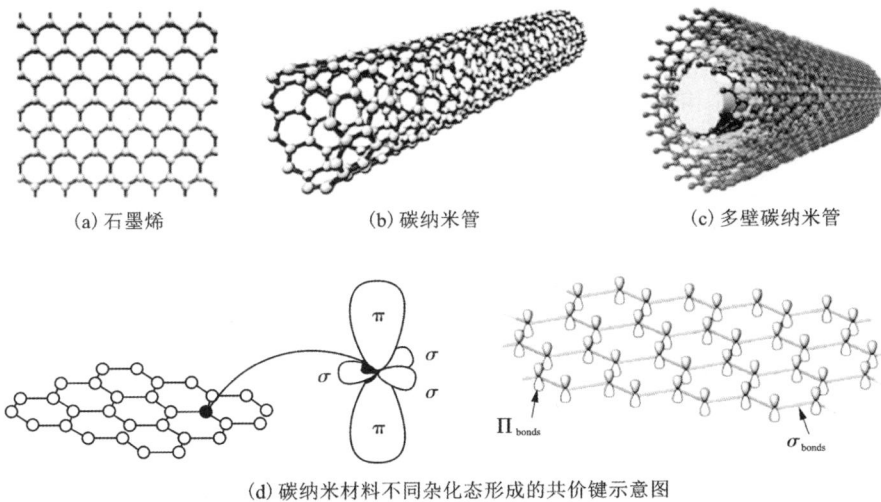

(a) 石墨烯　　　　　(b) 碳纳米管　　　　　(c) 多壁碳纳米管

(d) 碳纳米材料不同杂化态形成的共价键示意图

图 1-12　石墨烯和碳纳米管示意图

1.2.2　硅纳米膜

近年来电子纳米材料的研究主要集中在利用已商业化的块状无机半导体材料的减薄工艺制备纳米膜。特别是单晶硅纳米管,它可以从商业上可用的大块单晶晶片中生产出来,在很大范围内保持晶片级质量,并以相对低成本的制造工艺控制精确的纳米厚度,引起了人们的广泛关注。此外,它与现有的半导体技术兼容,能够使用传统的半导体制造工艺可靠地集成到器件系统中。此外,随着 Si 纳米厚度减小到纳米尺寸,许多有吸引力的功能可以被创造出来,包括避免断裂或性能退化的高机械灵活性,透明性应用方面的光学透光性和人体的生物降解性,这些是可生物降解生物传感器必不可少的,同时也是用大块材料无法实现的。近年来的研究展示了各种操作技术,利用自大而小的方法将材料细化到纳米级。

1.2.3　纳米磁性液体

磁流体是一种分散在载体液体中的单畴磁性颗粒的胶体悬浮液。这些颗粒的直径通常为5~20 nm，由磁性材料(如Fe_3O_4、$Ni-Fe$、和$\varepsilon-Fe_3N$)组成。为了避免在磁力和范德华力作用下结块，这些颗粒通常被长链分子(立体)包裹或被带电基团(静电)装饰作为载体介质；广泛使用的液体，包括有机溶剂(庚烷、煤油)、无机溶剂(水)和油(合成酯、碳氢化合物)。由于具有经典液体固有的明显磁性和流动性的结合，这些磁性胶体引起了人们广泛的兴趣，大多数成功的应用都是基于利用磁场精确控制磁流体响应的优势，如机械密封、减震器、分离和光学器件等。

1.3　纳米储能材料

储能材料就是具有能量存储特性的一类材料，是利用物质发生物理变化(如相变)或者化学变化来储存能量的功能性材料。储能材料所能储存的能量并不是单一的，它可以是电能、机械能、化学能和热能，也可以是其他形式的能量。储能材料与储能技术是紧密相关的，在储电、储氢、储热以及太阳能电池等储能技术中用到的关键材料广义上都属于储能材料。

电池储能是我们日常生活中使用最广泛的一类储能技术，尤其是锂离子电池，其应用需求急剧增长。尽管经过二三十年的发展，锂离子电池在能量密度上有了很大进步，但与人们的要求仍有较大差距。电极材料是影响电池性能的关键因素，传统的电池材料的实际能量密度有的已接近其理论上限，有的则因为各种技术问题在较长的时间内能量密度都难以得到进一步的提升。因此，开发新的电极材料成为解决锂离子电池现存问题的重要方法。相比于传统的电极材料，纳米电极材料可以提供更快的离子传输速度和更好的导电性能，在高能量和高功率储能领域有广泛的应用前景。

石墨烯是近年来较为火热的纳米材料，优异的力学性能和物理性能使其成为了理想的储能材料。石墨烯是一种二维的纳米材料，具有较大的比表面积、良好的导电性和导热特性，因此石墨烯在储能领域中被广泛应用。有研究显示，添加了纳米石墨烯后的锂离子电池性能有极大改善，其使用寿命约为普通锂离子电池的2倍，使用温度上限比普通锂离子电池高了约10 ℃，此外，电池的充放电速度相比能量较普通的锂离子电池也实现了倍增式增长。

除了石墨烯材料，越来越多的纳米材料被应用于储能系统中。在纳米尺寸下，电极材料表现出了某些新的特性，这极有可能改变现有的能量存储机制。因此，纳米储能材料的研究与应用对于提升电池能量密度，加快构建现代能源体系都具有重要意义。当然，将纳米材料应用到储能领域也存在一些挑战，纳米材料在储能领域中的应用还需要进行广泛的研究和合理的设计。

思考与讨论

1. 纳米技术和纳米材料是一样的吗？如果不一样，又存在何种联系与区别？

2. 纳米材料可以怎样分类？请列举一些代表材料，谈谈它们的特点与应用。

3. 纳米材料有什么特点？这些特点带来了什么特殊的效应？

4. 纳米物质是否为新的化学物质？谈谈你的看法。

5. 谈谈纳米材料与纳米技术的利与弊。你认为纳米材料与纳米技术的发展需要遵循什么原则，现有的法律法规是否适用？请为纳米材料、纳米技术的合法合规发展提供一些建议。

引申阅读

第 2 章 纳米材料的表征方法

PPT

2.1 纳米材料分析的意义

新材料发展具有三要素：新材料的设计与制备工艺、材料的分析与表征和材料的应用（产品器件）。材料微观分析技术的作用就是避免瞎子摸象。忽视现代微观分析技术的作用的后果是对材料的客观特性和微观机理认识不深，致使我国信息功能材料研究长期以来处于落后状态。发达国家对于材料/元器件的研究无论是广度或深度都很大，从基础材料研究到装备应用都集成了多学科、多门类科学技术的成果。现代分析方法是其中最重要的技术之一。

表征技术是一种用于分析和测试物质结构、性质及其应用的相关分析方法和测量工具。对纳米材料进行分析常包括成分分析，结构、粒度、形貌测定和界面成分和结构测定等方面。这些表征内容包括材料的组成、结构和性质等。其中，材料的组成主要指构成材料的化学元素及其关系，材料的结构主要包括几何形态、相组成和相形态等，而材料的性质主要指力学、热学、电磁学和化学性能等方面。

2.2 纳米材料的成分分析

2.2.1 成分分析的重要性

纳米材料的物理性能，如光、电、声、热和磁性质，与其化学组成和结构密切相关。以纳米发光材料为例，杂质种类和浓度对发光器件的性能有着显著影响。例如，在 ZnS 中掺杂不同离子可以调节材料在可见光区域的颜色，如掺杂 Cu, Cl 元素显示蓝绿色；掺杂 Cu, Al 元素显示绿色；掺杂 Cu, Mn、Cl 元素显示黄橙色等。CdSe-CdTe 核壳结构的纳米晶体是一种重要的发光材料，近年来发现即使粒径完全一致，Cd、Se、Te 三种元素掺杂比例不同的纳米粒子发光频率也会有所不同。因此，通过调节三者的元素比例可以获得具有不同发光频率的荧光纳米材料。图 2-1 为具有不同结构和 Cd、Se、Te 三种元素掺杂比例不同的纳米粒子的发射光谱示意图，可以看出，成分对纳米材料的荧光性质影响很大，这为研究纳米材料的性质和应用提供了重要的信息。

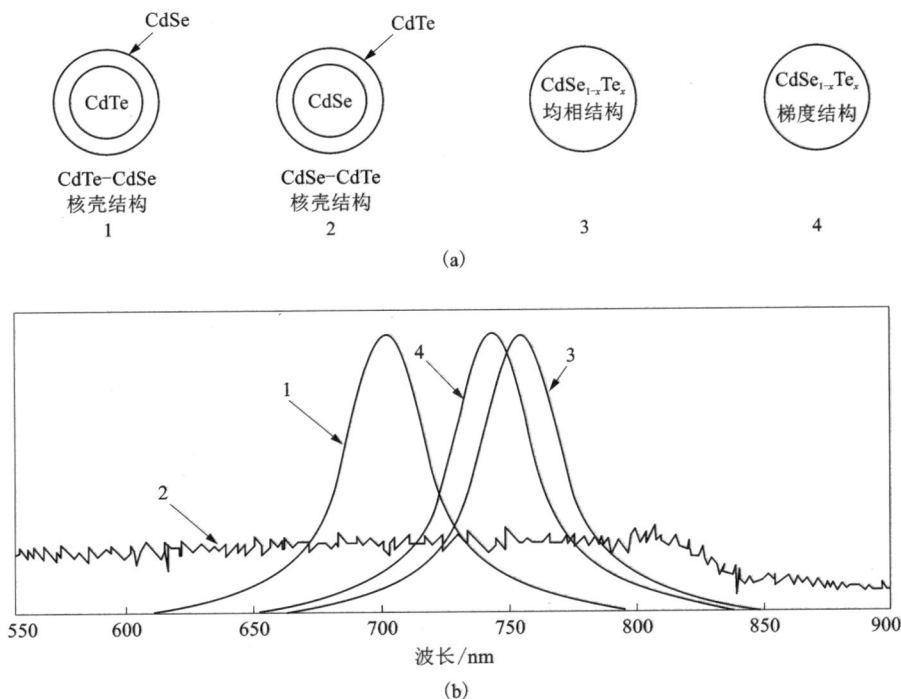

图 2-1　不同结构的 $CdSe_{1-x}Te_x$ 量子点的结构和光谱性质示意图

2.2.2　成分分析的方法和范围

纳米材料成分分析可以根据分析对象和要求分为微量样品分析和痕量成分分析两种。微量样品分析通常涉及微克级别的取样量，甚至在某些情况下需要测定单个纳米粒子的成分和含量；而痕量成分分析则需要在百万分之一甚至更低的浓度范围内进行分析。

纳米材料的成分分析方法可根据其目的分为体相元素成分分析、表面与微区成分分析。根据分析手段不同，又可将其分为光谱分析、质谱分析和能谱分析。光谱分析主要包括火焰和电热原子吸收光谱（AAS）、电感耦合等离子体原子发射光谱（ICP-OES）和 X 射线荧光光谱（XFS）；质谱分析主要包括电感耦合等离子体质谱（ICP-MS）和飞行时间二次离子质谱法（TOF-SIMS）；能谱分析主要包括 X 射线光电电子能谱（XPS）和俄歇电子能谱法（AES）。本章将按分析的目的分类，详细介绍成分分析的各类方法，以便更好地了解纳米材料的化学组成和结构。

2.2.3　常见的成分分析方法

2.2.3.1　体相成分分析

纳米材料的体相元素组成及其杂质成分的分析方法包括原子吸收光谱法、电感耦合等离子体发射光谱法以及 X 射线荧光与衍射分析方法。其中前两种分析方法需要对样品进行溶解后再进行测定，因此属于破坏性样品分析方法；而 X 射线荧光与衍射分析方法可以直接对固体样品进行测定，因此又称为非破坏性元素分析方法。

原子吸收光谱法使用蒸气相中被测元素的基态原子对其原子共振辐射的吸收强度来测定试样中被测元素的含量。这种方法特别适合测定溶解后的纳米材料样品中的金属元素成分，以及对纳米材料中的痕量金属杂质元素进行定量测定。在高温下，纳米材料样品溶解后引入仪器原子化系统，待测样品变为原子蒸气，当有辐射光通过自由原子蒸气，且入射辐射的能量等于原子中的电子由基态跃迁到较高能态所需要的能量时，原子会从辐射场中吸收能量，产生共振吸收，电子会由基态跃迁到激发态，同时伴随着原子吸收光谱的产生。由于原子能级是量子化的，因此，在所有情况下，原子对辐射光的吸收都是有选择性的。各元素的共振吸收线具有不同的特征，由于各元素的原子结构和外层电子的排布不同，因此，元素从基态跃迁至第一激发态时吸收的能量不同，能够选择性地测定所检元素。

原子吸收光谱可以进行定量分析。当频率为 ν、强度为 I 的单色光通过均匀的原子蒸气时，原子蒸气对辐射产生的吸收符合朗伯（Lambert）定律，即

$$I = I_0 e^{-k_0 L} \tag{2-1}$$

式中，I_0 为入射光强度；I 为透过原子蒸气吸收层的光强度；L 为原子蒸气吸收层的厚度；k_0 为吸收系数（正比于待测物的浓度 c）。

吸光度 A 为

$$A = \lg\left(\frac{I_0}{I}\right) = kc \tag{2-2}$$

因此，根据测量原子吸光度 A 即可计算出待测元素的浓度。

电感耦合等离子体发射光谱法是利用电感耦合等离子体作为激发源，根据处于激发态的待测元素原子回到基态时发射的特征谱线对待测元素进行分析的方法。该方法通过气态原子激发产生光辐射，将光源发出的复合光经单色器分解成按波长顺序排列的谱线，并用检测器检测光谱中谱线的波长以确定样品中存在何种元素，根据谱线的强度确定该元素的含量。电感耦合等离子体发射光谱法可以定性测定元素种类，也可以定量测定元素含量。当采用半定量扫描方式时，电感耦合等离子体发射光谱法通常可在数分钟内获得近 70 种元素的存在状况。但是，这一方法在测定一些非金属元素时的灵敏度还不令人满意。

X 射线荧光光谱分析法可以直接测定固体样品，因此在纳米材料成分分析中具有较大的优势。该方法利用样品中待测元素原子接受 X 射线辐照后，较外层的电子跃迁到空穴并释放出能量，使原子重新回到能量较低的稳定能态。当较外层的电子跃入内层空穴所释放的能量不在原子内被吸收，而是以辐射形式放出，便产生 X 射线荧光，其能量等于两能级之间的能量差。因此，只要测出荧光 X 射线的波长，就可以定性分析元素种类。此外，荧光 X 射线的强度 I 与相应元素的含量 W 成正比关系，即

$$I = I_s W \tag{2-3}$$

式中，I_s 为 $W = 100\%$ 时，该元素的荧光 X 射线的强度。因此根据这一关系，可对元素进行定量分析。

X 射线荧光光谱研究纳米材料的组成具有如下特点：①分析的元素范围广，从 ^4Be 到 ^{92}U 均可测定；②荧光 X 射线谱线简单，相互干扰少；③分析样品不会被破坏，分析方法比较简便；④分析浓度范围较宽，从常量到微量都可分析，重元素的检测限可达 10^{-6} 量级，轻元素稍差。

这些不同的成分分析方法为研究纳米材料的性质和应用提供了重要信息。

2.2.3.2　表面与微区成分分析

纳米材料通常使用多种表面及微区分析方法进行分析。这些方法包括 X 射线光电子能谱法、俄歇电子能谱法、电子探针分析法和二次离子质谱法。这些方法可以测定纳米材料表面的化学成分、分布状态与价态，以及表面与界面的吸附与扩散反应的状况等。将能谱或电子探针技术与扫描或透射电镜技术相结合，还可以对纳米材料的微区成分进行分析。因此，在分析纳米材料的成分，特别是纳米薄膜的微区成分时，这些分析方法有广泛的应用。

（1）X 射线光电子能谱法

X 射线光电子能谱法可以提供样品表面的元素含量与形态信息，其信息深度为 3~5 nm。如果利用离子作为剥离手段，结合 XPS 分析方法，则可以实现对样品的深度分析。除氢、氦之外的所有元素都可以进行 XPS 分析。XPS 的基本原理：一定能量的 X 射线照射到样品表面后会与待测物质发生作用，使待测物质原子中的电子脱离原子成为自由电子。如果测出电子的动能 E_k，则可以得到样品中元素的组成。此外，由于元素所处的化学环境不同，其结合能会有微小的差别，这种由化学环境不同引起的结合能的微小差别叫化学位移，由化学位移的大小可以确定元素所处的状态。图 2-2 为 Co、Fe、C 的 XPS 图谱。

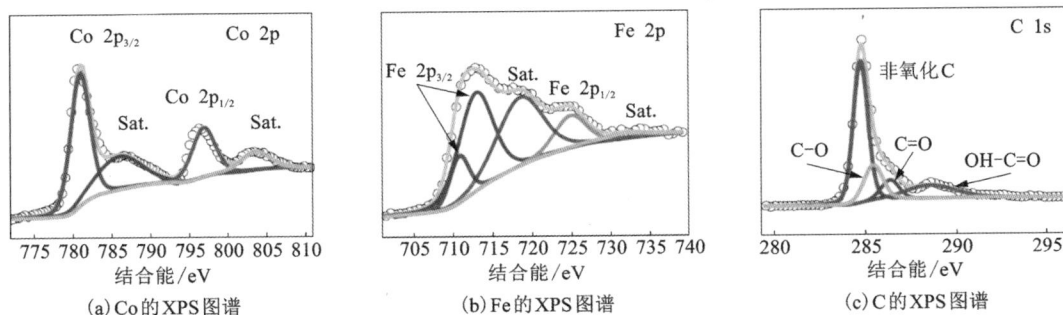

图 2-2　Co、Fe、C 的 XPS 图谱

（2）俄歇电子能谱法

如果使用电子枪发射的电子束来激发样品，则称为俄歇 X 射线光电子能谱。该技术的基本原理是，入射电子束与物质相互作用，从原子中激发出内层电子。在外层电子向内层跃迁的过程中会释放出能量，这些能量可能以特征 X 射线的形式放出，也可能使核外另一电子激发成为自由电子，即俄歇电子。对于一个原子来说，在释放能量时只能进行特征 X 射线或俄歇电子两种发射方式之一。元素的原子序数越大，则特征 X 射线的发射概率越高；而对于原子序数较小的元素，俄歇电子发射概率较大。当原子序数为 33 时，这两种发射概率大致相等。因此，俄歇电子能谱法可用于轻元素的分析。

（3）电子探针分析法

电子束与物质的相互作用还可以产生特征 X 射线，并根据这些特征 X 射线的波长和强度进行分析，这种方法被称为电子探针分析法。其原理是当电子束作用于物质表面后，原子的内层电子被逐出，外层电子向内层电子跃迁的过程中，可能以 X 射线的形式释放能量。这种 X 射线的能量等于两个能级能量之差，因而具有元素特征。例如，如果 K 层电子被逐出，外层电子填充产生的特征 X 射线称为 K 系 X 射线；如果 L 层电子被逐出，产生的特征 X 射线称为 L 系 X 射线。对于每个系列，由于是不同外层电子跃迁引起的，所以用 α、β、γ 等进行标记区分。例如，$Fe_{K\alpha}$ 表示 Fe 的 K 层电子被逐出，L 层电子填充产生的特征 X 射线。不同元素所产生的特征 X 射线能量（或波长）不同，可以根据所产生的特征 X 射线的波长和强度进行元素成分分析。

（4）电镜-能谱分析法

在纳米材料形貌分析中，透射电子显微镜和扫描电子显微镜得到了广泛应用。当研究者对其中某一微区的元素成分感兴趣时，可通过电镜-能谱分析法用电子显微镜和能谱两种方法对该微区进行分析。

电镜-能谱分析法可以采用三种不同的方法进行分析，分别为点扫描、线扫描和面扫描方法。其中，点扫描方法是将电子束照射在所要分析的点上，然后检测由此点所产生的 X 射线从而进行元素分析；线扫描方法是将谱仪设置在某一确定的波长测量位置，使试样和电子束沿指定的直线做相对运动，在记录 X 射线强度的同时获得某一元素在该直线上的浓度分布图。图 2-3 是利用点扫描方法对材料某点进行成分分析的示意图。

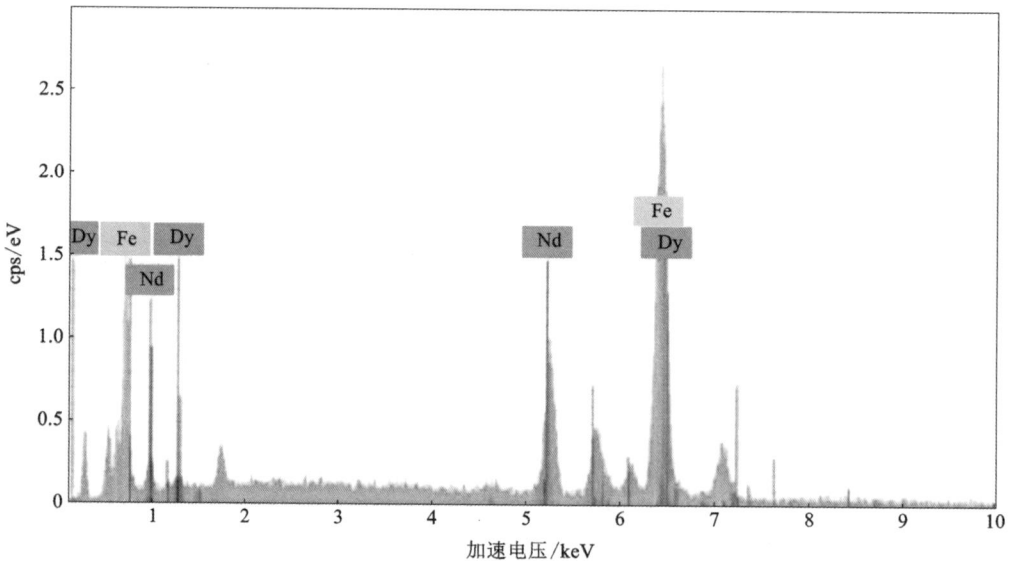

图 2-3　利用电镜-能谱的点扫描方法对材料某点进行成分分析的示意图

而面扫描方法则是在固定波长的情况下，利用扫描装置对试样选定区域（一个面）进行扫描，同时显像管的电子束受同步扫描电路调制，试样的信息被调制成显像管的亮度，图像中元素含量越高，对应的区域越亮。图 2-4 是 K、V、O 几种元素的面扫描图。

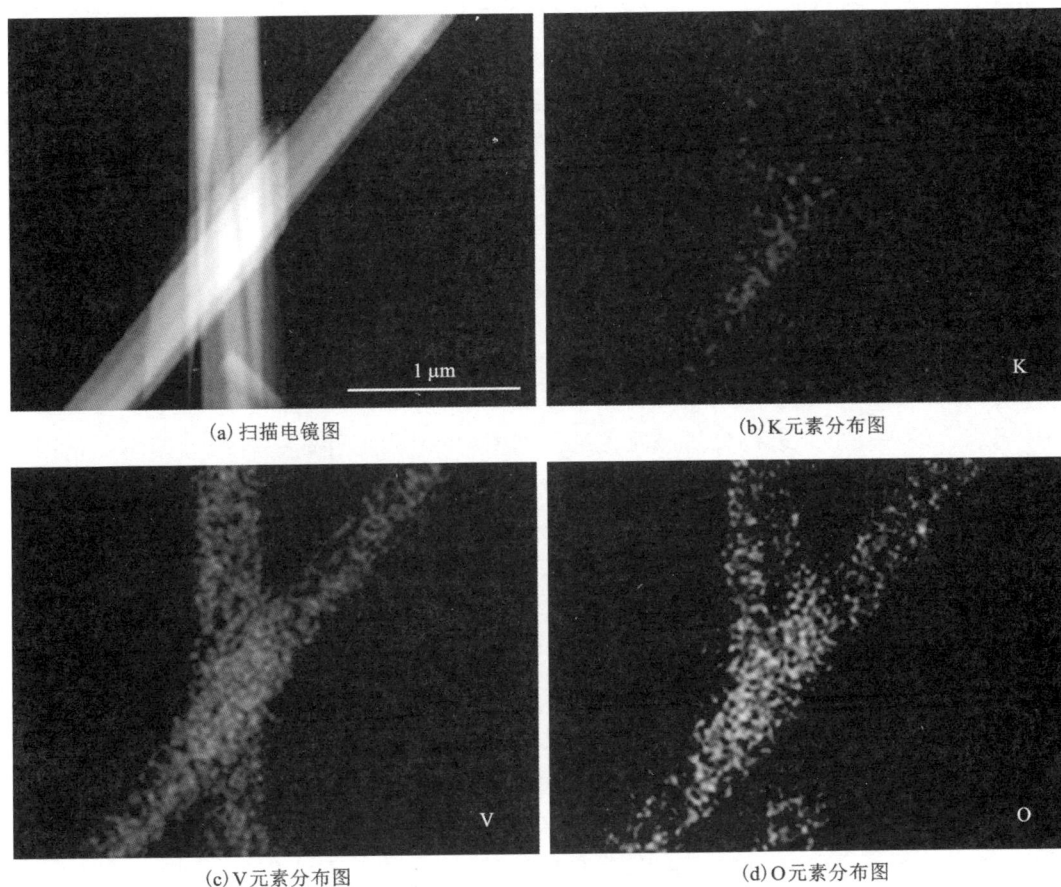

(a) 扫描电镜图　　　　　　　　　　　　　　　(b) K 元素分布图

(c) V 元素分布图　　　　　　　　　　　　　　(d) O 元素分布图

图 2-4　几种元素的面扫描分布图

2.3　纳米材料的结构分析

2.3.1　结构分析的重要性

　　材料的性质通常与其微观结构有密切关系。纳米材料由于其独特的尺寸效应和表面效应,更需要深入研究其微观结构。从结构单元的层次来看,纳米材料介于宏观物质和微观原子、分子之间。纳米材料主要由纳米晶粒和晶界两部分组成,两者都对纳米材料的性能有重要影响。晶界上的原子排列方式、键合形式以及配位状态等在不同材料种类、制备方式和外界环境下有很大的差异。尽管界面结构与性能之间的关系已被广泛研究,但至今仍缺乏一个清晰的物理模型和统一的理论描述。

　　因此,确定纳米材料的精确结构并从理论上阐明其结构特征与特殊性能之间的关系,已成为当前纳米技术发展和应用所面临的一个重要问题。目前,材料结构的表征方法非常丰富,而且不断涌现新的先进检测手段,如高分辨电子显微镜已经可以以原子级的分辨率显示原子的排列和化学成分;隧道扫描显微镜能够测定材料表面和近表面原子的排列和电子结构;低能电子显微镜可用于显示表面缺陷结构等。此外,物相分析方法如 X 射线衍射、激光拉曼和电子衍射等,为探索纳米材料的微观结构提供了极大的便利。这些方法和技术可以用于确定纳米粒子的精确结构,研究由少量原子或分子组成纳米粒子时的规律。

由上述内容可以看出,纳米材料的结构分析需要建立完整的理论框架。本章将介绍常见的三种纳米结构分析方法,旨在通过学习基础研究促进应用研究,相信这将有助于开发出更多新型纳米材料。

2.3.2 常见的结构分析方法

2.3.2.1 X 射线衍射结构分析

X 射线衍射(XRD)物相分析是一种基于多晶样品对 X 射线产生衍射效应的方法,用于对样品中各组分的存在形态进行分析测定。通过 XRD 可以确定样品中各组分的结晶情况、所属的晶相、晶体的结构、各种元素在晶体中的价态和成键状态等信息。与通常的元素分析不同,物相分析不仅需要测定各种元素在样品中的含量,还要进一步确定各种晶态组分的结构和含量。例如,石英既可以是非晶态的石英玻璃,也可以是晶态的石英晶体,并且可能具有多种晶体结构。通过 XRD 物相分析,可以确定不同的石英晶相在样品中的含量。

XRD 记录了由多晶样品对 X 射线的衍射效应得到的衍射图谱,包括衍射峰的衍射角和衍射峰的峰形及强度等数据。通过对衍射峰进行峰形分析,可以确定微晶的晶粒度,并了解由于晶格缺陷、掺杂等原因而引起的微观应力。根据衍射峰的强度,可以进行物相定量分析。通过将实测的衍射强度与数据库中的标准值相比较,可以了解试样的择优取向(又称织构)。在适当的条件下,甚至可以通过衍射峰的强度测定晶胞中每个原子的分数坐标,从而得到试样的分子结构和晶体结构、原子之间的键长和键角,研究分子之间的相互作用力和氢键等。

物相定性分析是利用 XRD 衍射角的位置以及衍射线的强度等来鉴定未知样品由哪些物相组成。因此,可以根据衍射数据来鉴别晶体结构。通过将未知物相的衍射花样与已知物相的衍射花样相比较,可以逐一鉴定出样品中的各种物相。目前,可以利用粉末衍射卡片 PDF 进行直接比对,也可以使用计算机数据库直接进行检索。如图 2-5 所示,其展示了钴酸锂硫化焙烧后的多组分 XRD 图谱。

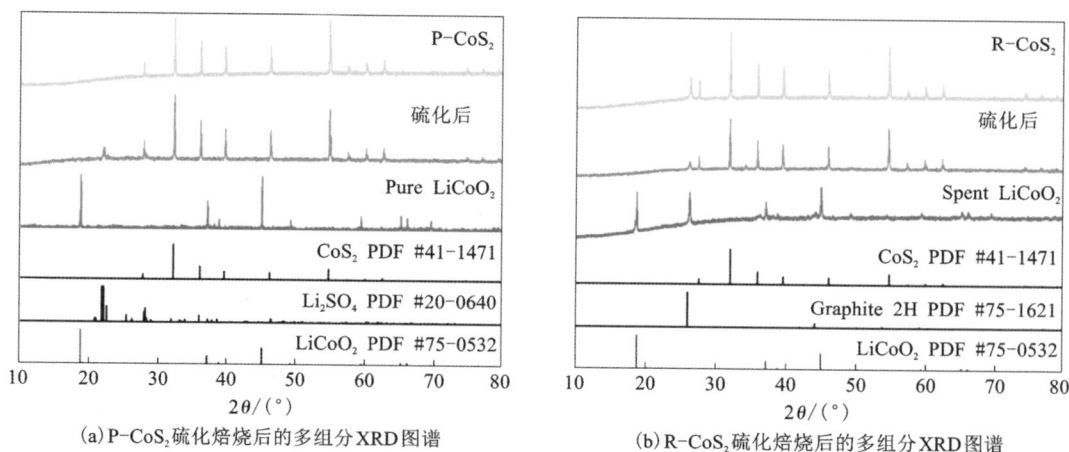

(a)P-CoS₂硫化焙烧后的多组分XRD图谱　(b)R-CoS₂硫化焙烧后的多组分XRD图谱

图 2-5　钴酸锂回收过程中多组分 XRD 谱示意图

2.3.2.2 激光拉曼光谱物相分析

由于激光拉曼光谱具有信息丰富、样品制备简单、对水的干扰小等优点，因此广泛应用于生物分子、高分子材料、半导体、陶瓷和药物等领域的分析。在拉曼散射中，分子由基态 E_0 被激发至振动激发态 E_n，光子失去的能量与分子获得的能量相等，反映了特定能级的变化。光子频率也具有特征性，可以根据光子频率的变化判断分子中所含有的化学键或基团类型。这是拉曼光谱作为分子结构分析工具的理论基础。

斯托克斯（Stokes）拉曼散射中，分子由振动基态 E_0 被激发到激发态 E_1 时，分子获得的能量 ΔE 恰好等于光子失去的能量：$\Delta E = E_1 - E_0$。因此，相应光子的频率改变了（$\Delta \nu = \Delta E / h$，其中 h 为普朗克常数）。此时，Stokes 散射的频率 $\nu_s = \nu_0 - \Delta E / h$，低于激发光源的频率；反 Stokes 线的频率 $\nu_{as} = \nu_0 + \Delta E / h$，高于激发光源的频率。斯托克斯与反斯托克斯散射光的频率差称为拉曼位移（Raman Shift）。在拉曼光谱分析中，通常测定斯托克斯散射光线，其强度通常要比反斯托克斯散射强得多。图 2-6 展示了石墨材料和过渡金属氧化物材料的拉曼光谱分析结果。

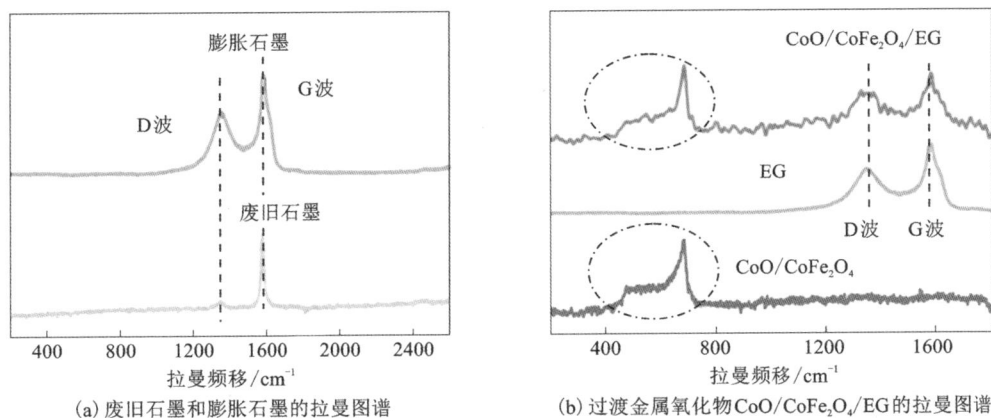

(a) 废旧石墨和膨胀石墨的拉曼图谱　　(b) 过渡金属氧化物CoO/CoFe₂O₄/EG的拉曼图谱

图 2-6　石墨材料和过渡金属氧化物材料的拉曼分析

2.3.2.3 电子衍射分析

透射电镜可用于观察物相形貌，同时还能获得电子衍射图像（如图 2-7）。图中的每个斑点都代表一个晶面族。不同的电子衍射谱图反映出不同的物质结构。因此，利用电子衍射技术可以研究材料的物相结构。通过分析这些图像，并按照一定规则标定每个斑点对应的晶面指数（指标化），可以在标准物质手册中查找相应的物相结构。因此，电子衍射技术也可以用于分析未知的物质结构。

电子衍射原理：当波长为 λ 的单色

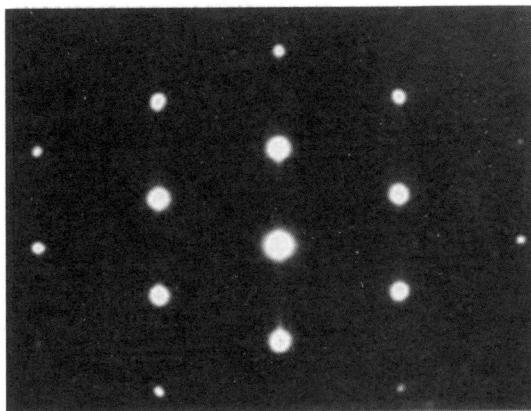

图 2-7　典型的单晶电子衍射图

平面电子波以入射角 θ 照射到晶面间距为 d 的平行晶面组时，各晶面的散射波会干涉加强，满足布拉格关系：$2d\sin\theta=n\lambda$，式中 $n=0$，1，2，3，4，$\cdots$，称为衍射级数。为简单起见，只考虑 $n=1$ 的情况，即可将布拉格方程写成 $2d\sin\theta=\lambda$ 或更进一步写成下式：

$$\sin\theta=\frac{1}{d}\div\left(\frac{2}{\lambda}\right)_{(n=1)} \tag{2-4}$$

该公式的几何意义是布拉格角的正弦函数等于直角三角形的对边（$1/d$）与斜边（$2/\lambda$）之比，而满足该公式的点的集合是以 $1/\lambda$ 为半径、以 $2/\lambda$ 为斜边的球的所有内接三角形的顶点，即球面上所有的点都符合布拉格关系。

2.4　纳米材料粒度分析

2.4.1　粒度分析的重要性

大多数固态材料都由各种形状不同的颗粒构成，因此微粒的形状和大小对材料的结构和性能具有重要影响。尤其是纳米材料，颗粒的大小和形状对材料的性能起着决定性作用，因此控制纳米材料的颗粒大小和形状非常重要。

不同原理的粒度分析仪器所依据的测量原理不同，因此它们获得的颗粒特性也不同，只适用于等效对比，不能进行横向直接对比。例如，沉降式粒度仪是通过测量颗粒的沉降速度进行等效对比，所测的粒径为等效粒径，即使用与被测颗粒具有相同沉降速度的同质球形颗粒来代表实际颗粒的大小。但由于纳米材料颗粒的形状不均匀，存在各种各样的结构，因此在大多数情况下，粒度分析仪所测的粒径是一种等效意义上的粒径，和实际颗粒大小分布会有一定差异，只具有相对比较的意义。采用各种不同的粒度分析方法获得的粒径大小和分布数据也可能不能相互印证，不能进行绝对的横向比较。

在描述材料的颗粒大小时，可以将颗粒按照大小分为纳米颗粒、超微颗粒、微粒、细粒和粗粒等类别。根据这些颗粒类型，可以采用相应的粒度分析方法和仪器。在普通的材料粒度分析中，研究的颗粒尺寸范围一般为 $100\ \text{nm}\sim1\ \mu\text{m}$；而对于纳米材料研究，粒度分布尺寸范围主要为 $1\sim500\ \text{nm}$，$1\sim20\ \text{nm}$ 尤其是纳米材料研究最关注的尺寸范围。

目前，对纳米材料进行粒度分析的方法和仪器种类有很多，但由于各种分析方法和仪器的设计对被分析体系有一定针对性，所采用的分析原理和方法都各不相同。因此，选择合适的分析方法和分析仪器十分重要。各种粒度分析方法的物理原理不同，同一样品用不同的测量方法得到的粒径的物理意义不同，甚至粒径大小也不同。因此，根据被测对象、测量准确度、测量精度等选择合适的测量方法是十分重要和必要的。

2.4.2　常见的粒度分析方法

针对粒度分析，有多种不同的方法可供使用。传统的颗粒测量方法包括筛分法、显微镜法、沉降法以及电感应法等。然而，近年来涌现了许多新的方法，例如激光衍射法、激光散射法、光子相干光谱法、电子显微镜图像分析法、基于颗粒布朗运动的粒度测量法以及质谱法等，特别是激光散射法和光子相干光谱法，它们具有快速、广泛的测量范围、数据可靠性高、重复性好、自动化程度高以及易于在线测量等众多优点，因此得到了广泛应用。

2.4.2.1　显微镜法

　　显微镜法是一种常用的测定颗粒粒度的方法。这种方法可以采用一般光学显微镜或电子显微镜，它们适用于不同材料颗粒大小的测定。光学显微镜通常适用于 0.8 ~ 150 μm 的颗粒，小于 0.8 μm 的颗粒需要使用电子显微镜观察。扫描电镜和透射电子显微镜常用于直接观察粒径为 1 nm ~ 5 μm 的颗粒，适合纳米材料的粒度大小和形貌分析。显微镜法可以判断颗粒在制备过程中是否结合成聚集体或破碎为碎块，并且可以绘制特定表面的颗粒粒度分布图，而不仅仅是平均粒度的分布图。但是，在使用电子显微镜观察纳米颗粒形貌时，颗粒之间的范德华力和库仑力会导致团聚，从而给颗粒粒度测量带来困难，需要使用分散剂或采取适当的操作方法对颗粒进行分散。用传统的显微镜法测量颗粒粒度分布时，通常需要拍摄大量颗粒试样的照片，并通过人工方法进行颗粒粒度的分析统计。显微镜法的测量结果受主观因素影响较大，测量精度不高，而且操作繁重费时，容易出错。

2.4.2.2　沉降法

　　沉降法(sedimentation size analysis)基于颗粒在悬浮液中受到重力或离心力、浮力和黏滞阻力三者平衡，并且黏滞力服从斯托克斯原理进行测定。颗粒会以恒定速度沉降，并且沉降速度与粒径大小成正比(如图 2-8，T_1、T_2 和 T_3 代表时间；I_1、I_2 和 I_3 为不同时间沉降中部；D_1、D_2 和 D_3 为不同时间沉降底部)。注意，只有当颗粒形状接近球形且完全被液体润湿、颗粒在悬浮体系中沉降速度缓慢且恒定，而且所需时间很短，布朗运动不会干扰沉降速度、颗粒间的相互作用不影响沉降过程时，才能采用沉降法测定颗粒粒度。重力沉降法适用于粒径为 2 ~ 100 μm 的颗粒，而离心沉降法适用于粒径为 10 nm ~ 20 μm 的颗粒。高速离心沉降法通常适用于纳米材料的粒度分析。消光沉降法是目前较为通行的方法之一，它利用不同粒径的颗粒在悬浮液中的沉降速度不同，根据不同深度处悬浮液的密度变化，可以计算出颗粒粒径分布。消光沉降法能够获得质量分布，结果具有代表性，并且与仪器的对比性良好，价格相对便宜。然而，该方法在测定小粒子时速度较慢，重复性差；测定非球形颗粒时误差较大，不适用于混合物料的测定，动态范围也窄于激光衍射法。

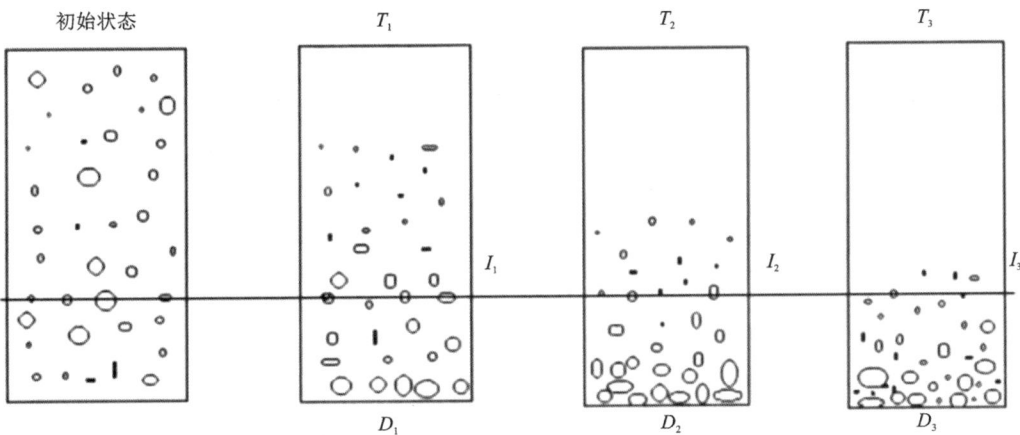

图 2-8　沉降法颗粒沉降状态示意图($T_1 < T_2 < T_3$)

2.4.2.3 光散射法

光散射法可分为静态和动态两种。静态光散射法(即时间平均散射)用于测量散射光的空间分布规律，而动态光散射法则用于研究散射光在某固定空间位置的强度随时间变化的规律。成熟的光散射理论包括夫朗和费衍射理论、菲涅耳衍射理论、米氏散射理论和瑞利散射理论等。激光粒度分析的理论模型建立在颗粒形状为球形且单粒度条件下，但实际上被测颗粒多为不规则形状且具有多粒度性。因此，颗粒形状和粒度分布特性对最终粒度分析结果影响较大，而且颗粒形状越不规则、粒径分布越宽，分析结果误差就越大。但激光粒度分析法具有样品用量少、自动化程度高、快速、重复性好并可在线分析等优点。

静态光散射法中，当颗粒粒度大于光波波长时，可用夫朗和费衍射理论测量前向小角区域的散射光强度分布来确定颗粒粒度。当粒子尺寸与光波波长相近时，要用米氏散射理论进行修正，并利用光谱分析法。基于这两种理论原理的激光粒度分析仪已经应用于生产实际中。以菲涅耳衍射理论为指导实现颗粒粒度测量的原理是在近场相对于夫朗和费衍射理论，探测衍射光的相关参数，并计算出粒度分布。

动态光散射法适用于颗粒粒度小于光波波长的情况，由瑞利散射理论得知，散射光相对强度的角分布与粒子大小无关，因此不能通过静态光散射法来确定颗粒粒度。动态光散射法弥补了其他光散射测量手段在这一粒度范围内的不足。其原理是当光束穿过溶液中运动的颗粒时，会产生布朗运动并散射出频移的光，该光在空间某一点形成干涉，该点光强的时间相关系数的衰减与颗粒粒度大小有一一对应的关系。检测散射光的光强随时间变化，并进行相关运算可以得出颗粒粒度大小。尽管如此，动态光散射获得的是颗粒的平均粒径，难以得出粒径分布参数。动态光散射法适于测定亚微米级颗粒，测量范围为 1 nm~5 μm。图 2-9 为纳米材料的激光法粒度分析结果。

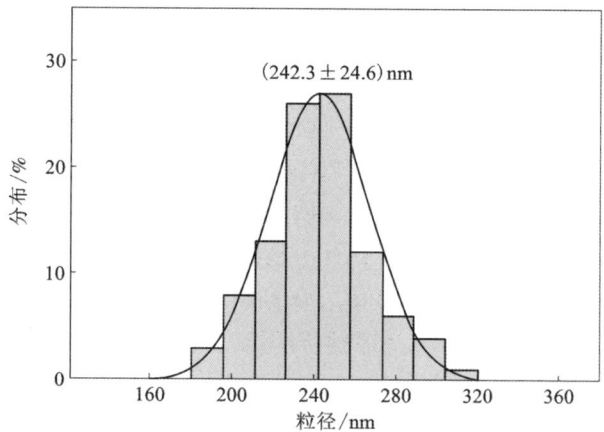

图 2-9 激光法测定粉体材料粒度的结果

2.4.2.4 电超声粒度分析法

电超声粒度分析法是一种最近出现的颗粒粒度分析方法，可测量粒径范围为 50 nm~100 μm。该方法的分析原理较为复杂。简单地说，当声波传导到样品内部时，仪器能够在一个宽频率范围内分析声波的衰减值。通过测得的声波衰减谱，可以计算出衰减值与粒径之间的关系，进行分析时需要考虑颗粒和液体的密度、液体的黏度、颗粒的质量分数等参数。对于乳液或胶体中的柔性粒子，还需要考虑颗粒的热膨胀参数。这种独特的电超声原理具有很多优点，包括可测量高浓度的分散体系和乳液的特性参数(例如粒径和电位势)。与激光粒度分析法相比，电超声粒度分析法不需要稀释，避免了激光粒度分析法无法分析高浓度分散体系的缺陷，且具有更高的精度和更广泛的粒度分析范围。

2.5　纳米材料形貌分析

2.5.1　形貌分析的重要性

　　材料的形貌，特别是纳米材料的形貌，是材料分析中的重要组成部分。材料的很多重要物理化学性能都取决于其形貌特征。对于纳米材料来说，其性能不仅与颗粒大小有关，还与形貌密切相关。例如，颗粒状纳米材料和纳米线、纳米管的物理化学性能存在很大差异。因此，纳米材料的形貌分析是纳米材料研究的重要内容。形貌分析主要包括几何形貌、颗粒粒度、颗粒粒度分布和形貌微区的成分和物相结构等方面。

2.5.2　常见的形貌分析方法

　　常用的纳米材料形貌分析方法包括扫描电子显微镜法、透射电子显微镜法、扫描隧道显微镜法和原子力显微镜法。扫描电子显微镜和透射电子显微镜不仅可以分析纳米粉体材料的形貌，还可以分析块体材料的形貌。这些方法提供的信息主要包括材料的几何形貌、粉体的分散状态、纳米颗粒大小及分布、特定形貌区域的元素组成和物相结构。扫描电子显微镜对样品的要求比较低，无论是粉体样品还是大块样品，都可以直接进行形貌观察，并且可提供从数纳米到毫米范围内的形貌图像，其观察视野广，分辨率一般为 6 nm。场发射扫描电子显微镜的分辨率甚至可以达到 0.5 nm 级别。透射电子显微镜具有很高的空间分辨能力，特别适合纳米粉体材料的形貌分析，其使用量较少，可以获取样品的形貌、颗粒大小、分布以及特定形貌区域的元素组成和物相结构信息。透射电子显微镜适用于纳米粉体样品的形貌分析，但颗粒大小应小于 300 nm，否则电子球就不能透过。对于块体样品的分析，透射电子显微镜一般需要经过薄片处理。扫描隧道显微镜主要适用于一些导电性固体样品的形貌分析，可以达到原子级别的分辨率，但只适合具有导电性的薄膜材料的形貌分析和表面原子结构分布分析，不能用于纳米粉体的形貌分析。

2.5.2.1　扫描电子显微镜

　　扫描电子显微镜(SEM)的成像原理与光学显微镜不同，它主要是利用电子束代替可见光，并使用电磁透镜取代光学透镜来进行成像。高能电子束与样品相互作用会产生多种类型的电子信息，例如二次电子、反射电子、吸收电子、X 射线和俄歇电子等，这些信息与样品表面的几何形状以及化学成分等有很大的关系。这些信息在经过放大后会被送到成像系统中。扫描过程将样品表面任意点发射的信息记录下来并获得图像信息，根据样品表面上电子束扫描幅度和晶像管上电子束扫描幅度的不同，可以确定图像的放大倍数。扫描电子显微镜的优点是具有较高的放大倍数(20 倍到 20 万倍之间连续可调)，具有大景深和视野广阔，能够直接观察各种试样凹凸不平表面的微小结构，并且试样制备简单。目前的扫描电子显微镜都配备有 X 射线能谱仪装置，这样可以同时进行显微组织形貌的观察和微区成分分析，因此像透射电子显微镜一样是一种非常有用的科学研究仪器。图 2-10 为石墨片纳米材料的 SEM 图。从图中可以看出典型的二维片状结构。

2.5.2.2　透射电子显微镜

　　透射电子显微镜(TEM)采用与阿贝光学显微镜相似的衍射成像原理。通过物镜光阑选

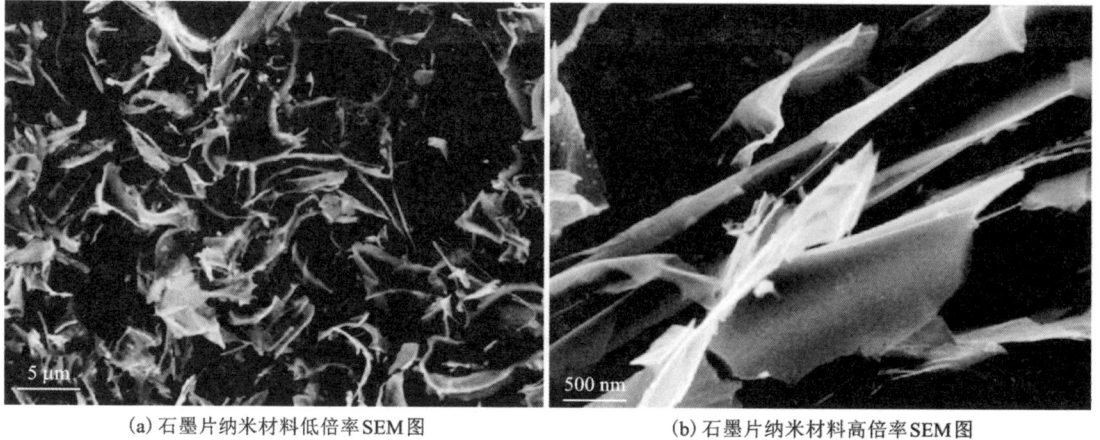

(a) 石墨片纳米材料低倍率SEM图　　　　　(b) 石墨片纳米材料高倍率SEM图

图 2-10　石墨片纳米材料的 SEM 图

择一个透射波，观察到明场像；通过物镜光阑选择一个衍射波，观察到暗场像；通过在后焦平面插入大型物镜光阑，可以得到合成像，即高分辨电子显微像。高分辨显微像的衬度由合成的透射波与衍射波的相位差形成。当入射电子与原子发生碰撞作用时，会使入射电子波发生相位变化。透射波和衍射波的相互作用所产生的衬度与晶体中原子的晶体势具有对应关系。图 2-11 为燃料电池催化剂材料的 TEM 图，其中 B 图为低倍率 TEM 图，C1 图、C2 图和 D 图为高倍率 TEM 图，展示了原子级别的层间距。

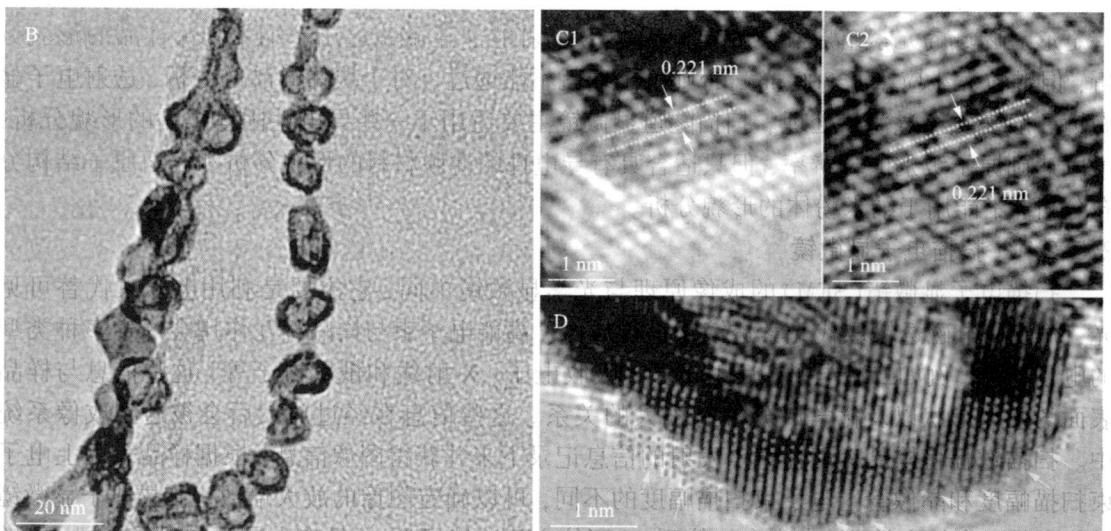

图 2-11　某燃料电池催化剂材料的 TEM 图

与扫描电子显微镜不同，透射电子显微镜对表征的样品有较高的要求。透射电子显微镜利用穿透样品的电子束成像，这就要求被观察的样品对于入射电子束而言是"透明"的。电子束穿透固体样品的能力主要取决于加速电压和样品的物质原子序数。一般来说，加速电压越高，样品原子序数越低，电子束可以穿透样品的厚度就越大。透射电子显微镜常用的加速电压为 100 kV，如果样品是金属，其平均原子序数在 Cr 原子附近，因此适宜的样品厚度约 200 nm。显然，要制备这样薄的金属样品并不容易。因此，为了观察样品的表面形貌，通常通过复型的方式把样品的形貌复制到中间媒体上，如碳以及塑料薄膜上。利用透射电子显微镜的质厚衬度效应，通过观察中间媒体的形貌来获得材料的表面形貌。

2.6　纳米材料的表面分析

比表面积是超细粉体材料和纳米粉体材料的一个重要物理属性，它表示单位质量物质的表面积(m^2/g)，用于评价这些材料的活性、吸附性、催化活性等多种性能。因此，在超细粉体材料和纳米材料的研究、制造和应用过程中，测定其比表面积非常重要。随着超细粉体材料和纳米材料的迅速发展，几乎所有粉体材料的生产和应用领域都需要测定产品的比表面积。测定比表面积的仪器已成为许多研究单位、大专院校和工厂不可或缺的重要设备。

比表面积测试方法主要有连续流动法（即动态法）和静态容量法（即静态法）两种。动态法是将待测粉体样品装在 U 形样品管内，使含有一定比例吸附质的混合气体通过样品，根据吸附前后的气体浓度变化来确定被测样品对吸附质分子（如 N_2）的吸附量。静态法根据确定吸附量方法的不同分为重量法和容量法。重量法是根据吸附前后的样品重量变化来确定被测样品对吸附质分子（如 N_2）的吸附量。但由于其分辨率低、准确度差且对设备要求高等缺陷，现已很少使用。容量法是将待测粉体样品装在一定体积的封闭试管状样品管内，向样品管内注入一定压力的吸附质气体，根据吸附前后的压力或重量变化来确定被测样品对吸附质分子（如 N_2）的吸附量。

动态法和静态法的目的都是确定吸附质气体的吸附量。吸附质气体的吸附量确定后，就可以用该吸附质分子的吸附量来计算待测粉体的比表面积了。常用的比表面积计算理论有朗格缪尔吸附理论、BET 吸附理论和统计吸附层厚度法吸附理论等。其中，BET 理论在比表面积计算方面在大多数情况下都与实际值吻合较好，较广泛地应用于比表面积测试。通过 BET 吸附理论计算得到的比表面积称为 BET 比表面积。图 2-12 为碳纳米片的氮吸附-脱附曲线。

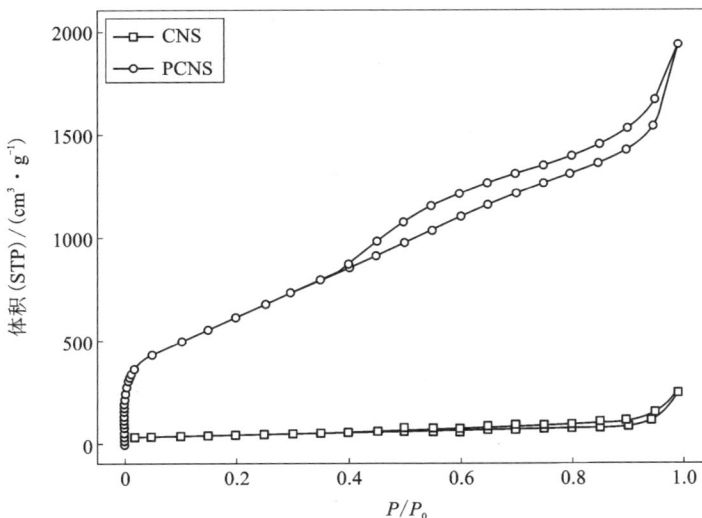

图 2-12　碳纳米片的氮吸附-脱附曲线

思考与讨论

1. 纳米材料的表征主要包括哪些内容？你知道哪些技术可用于纳米材料的表征？

2. 请分别列举可用于材料表面、微区或体相成分分析的表征方法，并进一步说明该方法是否属于破坏性分析方法。

3. 了解纳米材料的结构特征也是非常重要的，你知道哪些方法可用于纳米材料的结构表征？这些方法能够获取哪些结构信息？请举例说明。

4. 纳米材料粒度分析中的粒度一般指什么粒度，有何特点？你知道哪些方法可用于纳米材料的粒度分析，这些方法有哪些优势或不足？

5. 为什么要研究纳米材料的形貌？有哪些方法可以表征纳米材料的形貌，这些方法有何特点？请举例说明。

6. 纳米材料和非纳米材料在表征操作上有何不同，在对纳米材料进行表征时有哪些事项需要注意？

引申阅读

第 3 章　典型的纳米材料合成方法

PPT

当物质的尺寸缩小到纳米级别时，其性能会呈现出全新的特性。例如，一种被广泛研究的 II-VI 族半导体硫化镉，其吸收带边界和发光光谱的峰的位置会随着晶粒尺寸减小而显著蓝移。通过控制晶粒尺寸，可以制备出具有不同间隙的硫化镉，这将大大丰富材料的研究内容并开发新的应用。由于物质种类有限，通过调节制备条件可以获得具有不同间隙和发光性质的材料。因此，纳米技术为我们提供了一种创造全新材料的方法。

纳米材料的研究和应用已经涵盖到了材料领域的各个方面。在深入研究纳米材料结构和性能的同时，制备方法的研究也变得至关重要。通常情况下，制备纳米材料包括颗粒、块体、薄膜及复合材料的制备，其关键在于控制颗粒的大小和获得较为窄的粒度分布。

如果根据物理法和化学法对纳米材料制备进行分类，则前者主要包括粉碎法和构筑法。在化学法中，制备纳米材料通常局限于液相中的纳米粉体，需要解决的主要问题涉及控制纳米粒子的成核和生长过程、超细粒子的稳定性以及降低团聚等。常见的化学法制备方法包括水热合成法、燃烧法、溶胶-凝胶法、微乳液法、沉淀法、溶剂合成法、还原法、气相合成法等。一般来说，使用化学法制备纳米粉体材料具有生产效率高和低成本等优点。

3.1　物理法

物理法指通过将大尺寸物质裂解为纳米材料，以形成更小的颗粒，主要包括粉碎法和构筑法。

3.1.1　粉碎法

纳米机械粉碎是在传统的机械粉碎技术基础上发展起来的，包括"破碎"和"粉磨"两个过程。前者是将大料块变成小料块的过程，后者是将小料块进一步粉碎成粉体的过程。固体物料粒子的粉碎过程实际上就是在粉碎力的作用下使固体料块或粒子发生变形进而破裂的过程。当粉碎力足够大，并且作用迅猛时，物料块或粒子之间瞬间产生的应力大大超过了物料的机械强度，因此物料会发生破碎。物料的基本粉碎方式包括压碎、剪碎、冲击粉碎和磨碎。

在物料粒子受机械力作用而被粉碎的过程中，物质结构及表面物理化学性质也会发生变化，这种由机械载荷作用导致的粒子晶体结构和物理化学性质的变化称为机械化学。在纳米粉碎加工中，粒子微小且承受着反复强烈的机械应力作用，因此其表面积首先会发生变化。同时，温度升高和表面积变化还会导致表面能的变化。因此，在粉碎后，粒子中相邻原子键断裂之前牢固约束的键力在新形成的表面上很自然地被激活，这样表面能的增大和机械激活作用将导致以下几种变化。

（1）粒子结构变化，例如表面结构自发地重组，形成非晶态结构或重结晶。

（2）粒子表面物理化学性质变化，例如表面电性、物理与化学吸附性、溶解性、分散与团聚性质。

（3）在局部受反复应力作用区域产生化学反应，例如由一种物质转变为另一种物质释放出气体，外来离子进入晶体结构中引起原物料中化学组成的变化。

纳米机械粉碎的极限是纳米粉碎面临的一个重要问题。在纳米粉碎过程中，随着粒子粒径的减小，被粉碎物料的结晶均匀性增加，粒子强度增大，断裂能提高，粉碎所需的机械应力也大大增加。因此，粒子粒度越细，粉碎难度就越大。粉碎到一定程度后，尽管继续施加机械应力，但粉体物料的粒度不再继续减小或减小得相当缓慢，这称为物料的粉碎极限。理论上，固体粉碎的最小粒径可达 $0.01 \sim 0.05\ \mu m$。然而，用目前的机械粉碎设备与工艺很难达到这一理想值。粉碎极限与球磨介质的球径、物料种类、机械应力施加方式粉碎方法、粉碎工艺条件、粉碎环境等因素有关。

3.1.2　构筑法

构筑法是通过人工合成极限原子或分子的集合体，制备超微纳米粒子。该方法利用了物质的热蒸发或表面原子溅射等现象，从源物质中生成纳米粒子。在气相法制备纳米粒子过程中，构筑法是一种常见的方法。

构筑法具有以下特点。

（1）制备纳米粒子要使用固态或熔融态的源物质。

（2）源物质必须经过物理过程才能进入气相。

（3）需要相对较低的气体压力环境。

（4）在气相及衬底表面间不发生化学反应。

3.2　化学法

化学法是"自小而大"的制备纳米颗粒的方法，通过化学反应（包括液、气、固相反应）从分子或原子开始制备纳米颗粒物质。其中，气相反应法包括气相分解法、气相合成法和气-固反应法，液相反应法包括沉淀法、溶剂热法、溶胶-凝胶法和反相胶束法。

3.2.1　气相分解法

气相分解法也称为单一化合物热分解法，是将待分解的化合物或预处理过的中间体加热蒸发，进行分解反应，从而制备纳米粒子。在该方法中，原料必须含有制备目标纳米粒子所需的全部元素化合物。反应形式通常如下：

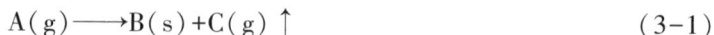

$$A(g) \longrightarrow B(s) + C(g) \uparrow \tag{3-1}$$

气相分解法的原料通常是易挥发、蒸气压高和反应性较好的有机硅、金属氯化物或其他化合物。

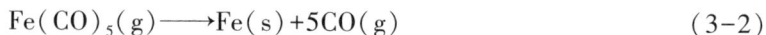

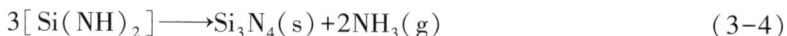

$$Fe(CO)_5(g) \longrightarrow Fe(s) + 5CO(g) \tag{3-2}$$

$$SiH_4(g) \longrightarrow Si(s) + 2H_2(g) \tag{3-3}$$

$$3[Si(NH)_2] \longrightarrow Si_3N_4(s) + 2NH_3(g) \tag{3-4}$$

$$(CH_3)_4Si \longrightarrow SiC(s)+3C(s)+6H_2(g) \tag{3-5}$$
$$2Si(OH)_4 \longrightarrow 2SiO_2(s)+4H_2O(g) \tag{3-6}$$

3.2.2　气相合成法

气相合成法通常是通过两种或两种以上物质间的气相反应，在高温下合成出相应的化合物后快速冷凝，制备各种微粒。利用气相合成法可以合成多种微粒，并具有灵活性和互换性。其反应形式可表示为以下形式：

$$A(g)+B(g) \longrightarrow C(s)+D(g)\uparrow \tag{3-7}$$

典型的气相合成反应例子如下：

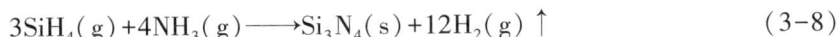

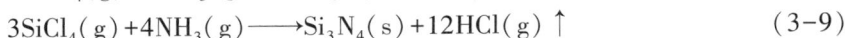

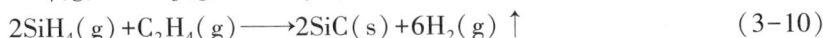

$$3SiH_4(g)+4NH_3(g) \longrightarrow Si_3N_4(s)+12H_2(g)\uparrow \tag{3-8}$$
$$3SiCl_4(g)+4NH_3(g) \longrightarrow Si_3N_4(s)+12HCl(g)\uparrow \tag{3-9}$$
$$2SiH_4(g)+C_2H_4(g) \longrightarrow 2SiC(s)+6H_2(g)\uparrow \tag{3-10}$$

气相化学反应合成微粒是通过均匀核生成和核生长实现的。反应气体需要形成较高的过饱和度，反应体系要有较大的平衡常数。

3.2.3　气-固反应法

气-固反应法是一种制备纳米结构氧化物或硫化物的方法。它利用金属和相应的氧化物或硫化物的蒸气压均很低，以及合成温度远低于参加反应的各物质的熔点这两个特点，在金属衬底上直接进行反应生长出纳米结构氧化物或硫化物。早在 1956 年就有报道称，在一定含氧气氛和适当温度（低于熔点温度）下加热氧化锌、铜、铁、镍、铂等金属，表面能形成细丝状氧化产物。然而，由于测试条件有限，一直未能发现纳米结构的氧化产物。近年来，随着微观测试方法水平的提高，采用金属直接热氧化法或硫化法成功合成了纳米结构金属氧化物或硫化物（CuO、FeO、CuS、ZnO、ZnS 等）的报道已不断出现。

3.2.4　沉淀法

沉淀法是通过在溶液状态下将不同化学成分的物质混合，在混合溶液中加入适当的沉淀剂制备纳米粒子的前驱体沉淀物，再将此沉淀物进行干燥或煅烧，从而制得相应的纳米粒子。溶液中的离子 A^+ 和 B^- 结合，形成晶核，使晶核生长并在重力的作用下发生沉降，形成沉淀物。一般而言，当颗粒粒径达 1 μm 以上时就形成了沉淀。沉淀物的粒径取决于核形成与核成长的相对速度，即如果核形成速度低于核成长，那么生成的颗粒数就少，而单个颗粒的粒径就变大。根据沉淀过程的不同，沉淀法主要分为直接沉淀法、共沉淀法、均匀沉淀法、水解沉淀法、化合物沉淀法等。

3.2.4.1　均匀沉淀法

通常的沉淀过程是不平衡的，但是如果控制溶液中沉淀剂的浓度，使之缓慢地增加，则可以使溶液中的沉淀处于平衡状态，并且能够在整个溶液中均匀地出现沉淀，这种方法称为均相沉淀。通常是通过溶液中的化学反应使沉淀剂慢慢地生成，克服了由外部向溶液中加沉淀剂而造成沉淀剂的局部不均匀性，克服了沉淀不能在整个溶液中均匀出现的缺点。例如，尿素水溶液的温度逐渐升高至 70 ℃附近时，尿素会发生分解：

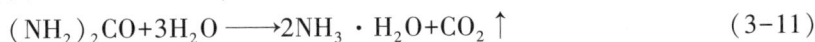

$$(NH_2)_2CO+3H_2O \longrightarrow 2NH_3\cdot H_2O+CO_2\uparrow \tag{3-11}$$

由此反应生成的沉淀剂 $NH_3 \cdot H_2O$ 在金属盐溶液中分布均匀，浓度低，使得沉淀物均匀地生成。

3.2.4.2 共沉淀法

在含有多种特定阳离子的溶液中加入沉淀剂，可以使所有离子完全沉淀，这种方法被称为共沉淀法。共沉淀法可分为单相共沉淀和混合物共沉淀两种类型。

单相共沉淀是指当沉淀物为单一化合物或单相固溶体时使用的方法，也被称为化合物沉淀法。在单相共沉淀中，溶液中的金属离子会以与其配比组成相等的化学计量化合物形式沉淀下来。因此，当沉淀颗粒的金属元素之比等于产物化合物的金属元素之比时，沉淀物具有原子尺度上的组成均匀性。但对于由两种以上金属元素组成的化合物，只有当金属元素之比按倍数关系来看是简单的整数比时，才能保证达到组成均匀性。如果需要将微量成分加入样品中，则采用化合物沉淀法来实现原子尺度上的均匀性通常很困难。

混合物共沉淀是指沉淀产物为混合物的情况。混合物共沉淀过程非常复杂，因为溶液中不同种类的阳离子不能同时沉淀。各种离子沉淀的先后顺序与溶液的 pH 密切相关。例如，当 Zr、Y、Mg 和 Ca 的氯化物在水中形成溶液时，它们在不同的 pH 下会分别发生沉淀，从而形成了水、氢氧化锆和其他氢氧化物微粒的混合沉淀物。为了获得沉淀的均匀性，一般会将含多种阳离子的盐溶液缓慢加入过量的沉淀剂中，并进行搅拌，使所有沉淀离子的浓度大大超过沉淀的平衡浓度，尽可能地使各组分按比例同时沉淀出来，从而得到较均匀的沉淀物。但是由于组分之间的沉淀产生的浓度及沉淀速度存在差异，所以溶液的原始原子水平的均匀性可能部分失去。通常情况下，沉淀物是氢氧化物或水合氧化物，但也可以是草酸盐、碳酸盐等。

3.2.5 液相热法

3.2.5.1 水热法

水热法，也称为热液法，是一种液相化学方法。这种方法是使用特制的密闭反应容器（高压釜），在水溶液中进行反应，并通过加热反应容器来创造高温、高压的反应环境。这种特殊的物理化学环境可以使通常难以溶解或不溶的物质溶解并重新结晶，在高压条件下制备纳米微粒。在这种方法下，水既作为溶剂又作为矿化剂，并作为压力传递介质参与反应。通过控制物理化学因素和参与渗析反应等过程，实现了无机化合物的形成和改性，从而制备出单组分微小晶体、双组分或多组分的特殊化合物粉末。由于水热法能够克服某些高温制备需要的硬团聚问题，因此具有粉末细（纳米级）、纯度高、分散性好、均匀、分布窄、无团聚、晶型好、形状可控、环境优良和生产成本低等优点。

一般情况下，水热条件下的晶体生长包括溶解、输运和结晶三个步骤。在溶解阶段，营养料以离子或分子团的形式进入水热介质中溶解。由于存在热对流和常区与生长区之间的浓度差异等原因，这些离子、分子或离子团被输运到生长区时，会在结晶界面上发生吸附、分解和脱附，吸附物质在界面上运动并最终结晶。

水热条件下晶体生长具有许多优点。例如，晶体在相对较低的热应力条件下生长时，其位错密度远低于在高温熔体中生长的晶体的位错密度。由于采用在相对较低的温度下进行生长，因此可以得到其他方法难以获取的物质低温同质异构体。另外，水热晶体生长是在一密闭系统内进行的，可以控制反应气氛以形成氧化或还原反应条件，并得到其他方法难以获得的某些物相。由于水热反应体系存在溶液的快速对流和十分有效的溶质扩散，因此水热结晶法具有较高的生长速率。

举例来说,将乙烯醇吡咯烷酮溶解在乙二醇中,然后依次加入钛酸四丁酯和磷酸,并在室温下连续搅拌 12 h。之后,将溶液转移到密封高压釜中,在 160 ℃下保持 3 h。过滤得到悬浮液,并用蒸馏水彻底清洗固体过滤器。前驱物在 80 ℃真空干燥箱中干燥 12 h。最后,前体粉末在 700 ℃下 Ar 中退火 2 h,得到 TiP$_2$O$_7$@C 材料。具体流程及材料结构如图 3-1 所示。图中清晰地展示了自组结构。

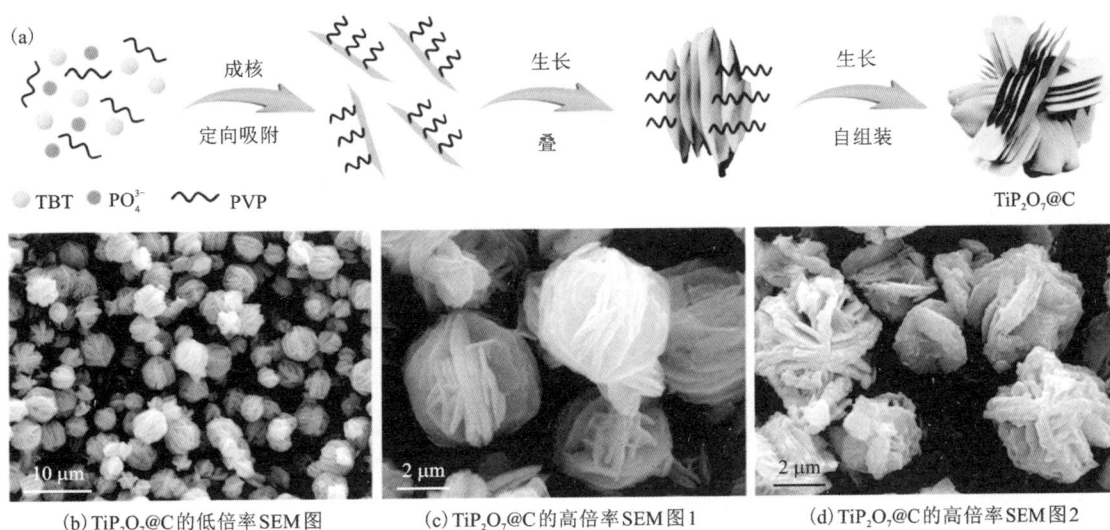

(b) TiP$_2$O$_7$@C 的低倍率 SEM 图　　(c) TiP$_2$O$_7$@C 的高倍率 SEM 图 1　　(d) TiP$_2$O$_7$@C 的高倍率 SEM 图 2

图 3-1　水热法制备 TiP$_2$O$_7$@C 复合材料的过程及 TiP$_2$O$_7$@C 的 SEM 图

3.2.5.2　有机溶剂热法

有机溶剂热法是一种合成化合物的方法,在水热法基础上发展而来。此法采用密闭高压釜等设备,在一定温度和溶液自生压力下,使用有机物或非水溶媒作为溶剂进行反应。相对于水热法,有机溶剂热法使用的溶剂为有机物,因此对于某些对水敏感的化合物[如Ⅲ~Ⅴ族半导体、碳化物、氟化物、新型磷(砷)酸盐分子筛三维骨架结构材料]更为适用。此外,有机溶剂热法与水热法的不同之处在于所使用的溶剂为有机物。该方法可以通过提供高温、高压环境,使前驱体充分溶解并达到过饱和度,从而形成原子或分子生长基元,进行成核结晶生成粉体或纳米晶。该反应的驱动力是可溶的前驱物或中间产物与稳定新相之间的溶解度差。在有机溶剂热反应中,无法避免水的存在,但是由于有机溶剂热反应的高温高压条件,有机溶剂对水的溶解度大为提高,实际上对水起到了稀释作用;而且相对于大量的有机溶剂,水的量很少,可以忽略不计。根据化学反应类型的不同,溶剂热法制备粉体可以分为五类:溶剂热结晶、溶剂热液-固反应、溶剂热元素反应、溶剂热分解和溶剂热还原。

3.2.6　溶胶-凝胶法

溶胶-凝胶法(sol-gel 法)是指将无机物或金属醇盐通过溶液、溶胶和凝胶形成固体,并经过热处理制备氧化物或其他化合物固体的方法。该方法在纳米粉体、纳米膜、纳米块体材料等多种纳米材料的制备中占有重要地位。其化学过程如下：易于水解的金属化合物（无机盐或醇盐）在某种溶剂中与水发生反应生成活性单体，活性单体进行聚合，开始成为溶胶，进而生成具有一定空间结构的凝胶，再经过干燥、烧结处理，得到所需的各种纳米材料。其化学反应主要分为两步：第一步是水解反应生成溶胶；第二步是聚合生成凝胶。相对于其他方法，溶胶-凝胶法具有许多优点，如化学均匀性好，高纯度，颗粒细，可容纳不溶性组分或不沉淀组分，化学反应容易进行且需要较低的合成温度，可制备各种新型材料。然而，该方法也存在一些问题，如使用的原料价格较高且有些原料对健康有害，溶胶-凝胶过程时间较长，凝胶中存在大量微孔并产生收缩等。图 3-2 为溶胶-凝胶法制备工艺流程，采用该方法成功合成了不同粒径的二氧化钛纳米粒子，并探讨了反应条件对产物结构及形态的影响。

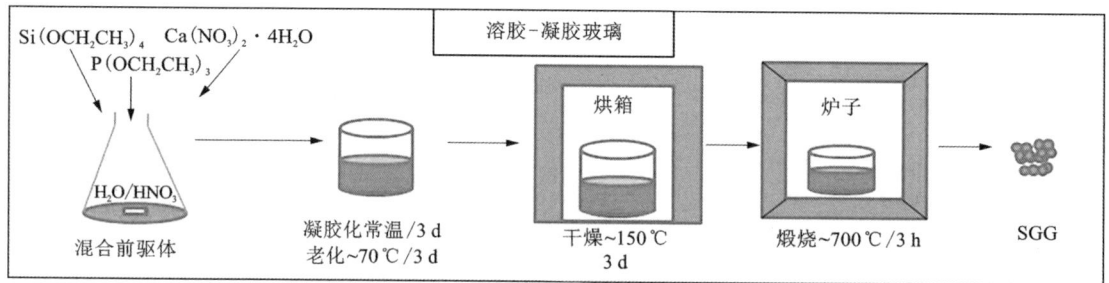

图 3-2 溶胶-凝胶法制备工艺流程

3.2.7 冷冻干燥法

根据物理化学的知识，水存在三相。由水的相图可知，O 点是三相共点，OA 为冰的融解点。压力减小、沸点下降的原理表明，只要压力低于三相点压力（压力小于 646.5 Pa，温度低于 0 ℃），物料中的水分就会从固态水直接升华成为水蒸气，而不经过液态。基于这一原理，可以将潮湿的原料冷冻到冰点以下，使其中的水分变为固态冰，然后在适当的真空环境下，将冰直接转化为水蒸气去除，最终通过真空系统中的水汽凝结器将水蒸气冷凝，从而实现干燥。这种利用真空冷冻的方法实质上是利用低温、低压下的物态变化和传递机制进行干燥。

与普通的加热干燥不同，冷冻干燥的物料中的水分主要是通过在 0 ℃ 以下的冰冻固体表面升华蒸发而达到干燥的目的，物质本身则留存在冰架子中，因此，干燥后的产品体积不变且多孔疏松。冰升华时需要吸收热量，因此必须对物料进行适当的加热，并在加热板与物料升华表面形成一定的温度梯度，以利于传热的顺利进行。

如图 3-3 所示，将化学计量比的 LiCl 和 $InCl_3$ 首先溶解在去离子水中形成溶液，然后在冷冻干燥机中快速冷冻成固体，通过真空升华去除游离水，最终得到 $Li_3InCl_6 \cdot xH_2O$。需要注意的是，这一步骤能够有效缓解溶液热蒸发过程中颗粒碰撞和高温产生的颗粒尺寸增加的问题。因此，可以获得比传统水合方法更小颗粒尺寸的前驱体。最后，可以在真空环境下去除结晶水，获得纯 Li_3InCl_6。

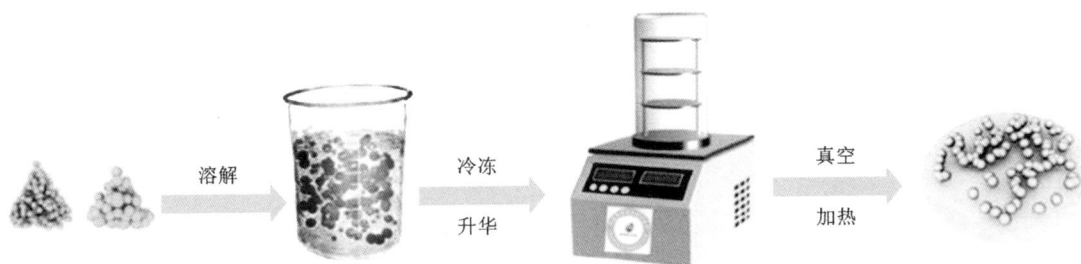

图 3-3　冷冻干燥法制备卤化物 Li_3InCl_6 固态电解质流程图

3.2.8　喷雾法

喷雾法是一种将溶液通过各种物理手段进行雾化来获得超微粒子的一种化学与物理相结合的方法。其基本过程包括溶液的制备、喷雾、干燥、收集和热处理等步骤。该方法的特点在于颗粒分布比较均匀，但颗粒尺寸通常在亚微米到 $10~\mu m$ 之间，具体的尺寸范围取决于制备工艺。根据制备工艺和喷雾方式的不同，喷雾法可以分为喷雾干燥法、雾化水解法和喷雾焙烧法等几种。

3.2.8.1　喷雾干燥法

喷雾干燥法是一种制备超微粉末的方法。它利用喷嘴将已制成溶液或泥浆的原料喷成雾状物，然后经过干燥和收尘器的收集，最终用炉子焙烧将其转化为微粉。如图 3-4 所示，采用喷雾干燥法可以制备氮掺杂碳纳米管材料。用这种方法制备的超微颗粒不仅粒径小，而且组成极为均匀。

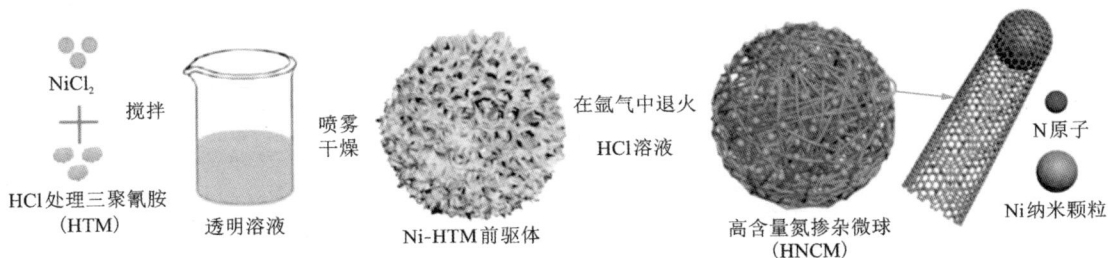

图 3-4　喷雾干燥法制备氮掺杂碳纳米管材料工艺流程图

3.2.8.2　雾化水解法

雾化水解法是一种制备高纯氧化物超细微粒的方法。其基本原理是将惰性气体载入含有金属醇盐的蒸气室中，让金属醇盐蒸气附着在超微粒的表面上，随后与水蒸气反应分解，形成氢氧化物微粒。经过焙烧后，可以获得高纯度、尺寸可控的氧化物超细微粒，具体尺寸大小主要取决于金属醇盐的微粒大小。

3.2.8.3　喷雾热解法

喷雾焙烧法，也称喷雾热解法，是一种利用压缩空气将呈溶液态的原料喷雾并在外部加热的石英管中进行热解的超微粒子制备方法。原料喷雾的液滴大小随喷嘴变化而变化，然后液滴通过外部加热式石英管在热解过程中生成微粒。用此法制备的粉末粒径通常在亚微米级别，由几十纳米的一次颗粒组成。

3.3　其他方法

3.3.1　微乳液法

微乳液法是一种制备高质量、粒径均匀的纳米颗粒的方法。该方法是利用表面活性剂将两种互不相溶的溶剂混合而形成稳定的均相乳液，然后通过析出固相的方式制备纳米颗粒。在微乳液中，前驱体被包裹在单分子层界面的水相液滴中，并在该液滴内进行成核、生长和聚结等过程，从而形成球形的纳米颗粒。这种方法可以避免颗粒之间的进一步团聚，从而得到粒径分布窄且容易控制的纳米颗粒。

微乳液通常由表面活性剂、助表面活性剂、油和水组成，是一种透明的热力学稳定系统。微乳液中的"水池"被单分子层界面包围并形成微乳颗粒，其大小可控制在几十至几百个埃之间。这种微小的"水池"尺寸小且彼此分离，因而不能构成水相，通常被称为"准相"。微乳液的这种特殊微环境是多种化学反应、乳酶催化反应、聚合物反应和金属离子与生物配体的络合反应等的理想介质，且反应动力学也有较大的改变。此外，微乳液也可模拟生物膜的功能，可在一些涉及生物过程的反应中进行模拟研究。

3.3.2　超声辅助法

超声化学，也称声化学，是一门利用声空化能够通过加速或控制化学反应来提高反应效率的交叉学科。超声波由一系列疏密相间的纵波构成，通常指频率在 20~5000 kHz 时的高频声波，具有普通声波的基本特性，但其频率比普通声波高得多，因此具有更好的穿透性、更强大的功率和能量。超声波的这些特性可使其在化学反应中发挥独特的作用，如加快反应速度、提高反应效率，并使一些常态下不可能发生的反应变为可能。虽然许多化学反应中超声波起到的作用还未全部明确，但近年来的研究表明其作用与空化效应有关。

空化效应是超声波能产生的一种现象，在足够高的能量下，超声波可以形成空化气泡。空化气泡的寿命极短（约 0.1 s），在爆炸时会释放巨大的能量，并产生高速且具有强烈冲击力的微射流，碰撞力度可达 1.5 kg/cm²，在爆炸瞬间会产生约 4000 K 和 100 MPa 的局部高温高压环境，这些条件足以使有机物发生化学键断裂、水相燃烧或热分解，并促进非均相界面间的扰动和相界面更新，从而加速传质和传热过程。超声波的能量效应和机械效应引起的化学反应和物理过程的强化作用主要是由于液体的超声空化产生的。

3.3.3　高能球磨法

机械合金化球磨工艺通常包括以下几个步骤：首先确定所制产品的元素组成，然后选择适当的球磨介质，例如钢球、刚玉球或其他材质的球，并将初始粉末和球磨介质按一定比例放入球磨机中进行球磨。在球磨过程中，球与球、球与研磨桶壁的碰撞会将初始粉体制成粉末，并使其产生塑性形变，最终形成合金粉。高能球磨机是机械合金化常用的设备之一，如图 3-5 所示。

34

机械合金化通常在搅拌式、振动式或行星式球磨机中进行。不同的球磨机、球磨强度、球磨介质、球的直径、球料比和球磨温度等因素都会影响产物的性质。相变是其中的一个重要因素，不同的球磨条件下会发生不同的相变过程。球磨过程中会产生空位、位错、晶界及成分的浓度梯度，这些因素进一步促进了溶质的快速输运和再分散，为形成新相创造了条件。同时，在球磨过程中，粉末结构与特征、尺寸的变化以及温度、应力的变化和缺陷的数量，都直接影响相变过程，而相变过程又反过来影响进一步的形变和缺陷密度的变化。因此，这些因素对于机械合金化方法的工艺控制和产物性能的研究都非常重要。

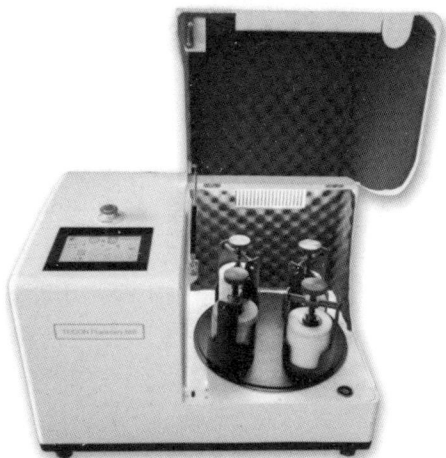

图 3-5　高能球磨机

在球磨过程中，通常需要使用惰性气体（如 Ar、N_2 等）进行保护。为了避免粉末过度焊接和黏球，通常会加入 1%~2%（质量分数）的有机添加剂（例如甲醇或硬脂酸）。这些有机添加剂具有良好的润滑性能，可以有效地改善球磨过程中的流动性和分散性。

总之，机械合金化球磨工艺是一个复杂的过程，涉及多个因素。通过逐步优化球磨条件，可以得到所需的合金粉末，并实现对其结构、特性的精细调控。例如，将二元卤化物材料 $n(\text{LiCl})/n(\text{YCl}_3) = 3/1$ 的原料，装入氧化锆球的氧化锆罐中。这些准备工作在充满氩气的手套箱中进行，将氧化锆罐密封在氩气中。混合原料用行星球磨机械化学研磨 50 h，转速 500 r/min，可合成 Li_3YCl_6 卤化物固态电解质。图 3-6 为用高能球磨法制备的 Li_3YCl_6 材料 XRD 图谱。

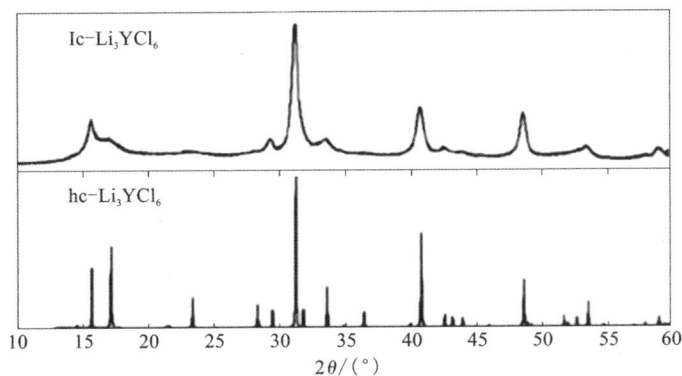

图 3-6　Li_3YCl_6 卤化物固态电解质的 XRD 图谱

3.3.4　非晶晶化法

非晶晶化法是一种实现非晶合金纳米晶化的方法，主要包括热致晶化、电致晶化、机械晶化和高压晶化四种方式。

热致晶化法是通过等温退火和分步退火两种方式实现的。在等温退火过程中,将非晶样品快速加热到预定温度,保温一定时间,然后冷却至室温;而分步退火则是在较低温度下等温退火一段时间,然后在较高温度下再等温退火一段时间,从非晶基体中析出尺寸在纳米范围内的晶体相。关键因素是退火温度和时间。

电致晶化法包括闪光退火、焦耳加热和电脉冲退火三种方式。闪光退火法利用短时强电流脉冲对非晶合金进行快速加热,实现了纳米晶化;焦耳加热法是指施加长时间的连续电流;电脉冲退火法则使用高密度直流电脉冲对非晶合金进行处理。

机械晶化法是在氩气保护下利用高能球磨技术,通过机械研磨过程中硬质钢球与研磨体之间的相互碰撞,对非晶粉末反复进行熔结、断裂、再熔结的过程,以实现纳米晶化。该方法适应面广,成本低,产量大,工艺简单,但研磨过程中易产生杂质、污染、氧化及应力,难以得到洁净的纳米晶体界面。

高压晶化法包括激波诱导和高压退火两种方式。激波诱导法是将样品置于激波管低压末端,当氢氧混合气体经点火爆炸后在低压腔内形成高温、高压、高能的激波并对样品产生作用时,使非晶转变为晶化度很高的纳米晶态;高压退火法则是在高压下对非晶样品施加退火工艺,以实现纳米晶化。

总之,以上四种非晶晶化法各有特点,应根据具体需求选择适用的方法进行纳米晶化研究。

3.3.5 物理气相沉积技术

物理气相沉积技术(PVD)是一种将镀膜材料通过物理方法(如蒸发、溅射等)汽化,在基体表面沉积成膜的技术。该技术经过近30年的发展,除了传统的真空蒸发和溅射沉积技术,还包括离子束沉积、离子镀和离子束辅助沉积等方式。其沉积类型有真空蒸镀、溅射镀、离子镀等。不同的沉积技术在汽化、气相输运和沉积成膜三个环节中,能源供给方式、气相转变机制、气体粒子形态、气相粒子荷能大小、气相粒子在输运过程中能量补给的方式及粒子形态转变、镀料粒子与反应气体的反应活性、沉积成膜的基体表面条件等方面存在差异。

与化学气相沉积相比,物理气相沉积技术具有以下优点和特点。

(1)镀膜材料广泛,易于获得。纯金属、合金、化合物、导电或不导电、低熔点或高熔点、液相或固相、块状或粉末等都可以使用或经过加工后使用。

(2)镀料汽化方式多样。可用高温蒸发和低温溅射。

(3)沉积粒子能量可调节,反应活性高。通过介入等离子体或离子束,可以获得所需的沉积粒子能量进行镀膜,并提高膜层质量。通过等离子体的非平衡过程,还可以提高反应活性。

(4)低温型沉积。沉积粒子的高能量和高活性使其不需要遵循传统的热力学规律,在不需要高温过程的情况下实现低温反应合成和在低温基体上沉积,扩大了沉积基体的适用范围。

(5)可沉积各类型薄膜。如金属膜、合金膜、化合物膜等。

物理气相沉积技术已被广泛应用于各个领域,并且许多技术已经实现了工业化生产。其镀膜产品涉及许多实用领域。

3.3.6　自组装法

分子自组装技术(self-assembly，SA)是微观分子设计领域的研究热点之一。它指的是在热力学平衡条件下，通过分子间大量弱的非共价键作用力，利用分子间的相互识别，将分子或分子中的片段自发连接成具有特定排列顺序、结构稳定的分子聚集体。这里的"弱的非共价键作用力"包括氢键、范德华力、静电力、疏水作用力、π–堆积作用、阳离子–π吸附作用等。并不是所有分子都能够发生自组装过程，它的产生需要两个条件：自组装的动力以及导向作用。自组装的动力是指分子间的弱相互作用力的协同作用，它为分子自组装提供能量，维持自组装体系的结构稳定性和完整性；自组装的导向作用指的是分子在空间的互补性，也就是要使分子自组装发生，必须在空间尺寸和方向上达到分子重排的要求。

一般而言，构建分子自组装体的过程分为三个步骤。

(1)通过有序的共价键，首先结合成结构复杂的完整中间分子体。

(2)由中间分子体通过弱的氢键、范德华力及其他非共价键的协同作用，形成结构稳定的大的分子聚集体。

(3)由一个或几个分子聚集体作为结构单元，多次重复自组织排列成有序分子组装体。

自组装是否能够实现取决于基本结构单元的特性，即外在驱动力(如表面形貌、形状、表面官能团和表面电势等)，使最后的组装体具有最低的自由能。通过研究发现，内部驱动力是实现自组装的关键，包括范德华力、氢键、静电力等，只能作用于分子水平的非共价键力以及能作用于较大尺寸范围的力，如表面张力、毛细管力等。组装体中各部分的相互作用通常呈现出加和性与协同性，并具有一定的方向性和选择性，其总的结合力不亚于化学键。自组装过程就是这种弱相互作用结合的体现，分子识别是形成高级有序组装体的关键。

3.3.7　模板法

模板法是一种重要的纳米材料制备方法。该方法利用具有纳米结构、形状容易控制、价廉易得的材料作为模板，在物理或化学方法下，将相关材料沉积到模板的孔中或表面，然后移除模板，从而获得具有规范形貌和尺寸的纳米材料。模板法可以根据合成材料的性能需求和形貌来设计模板的材料和结构，以满足实际需求。目前常用的模板材料包括纳米碳管、氧化铝薄膜、聚合物和生物大分子等。其中，纳米碳管模板法成功地合成了多种碳化物和氮化物的纳米丝和纳米棒；氧化铝薄膜模板法可用于合成单晶纳米 GaN 丝；聚合物模板法主要是以聚碳酸酯膜模板法和聚丙烯酸乙酯膜模板法为主要方式；生物大分子模板法则利用生物大分子作为模板剂来制备介孔材料，其应用还在不断发展中，但生物大分子模板法对于控制介孔的孔径及分布等问题还需要深入研究。

3.3.7.1　纳米碳管模板法

近年来，经过多位科学家的不断探索，已经成功地采用纳米碳管为模板合成了多种碳化物和氮化物的纳米丝和纳米棒。这种方法利用纳米碳管的纳米空间为气相化学反应提供了独特的环境，为气相成核和核的生长提供了优越条件。纳米碳管的作用类似于一个特殊的"小试管"。一方面，在反应过程中，它提供了所需的碳源，并消耗了自身；另一方面，它提供了成核场所，并限制了生成物的生长方向。可以得出结论，在相同的反应条件下，纳米碳管内外的合成反应是不同的。纳米尺寸的限制将为制备实心纳米线提供了一条新途径，可望用此法制备多种材料的一维纳米线。

3.3.7.2　氧化铝薄膜模板法

在管式炉中部放置一个刚玉坩埚，其中摆放着一些金属 Ga 细块和 Ga_2O_3 粉末，其摩尔比为 4∶1。在金属 Ga 细块和 Ga_2O_3 粉末上方平放一个多孔 Mo 网，并在 Mo 网上放置通孔的 Al_2O_3 阵列模板。经过机械泵抽真空后，通入氨气，多次排气后，使炉内只剩下纯净的 NH_3 气。然后加热使炉温保持在 900 ℃，气流量稳定在 300 mL/min，此时在炉内将会发生以下反应：

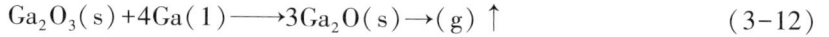

$$Ga_2O_3(s)+4Ga(l)\longrightarrow 3Ga_2O(s)\rightarrow(g)\uparrow \tag{3-12}$$

$$Ga_2O(g)+2NH_3(g)\longrightarrow 2GaN(s)+H_2O(g)\uparrow+2H_2(g)\uparrow \tag{3-13}$$

经 2 h 反应后，停止加热，待温度降至室温后，从氧化铝薄膜模板表面收集到了丝状的单晶纳米 GaN 丝。

3.3.7.3　聚合物模板法

聚合物模板法主要包括聚碳酸酯膜模板法和聚丙烯酸乙酯膜模板法。其中，聚碳酸酯膜模板法是应用最广泛的一种聚合物膜模板法，已经商业化生产过滤膜产品。采用电化学沉积法制备纳米线的具体步骤如下。首先，在经过 PVP 润湿剂处理的聚碳酸酯过滤膜的一面，使用电子束蒸发器蒸发一层目标金属，以达到设定厚度。将涂有金属的一面固定在导电基底上进行电沉积。在将电极置于电解槽之前，需要在去离子水中用超声波处理 2 min，以确保所有孔隙都能被润湿，且具有相同的活性。以 Pt 为对电极、饱和甘汞电极为参考电极，在选定的合适的电解液和适当的电压下进行电沉积即可得到目标金属纳米线。完成电沉积后，在 40 ℃ 下用 Cl_2CH_2 将聚碳酸酯膜溶解，然后依次用新鲜的二氯甲烷、氯仿和乙醇进行洗涤。

3.3.7.4　生物大分子模板法

与其他用作模板剂的大分子相比，生物大分子具有单分散尺寸分布和独特链结构的优点，这使得我们可以合成具有新奇独特孔结构的有序介孔材料，并且有助于我们理解生命过程中诸如生物矿化等现象。Gugliotti 等利用一种经过修饰的 RNA 合成了金属镉的六方纳米晶粒，而这也是目前为止该晶粒唯一的合成方法。CHA 等利用半胱氨酸-赖氨酸嵌段共聚多肽自组装成的有序结构作为模板，在中性条件下该模板可以作为 TEOS 水解的导向剂，从而形成球形的或者无定形的氧化硅，研究表明所形成的氧化硅球具有介孔结构。

目前，利用生物大分子作为模板剂来制备介孔材料的研究仍处于起步阶段，而对于生物模板形成介孔结构的机理及如何通过对合成条件的控制来控制介孔的孔径及分布，从而使其趋于有序性，则研究得很少。生物大分子在材料方面的主要应用还是合成具有纳米尺度的新型材料。随着分子自组装及生物矿化等生命过程研究的深入，生物大分子模板法在介孔材料的合成领域必将得到更广泛的应用。

3.3.8　纳米压印技术

纳米压印技术是软刻印术的发展，采用绘有纳米图案的刚性压模将基片上的聚合物薄膜压出纳米级图形，再对压印件进行常规的加工，最终制成纳米结构和器件。光刻胶一般由单分子物质或聚合物构成，固化方式为热固化或紫外固化。需要精确控制压印模具与光刻胶之间的黏附力，以获得最佳效果。纳米压印技术可以在大面积上制备高分辨率且均匀的纳米图形结构，并且具有制作成本极低、简单易行、效率高等优点。与极端紫外线光刻、X 射线光刻、电子束刻印等新兴刻印工艺相比，纳米压印技术的竞争力强，有广阔的应用前景。目前，这项技术已经达到 5 nm 以下的水平。

　　纳米压印技术最大的优点是工艺简单。与芯片制造相关联的一个最大成就是用于印刷电路图案的光刻工具。光学光刻技术需要高功率紫外线激光和大量的精密透镜来实现纳米级的分辨率，而纳米压印技术不需要复杂的光学系统和高功率的激光源，也不需要根据给定分辨率和波长的灵敏度来设计合适的光刻胶，因此，该技术成本低廉。

思考与讨论

　　1. 常用的纳米材料合成方法有哪些？每种方法有何优点与缺点？

　　2. 不同纳米材料的常用合成方法是否相同，为什么？

　　3. 纳米科技是传统未加工技术的扩展和延伸，对吗？

　　4. 纳米材料的合成有何难点和技术关键点？

引申阅读

第 4 章　纳米材料的改性

PPT

　　纳米材料因其具有独特的四大效应而受到广泛关注。然而，随着颗粒尺寸减小，比表面积增加、表面能升高，且表面原子或离子的比例也显著提高，使得其表面活性增强并增加颗粒之间的吸引力，从而导致颗粒团聚。纳米颗粒团聚后形成的二次粒子的粒径与一般的微米级颗粒相当，因此失去了上述优异性能。如何控制纳米颗粒的分散性，使其稳定存在于高表面能状态下，是当前全球纳米技术界公认的难题，也是纳米材料改性的核心问题。有效解决纳米粉体团聚问题，对其工业化生产和应用具有重要意义。

4.1　纳米材料的团聚及原因

4.1.1　纳米材料的团聚问题

　　团聚是指纳米粉体颗粒在制备、分离、处理和存储过程中相互连接形成较大颗粒的现象。这种团聚对其性能产生重要影响。首先，团聚的出现不仅降低了纳米颗粒的活性，还影响其各方面的性能。其次，纳米材料的团聚给混合、均化和包装带来了极大不便，在实际生产应用中变得十分困难。

　　当颗粒微细化后，处于表面的原子与处于颗粒内部的原子所受力场有很大不同。内部原子受到的力为周围原子的对称价键力和稍远原子的远程范德华力，这些力对称并且饱和；表面原子受到的力为与其邻近的内部原子的非对称价键力和其他原子的远程范德华力，这些力不对称并且不饱和，有与外界原子键合的倾向。颗粒的团聚过程可以看作小粒子内作用的结合力不断形成，体系总能量不断降低的过程，可以从热力学角度分析该过程。

　　设团聚前粉体总表面积为 A_D，单位面积的表面自由能为 Y_O，则分散状态粉体的总表面能表示如下：

$$G_D = Y_O A_D \tag{4-1}$$

团聚后总表面积为 A_C，单位面积表面自由能为 Y_O'，团聚状态粉体总表面能表示如下：

$$G_C = Y_O' A_C \tag{4-2}$$

则由分散状态变为团聚状态总表面自由能的变化 ΔG 表示如下：

$$\Delta G = G_C - G_D = Y_O' A_C - Y_O A_D \tag{4-3}$$

显然，$A_C \ll A_D$，$Y_O' \ll Y_O$，$\Delta G < 0$，因而团聚过程是自发的，团聚状态比分散状态更为稳定。

　　纳米颗粒的团聚程度受到表面效应和小尺寸效应的直接影响。团聚现象主要由以下四个原因引起。

（1）纳米颗粒的表面静电荷引力。在纳米化过程中，材料在新生的纳米粒子表面积累了大量正/负电荷，这些带电粒子不稳定且相互吸引，产生了静电库仑力，从而导致颗粒团聚。

（2）纳米颗粒的高表面能。材料在纳米化过程中吸收了机械能或热能，使新生的纳米粒子表面能较高，为了降低表面能，颗粒通过聚集形成稳定状态，从而引起团聚。

（3）纳米颗粒间的范德华引力。当材料纳米化至一定粒径时，颗粒间距离极短，范德华力远远大于颗粒自身重力，颗粒易相互吸引并团聚。

（4）纳米颗粒表面的氢键及其他化学键作用。纳米颗粒表面的氢键、湿桥吸附以及其他化学键作用易导致颗粒之间互相黏附聚集。

在溶液中，布朗运动同样会影响纳米颗粒的团聚程度。纳米颗粒与溶剂碰撞后具有与周围颗粒相同的动能，因此小颗粒运动得快，会彼此经常碰撞并连接在一起形成二次颗粒。尽管二次颗粒移动速度较慢，仍可能与其他颗粒碰撞并形成更大的团聚体，直到无法运动而沉降下来。

在干粉状态下，粉体团聚的推动力为范德华引力和分子间作用力共同作用的结果，在溶液中则应归之为布朗运动与分子间作用力。该过程如图 4-1 所示。

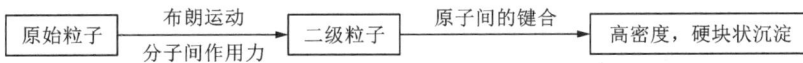

图 4-1　纳米粉体团聚过程示意图

图 4-2 展示了采用油胺体系合成的 Ni-P 纳米颗粒粉体材料形貌。该粉体的颗粒大小在纳米级别，但出现了严重的团聚现象，这对催化剂的制备及其性能产生了不良影响。

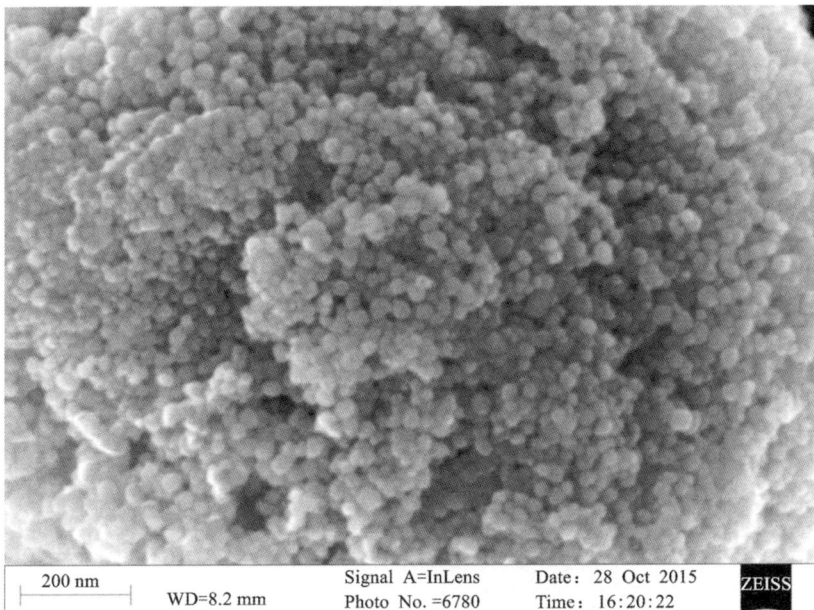

图 4-2　Ni-P 纳米颗粒粉体材料团聚的 SEM 图

通常将纳米颗粒的团聚分为软团聚和硬团聚两种。图 4-3 展示了这两种团聚的结构形态。软团聚主要是由颗粒间的静电力和范德华力导致的，作用力较弱，可以通过化学手段或施加机械能来消除；硬团聚则不仅受到静电力和范德华力的影响，还存在化学键的作用，因此其形成后较难破坏，故团聚前需采取特殊方法进行控制。

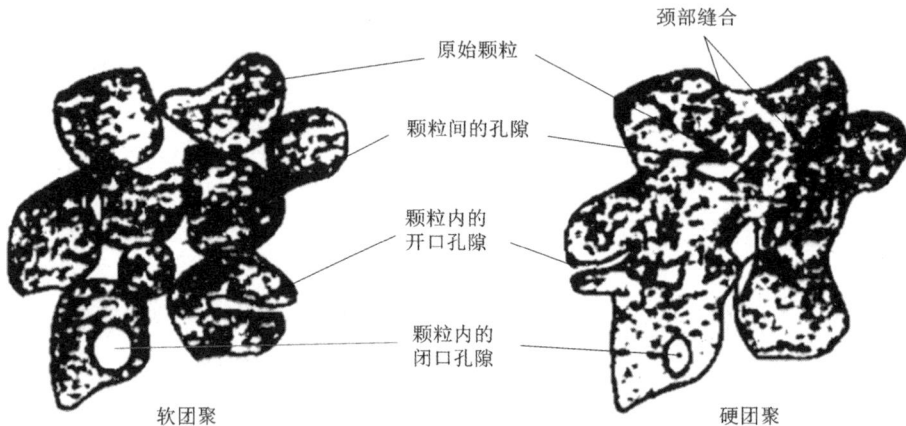

图 4-3　软团聚和硬团聚的结构示意图

4.1.1.1　引起软团聚原因

软团聚主要是由以下四个原因引起的。

(1)尺寸效应：纳米粒子的粒径减小时，其表面积急剧增大，进而导致更多的原子或基团暴露在表面上，使颗粒之间更容易互相吸引并聚集。

(2)表面电子效应：当颗粒细化到纳米级别后，位于表面的原子所占比例急剧增加。这些表面原子所处的晶体场环境和结合强度与内部原子不同，导致表(界)面结构中包含大量缺陷和不饱和键。此外，纳米颗粒形状极不规则也会导致表面电荷的聚集，使粒子变得极为不稳定，易发生团聚现象。

(3)表面能效应：由于纳米颗粒表面积较大，表面能相对较高，处于能量的不稳定状态，而为了达到稳定状态，粒子很容易发生聚集。例如，当 Cu 纳米粒子的粒径从 100 nm 减小到 1 nm 时，其比表面能从 $0.94\ J/m^2$ 增加到 $94\ J/m^2$，提高了两个数量级。

(4)近距离效应：纳米颗粒之间距离极短，相互间的范德华力远大于自身重力。因此，纳米粉体颗粒之间通过表面分子或原子的范德华力相互作用，加剧了团聚现象。

4.1.1.2　引起硬团聚原因

硬团聚主要是由以下几种原因引起的。

(1)化学键作用：纳米颗粒表面间的氢键、化学键作用是导致粒子形成硬团聚的主要原因。例如，研究纳米 Al_2O_3 团聚时发现，表面羟基层一方面使表面结构发生变化，减少了粒子表面间静电排斥作用；另一方面导致羟基间的范德华力和氢键的产生，使得粉体间的排斥力转变为吸引力。随着羟基密度、数量及活性的增加，团聚现象会加剧。

(2)烧结作用：制备纳米粉体时通常需要进行煅烧处理，颗粒在紧密接触的过程中会产生硬团聚。温度过高是造成煅烧阶段硬团聚现象的主要原因。

（3）晶桥作用：在纳米粉体干燥过程中，毛细管吸附使颗粒互相靠近。因此，颗粒之间由于表面羟基和部分原子在介质中的溶解—沉析而形成晶桥，并变得更加致密。随着时间的延长，这些晶桥会使纳米颗粒互相结合，形成较大的块状聚集体。

（4）表面原子扩散键作用：液相合成的纳米粉体需要将有机氧化物、盐、配合物或金属有机物等前驱体分解才能得到纳米粉体，分解后的表面断键引起的能量远高于内部原子的能量，容易使颗粒表面原子扩散到临界表面并与对应的原子键合，形成稳固的化学键，从而形成永久性的硬团聚。

4.1.2　纳米材料在液体介质中的团聚机理

如图 4-4 所示，液相中的颗粒之间存在着多种相互作用力，包括范德华力、双电层固相排斥力、液相桥和溶剂化层交叠，以及液相与固相间的相互作用力，如固相桥和烧结颈。这些力相互交织，导致颗粒在液体介质中的相互作用十分复杂。除了范德华力和库仑力外，还有溶剂化力、毛细管力、憎水力、水动力等因素，它们与液体介质种类有关，也直接影响团聚程度。

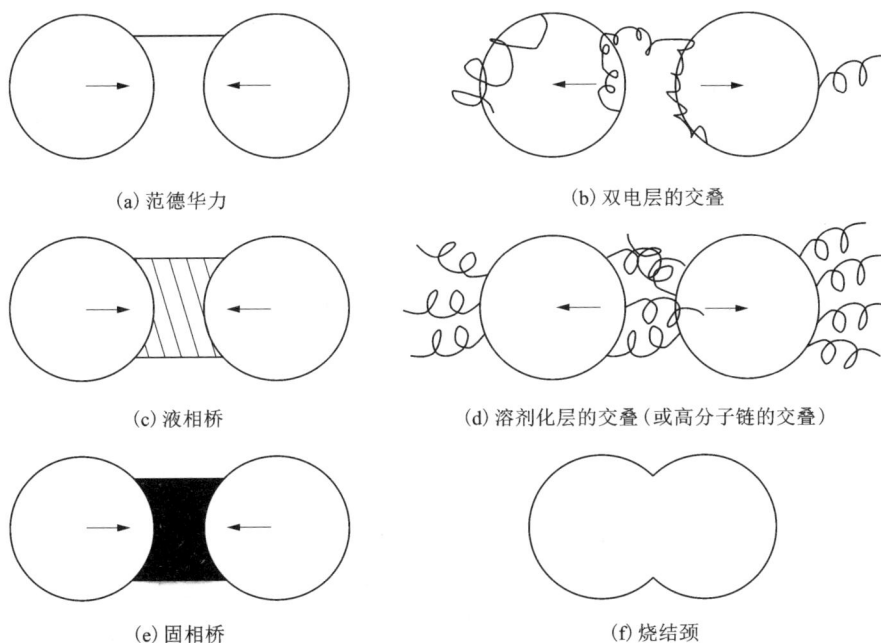

（a）范德华力　　　　　　　　（b）双电层的交叠

（c）液相桥　　　　（d）溶剂化层的交叠（或高分子链的交叠）

（e）固相桥　　　　　　　　　（f）烧结颈

图 4-4　各种物相状态下颗粒间的相互作用力示意图

当纳米颗粒处于液体介质中时，吸附了一层极性物质，形成溶剂化层。当颗粒互相接近时，溶剂化层重叠会产生一定的排斥力，即溶剂化层力。如果颗粒表面被液体介质良好润湿，两个颗粒接近到共同距离时，在颈部会形成液相桥，由液相桥产生的压力差会吸引颗粒相互靠近，产生毛细管力。

憎水力是一种长程作用力，强度高于范德华力，与憎水颗粒在水中聚集现象相关。水动力在固相高的悬浮液中普遍存在，当两个颗粒接近时，会产生液液间的剪切应力并阻止颗粒接近；当两颗粒分开时，水动力表现为吸引力，其作用十分复杂。在固相中，团聚的形成主要是由于固相桥和烧结颈，如图 4-4(e) 及图 4-4(f) 所示。如果凝胶颗粒紧密接触，则更容易形成硬团聚。

纳米颗粒在液体介质中的团聚是吸附和排斥共同作用的结果。液体介质中的纳米颗粒的吸附作用有以下几个方面：量子隧道效应、电荷转移和界面原子的相互耦合；纳米颗粒间的分子间力、氢键、静电作用；纳米颗粒比表面积大，极易吸附气体介质或与其互相作用；纳米粒子具有极高的表面能和较大的接触面，使晶粒生长速度加快，从而使颗粒间易发生吸附。存在吸附作用的同时，液体介质中纳米颗粒间同样有排斥作用，主要由粒子表面产生溶剂化膜作用、双电层静电作用、聚合物吸附层的空间保护作用等因素引起。这些作用的总和影响着纳米颗粒的分散程度。如果吸附作用大于排斥作用，则纳米颗粒会团聚；反之，如果吸附作用小于排斥作用，则纳米颗粒分散。

液体介质中纳米颗粒的团聚机理至今仍没有一个一致的解释。Deryagin 和 Landau 以及 Verwey 和 Overbeek 等学者提出了 DLVO 理论，该理论计算了各形态微粒之间的相互作用能和双电层排斥能，并将其表示为总作用能 V_T，范德华作用能 V_A 和双电层作用能 V_R 之间的关系式表示如下：

$$V_T = V_A + V_R \tag{4-4}$$

式中，V_T 表示总作用能；V_A 表示范德华作用能；V_R 表示双电层作用能。

根据这个理论，颗粒的分散或团聚取决于 V_A 和 V_R 的相对大小，如图 4-5 所示。当 $V_A > V_R$ 时，颗粒会自发地相互接近并形成团聚；当 $V_A < V_R$ 时，颗粒则会互相排斥而保持分散状态。然而，因为颗粒间存在其他作用力，DLVO 理论不能完整地描述颗粒间的团聚作用。

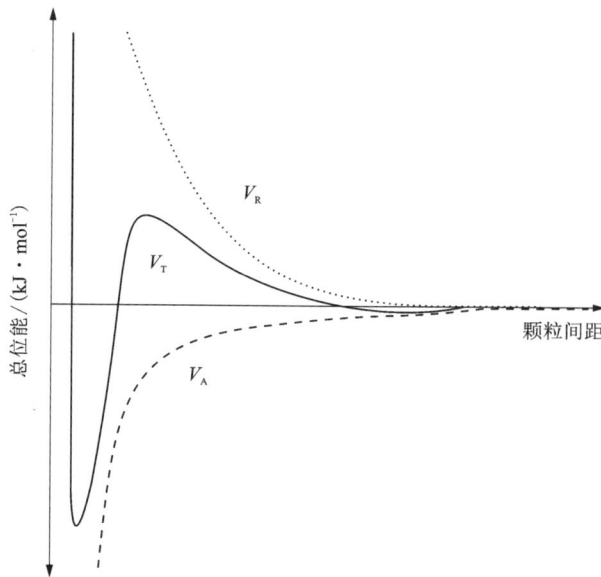

图 4-5　斥力位能、引力位能与总位能曲线图

因此，在考虑到环境介质性质、颗粒表面性质以及吸附层的成分、覆盖率和吸附强度等

因素的影响后，颗粒间的总势能用下式表示：

$$V_T = V_A + V_R + V_S + V_{ST} \tag{4-5}$$

式中，V_T 为总作用能；V_A 为范德华作用能；V_R 为双电层作用能；V_S 为溶剂化膜作用能；V_{ST} 为空间排斥作用能。

4.1.3　纳米材料在气体介质中的团聚机理

纳米颗粒易在气体中黏结成团，这给粉体加工和储存带来了不便。纳米颗粒在气体中团聚的原因主要包括以下几个方面。

（1）分子间作用力（即范德华力）。因为纳米颗粒之间距离小，所以其作用仍然非常明显，是纳米颗粒团聚的根本原因。

（2）颗粒间的静电作用力。在空气中，大多数纳米颗粒都是自然荷电的，因此静电引力的作用不可避免，同样是造成纳米颗粒团聚的重要因素。

（3）潮湿气相中的黏结。当空气相对湿度过大时，水蒸气在纳米颗粒表面及颗粒间聚集，增大了纳米颗粒间的黏结力。

（4）表面润湿性的调整作用。纳米颗粒表面润湿性显著地影响纳米颗粒间的黏附力，因此，也对纳米颗粒的团聚有重要影响。

此外，在大气环境中，纳米材料表面容易形成一层羟基结构（R—O—H），这是表面悬键与空气中的氧和水等反应的结果。这种结构导致了以下几个机理。

（1）羟基间的范德华力、氢键的产生。这些力的产生使粉体间的排斥力变为吸引力，团聚就不可避免了。

（2）吸附水层厚度增加。当羟基层中吸附的水达到一定厚度时，纳米粉粒表面就形成水膜，从而产生另一种大的吸引力，即水膜的表面张力。

（3）形成新的物质——固相桥。活化能进一步降低使粉体间形成新的连接相成为可能，形成一次团聚、二次团聚。

在大气环境下，具有羟基结构的纳米粉体间的吸引力由范德华力（包括氢键）、毛细管力以及固相桥接力构成，构成粉体间的静电排斥力则大大减小，粉体间的作用力会导致自动团聚。表面高活性羟基结构是纳米粉体团聚的根源，这种结构导致了氢键与毛细管力的形成，以及羟基结构间的化学反应，是纳米粉体团聚的根源和强大的动力。

4.2　纳米材料改性原理

纳米材料的团聚问题一直是一个重要的挑战。为了解决这个问题，人们进行了大量的探索和研究。动力学上，通过强力搅拌分散可以防止纳米颗粒团聚。纳米颗粒在溶剂中分散会导致系统能量增加，因此通过搅拌对系统施加功来提供所需的表面积增加能量，纳米颗粒的动能足以克服它们之间的吸引力而不聚集。

然而，当搅拌停止后，纳米颗粒就会重新聚集。软团聚可以通过重新搅拌来分散，但硬团聚则较难再次分散。纳米材料的分散状态包括其在干态下（或空气中）的分散状态、在溶液中的分散状态以及在其他有机和无机基料中的分散状态，如无机填料在高聚合物基料中的分散和无机颜料在陶瓷坯料中的分散。

纳米材料的应用特性与其分散性密切相关。例如,在油墨、水性或溶剂型涂料中,无机颜料的分散性能影响涂料的流变性、遮盖力和着色力等性能;造纸颜料(如高岭土、碳酸钙和滑石)的分散性能影响其流变性和涂覆工艺性。在陶瓷颜料中,分散性能影响陶瓷制品色泽的均匀性。而在复合材料或塑料制品中,无机填料或颜料与高聚物或树脂的分散性能影响其力学性能和其他性能。

此外,纳米材料的分散性还会影响其加工性能。对于分选和分离作业,纳米颗粒的分散性能影响分选或分离的效率。对于纳米颗粒粉碎作业,分散性影响粉碎效率和分级精度。对于表面处理作业,分散性能影响粉体表面处理的均匀性。因此,在纳米材料应用中,必须考虑到其分散性对材料性能的影响。

4.3　改性方法

目前,纳米粉体的分散方法主要有超声分散法、机械分散法、化学分散法、化学表面改性等。

4.3.1　超声分散法

超声分散是一种将需要处理的颗粒悬浮液直接置于超声场中,用适当频率和功率的超声波加以处理的强力分散手段。这一方法主要用于悬浮液中固体颗粒的分散,如在测量粉体的粒度大小和粒度分布时通常使用超声波进行预分散。

超声分散具有以下优点。

(1)超声空化效应产生的局部极端高温高压环境,使得一些需要极端条件才能发生的化学反应在室温条件下就可发生,制备出常规方法难以制备的材料。

(2)超声波加热速率高,在分散纳米材料的过程中避免了晶粒的异常长大,同时能在较短时间内、室温条件下高效地制备出分布均匀、纯度高、粒度细的纳米材料,可简化实验方法,降低成本。

(3)利用超声空化效应所产生的高温高压以及微泡,降低晶粒的表面自由能,防止样品颗粒团聚。

(4)只有反应的试样处于高温高压的条件,而其他部分仍处于常规的条件下,这使得整个实验系统安全可靠、简便,而且易于操作。

(5)可以通过控制实验系统的超声波的频率、幅值、反应时间、主体环境温度等参数来控制反应进程,使得超声分散易于控制。

超声分散技术已成功应用于多种纳米材料的改性制备。Yu 等人发现利用超声化学法制备的 TiO_2 纳米颗粒比商用 TiO_2 纳米粒子(Deguss P25)具有更好的光催化活性,这一性能提升可归因在超声存在下水解速率更快,从而提高了 TiO_2 的结晶度。Suslick 等人在 Ar 气保护下,在 1,2,3,5-四甲基苯溶液中用 20 kHz 超声波辐照 $Mo(CO)_6$ 和硫,合成了粒径 15 nm 左右的球形纳米 MoS_2,并与传统方法合成的 MoS_2 的催化性能进行比较,发现超声化学法合成的 MoS_2 的催化活性更高,并且该方法具有高效、经济等特点。

虽然超声波在颗粒分散中的应用研究较多,但应避免过热超声搅拌。过热会增加颗粒碰撞的概率,导致进一步的团聚。因此,应选择最低限度的超声分散方式来分散纳米粉体。

图 4-6 为在不同介质浓度和不同超声时间下得到的 FeO(OH，Cl) 纳米颗粒形貌图。在不同介质浓度和不同超声时间下，可以观察到 FeO(OH，Cl) 纳米颗粒的形貌变化。超声时间或 FeCl₃ 浓度的增加，会导致 FeO(OH，Cl) 纳米颗粒逐渐团聚成无规则组装体。但是，通过控制分散时间和 FeCl₃ 浓度，可以获得尺寸较小且分布均匀的纳米颗粒。

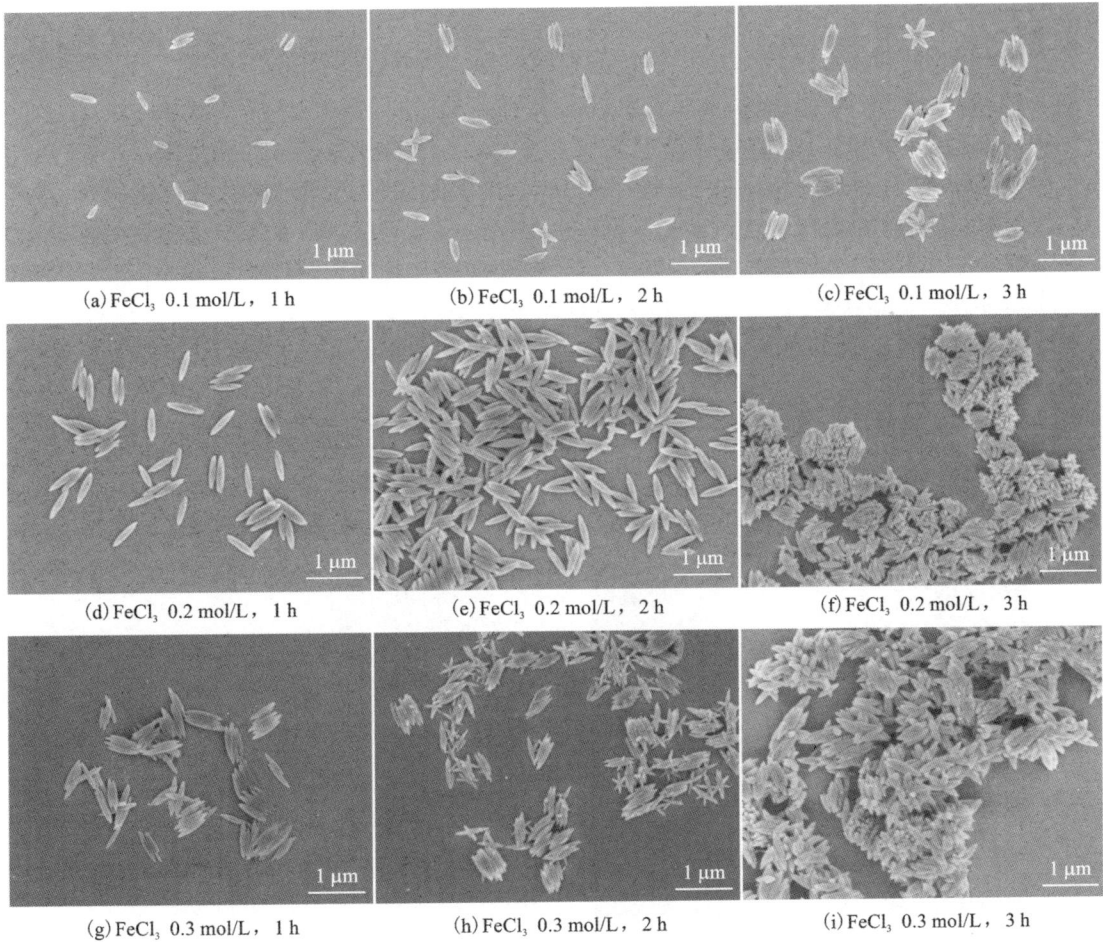

(a) FeCl₃ 0.1 mol/L，1 h　　(b) FeCl₃ 0.1 mol/L，2 h　　(c) FeCl₃ 0.1 mol/L，3 h
(d) FeCl₃ 0.2 mol/L，1 h　　(e) FeCl₃ 0.2 mol/L，2 h　　(f) FeCl₃ 0.2 mol/L，3 h
(g) FeCl₃ 0.3 mol/L，1 h　　(h) FeCl₃ 0.3 mol/L，2 h　　(i) FeCl₃ 0.3 mol/L，3 h

图 4-6　超声分散法制备 FeO(OH，Cl) 纳米颗粒的 FESEM 图像

4.3.2　机械分散法

4.3.2.1　按加工器具分类

机械分散法是一种有效的纳米材料分散方法，主要包括高能球磨法和搅拌摩擦加工法。其中，高能球磨法在分散纳米材料方面具有操作简单、适应工业化生产等特点，且制备出的复合材料强度高。而搅拌摩擦加工法除了分散纳米材料的优点外，还具有高温停留时间短、杂质引入少以及再结晶充分的优势，可制备界面反应少、强韧性配合良好的复合材料。

1) 高能球磨法

高能球磨 (high encergy ball milling，HEM) 法又称机械合金化 (mechanical alloying，

MA)法，是用球磨机的转动或振动使硬球对原料进行强烈的冲击、研磨和搅拌，把金属或合金粉末粉碎为微粒的方法。该方法具有以下特点。

（1）工艺简单、成本低、操作程序连续可调。

（2）通常在室温下进行，避免了一些只有在高温才发生的相转变，并且可以促进低温下的化学反应和提高粉末的烧结活性。

（3）可以方便地使晶粒细化，达到纳米级别，改变粉末形态使有序合金无序化。

（4）可以增加合金的固溶度，得到过饱和固溶体，也可以制备出常规条件下不易获得的晶体、纳米晶、准晶和非晶结构的粉末。

（5）可以形成高度弥散的第二相粒子。

高能球磨法制备粉末时有多种类型的高能球磨机可供选择，这些机器之间的区别在于每次球磨量、球磨效率和提供能量的方式等不同。例如振动式球磨机、行星式球磨机和搅拌式球磨机等。

①振动式球磨机

振动式球磨机如图 4-7 所示，一般可球磨 10~20 g 粉末。球磨罐只配置一个，通过左右固定装置固定后进行前后摇摆式振动，每分钟可达上千次。

(a) SPEX 8000振动式球磨机装置　　　　(b) 碳化物球磨罐及磨料小球

图 4-7

②行星式球磨机

行星式球磨机是一种常用于实验室科研的球磨机，外形如图 4-8 所示。球磨罐全部围绕一个主盘旋转，同时自身也有一个旋转轴，一次球磨粉末量可达几百克。行星式球磨机内小球和粉末不仅受到主盘产生的离心力，还受到自身旋转产生的离心力。当主盘与副盘旋转方向相反时，离心力也瞬间变换方向，这会引起小球向球磨罐内壁碰撞，即摩擦效应；同时在球磨罐内，小球内部自由运动会与其他小球和内部的粉末发生碰撞以及小球同与罐内壁碰撞反弹回来的小球发生碰撞，即碰撞效应。这两种效应是行星式球磨机内主要的机械力施加方式。

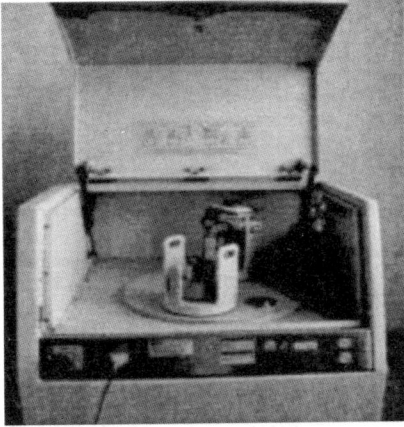

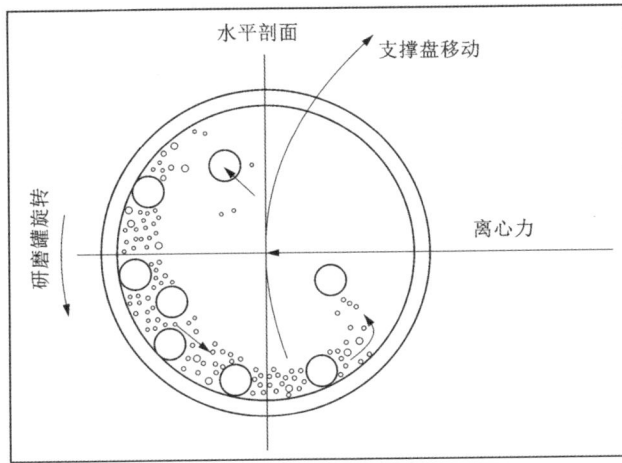

图 4-8　行星式球磨机，球磨罐及球磨罐内部小球运动轨迹示意图

③搅拌式球磨机

搅拌式球磨机通过一个中心旋转轴，在圆筒内带动球磨介质运动使得球磨介质研磨粉末。球磨速率依赖于旋转轴的旋转速率，但在高速旋转下球磨介质会受到过大的离心力而吸附在球磨仓内壁上，导致球磨终止。搅拌式球磨机适用于球磨数量比较大的粉料，一般可球磨 0.5~40 kg 的粉料。相对于振动式和行星式球磨机，搅拌式球磨机的球磨介质速率很低，这是其自身机理所限制的结果。球磨仓与球磨介质的材质多为不锈钢、碳化硅、氮化硅、氧化锆、橡胶和聚氨酯等材质。搅拌式球磨机的运转机理如图 4-9 所示，粉末与球磨介质一同置入球磨仓内，转动中心旋转轴，一般转速为 250 r/min，使小球和粉料一同旋转，内部发生碰撞和摩擦效应等。

2）搅拌摩擦加工法

搅拌摩擦加工法通过调节转速和行进速度来控制热输入量和材料流动，该方法的工艺参数包括搅拌工具形状、工具旋转速度、行进速度、压下量和工具倾角等。高转速和低行进速度有利于材料变形，但表面质量不好，而温度过高则有可能使晶粒或第二相粗化。高行进速度和低转速导致搅拌区温度较低，材料变形能力较差，容易造成不均匀的组织，甚至出现孔

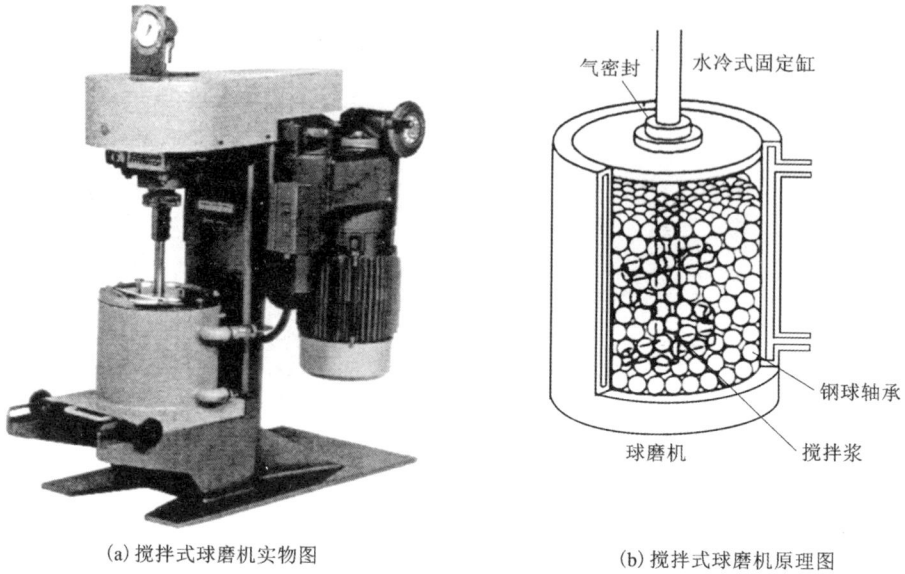

(a) 搅拌式球磨机实物图　　　　　　　　　　　　　(b) 搅拌式球磨机原理图

图 4-9　搅拌式球磨机及原理图

洞和隧道。

在搅拌摩擦加工法过程中，轴肩对工件施加一定的压下量。压下量不足时，搅拌区流动的金属易上浮形成孔洞；若压下量过大，工件表面会出现飞边、毛刺等。

搅拌工具倾角是指工具轴线与待加工件表面法线的夹角。合适的倾角可以避免搅拌后的材料从轴肩挤出，并能有效地对这些材料产生锻造作用，从而形成致密的无缺陷搅拌区。搅拌摩擦加工法中倾角一般为 1.5°~3.5°。

搅拌区经历了剧烈的塑性变形，应变最高可达 45%，如图 4-10 所示。这样的塑性变形使搅拌区内产生剧烈的材料混合作用。

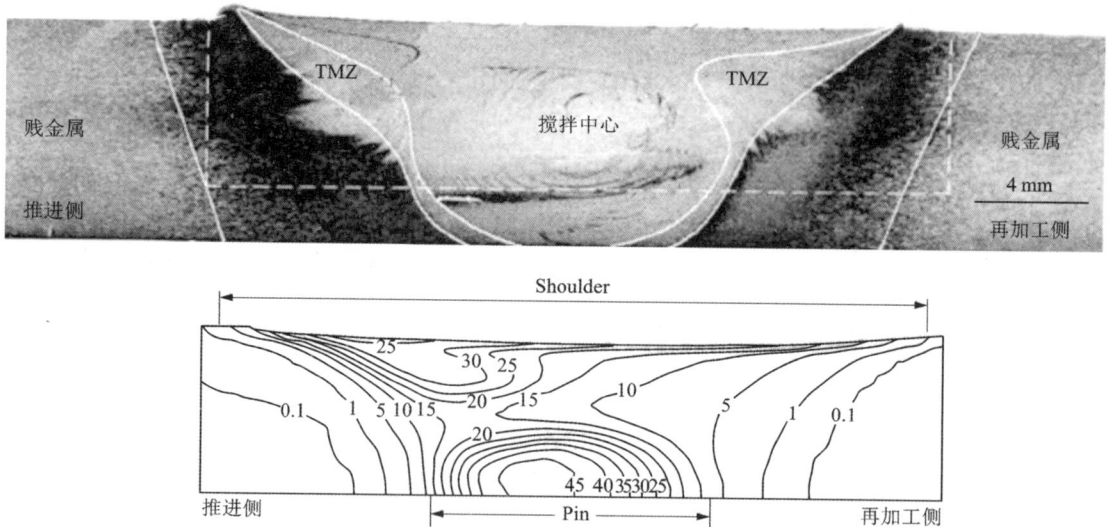

图 4-10　6061Al 搅拌区的塑性应变分布

50

搅拌摩擦加工法中的热主要来自搅拌工具与工件的摩擦,搅拌区温度的分布直接影响搅拌区的微观结构和力学性能。不同转速下增强转速会使温度急剧升高,然而当转速超过2000 r/min 时,继续增加转速则使温度变化变缓。这是由于搅拌摩擦过程中的产热量受摩擦系数控制。当转速增加时,产热量增加,导致搅拌区温度升高,从而使工件与工具的摩擦系数降低,反过来又使产热效率下降。因此,在高转速下,搅拌区的温度升高变缓。例如,通过预置热电偶的方法测量了 6063Al 合金搅拌区的温度。由于摩擦系数的影响,可以提出一个概念,即等效摩擦系数,通过逆向求解建立了 6061Al 合金的 FSW 热源模型,并实现了温度场的模拟。

4.3.2.2　按加工介质分类

机械分散法按采用的分散介质可以分为湿法机械分散和干法机械分散。

1) 湿法机械分散

湿法机械分散是一种常见的纳米材料加工技术,其主要应用于制备高品质、高均匀性的纳米颗粒溶液。湿法机械分散是指将纳米粉末与溶剂混合后,通过高速旋转离心力、剪切力等作用使其均匀分散在溶液中的过程。该技术可以有效地控制纳米颗粒的大小、形状和分布,从而提高产品质量和性能。

湿法机械分散的原理基于机械剪切和离心力的作用。当纳米粉末与溶剂混合后,纳米粉末会聚集成团,无法均匀分散在溶液中。此时,通过高速旋转离心机或搅拌机等设备,纳米粉末受到强大的剪切力和离心力,使其分散在溶液中。在剪切力的作用下,聚集的纳米粉末被分解成单个或少数的纳米颗粒,这些颗粒被均匀地分散在溶液中。此外,离心机还可以将较大的颗粒和杂质从溶液中分离出来,提高产品的纯度和均匀性。

湿法机械分散技术已经成为制备纳米颗粒的重要方法之一,并且得到了广泛的应用。目前,已经开发出了多种不同类型的机械分散设备,包括离心机、超声波剪切器、三辊研磨机等,这些设备具有不同的优缺点,可以根据不同的要求进行选择。

此外,随着纳米材料应用范围的不断扩大,人们对纳米颗粒的品质和均匀性要求也越来越高。因此,现代湿法机械分散技术不仅注重设备的改进和升级,也注重提高分散剂的性能和稳定性。例如,研究人员正在探索新型分散剂的开发,以改善纳米颗粒的分散效果和稳定性。同时,一些新兴技术,如微流控和非接触式分散技术也得到了广泛的研究和应用。

总的来说,湿法机械分散技术是制备高品质、高均匀性纳米颗粒溶液的重要途径。

2) 干法机械分散

干法机械分散是指利用机械力对不同形态的干燥原材料进行加工处理,使其变为纳米级别的细分散体系的过程。这种方法通过在高速旋转的机械设备中产生强烈的冲击、摩擦和撞击力,将原始材料打散成小颗粒,并使颗粒具有均匀的尺寸分布和更好的分散性能,从而达到纳米材料的加工要求目的。

干法机械分散的基本原理是通过机械力使干燥的原材料受到高速冲击、摩擦和碰撞等作用,使其分散成均匀的小颗粒。在机械分散过程中,原材料经历了三个阶段。

第一个阶段是破碎阶段,即初始颗粒受到高速机械力的冲击和撞击、压缩等作用,形成了初步的裂纹和缺陷,并逐渐变得脆弱易碎。

第二个阶段是细化阶段,即已有的缺陷进一步扩大和延伸,颗粒逐渐细小并增加表面积。

第三个阶段是稳定阶段，即颗粒尺寸变小后上述两种力的作用越来越小，且由于颗粒减小比表面积增加，因此颗粒间的吸附作用增强，使颗粒再次聚集并达到稳定状态。

干粉聚团体强度高，因此使用高速分散机或粉碎机来打散聚团体，如高速转盘式、钉盘式打散机，气流粉碎机和涡轮磨等。这些设备也是粉体粉碎的设备。

涡旋磨座由机座、电机、粉碎分散筒、螺旋进料机、润滑冷却油泵和配电箱等组成。螺旋进料机将干粉料给入粉碎分散筒中，当主轴高速旋转时，装在主轴上的粉碎盘对聚集的粉末施加力以解聚还原。解聚还原后的超微粉末由主轴上的风叶产生的负压风力通过出料口排出并收集。如果发现颗粒过粗，则可以通过关闭气流调节器闸门减小负压，开启回料阀，使颗粒返回螺旋进料机重新进行分散、打散。

钉盘式粉碎/分散机广泛应用于化工粉体和矿物粉末的粉碎或分散。图 4-11 为钉盘式粉碎/分散机，该机由转子、定子和撞击环等构成。在工作时，电机带动转子高速旋转，产生离心力场。借助负压区，粉末从转子和定子中心吸入，随着转盘线速度增大，在内圈销棒的撞击剪切摩擦和颗粒之间的相互碰撞作用下，逐渐被粉碎或分散。最终，粉碎/分散的粉末通过出料口排出，完成粉碎或分散的过程。

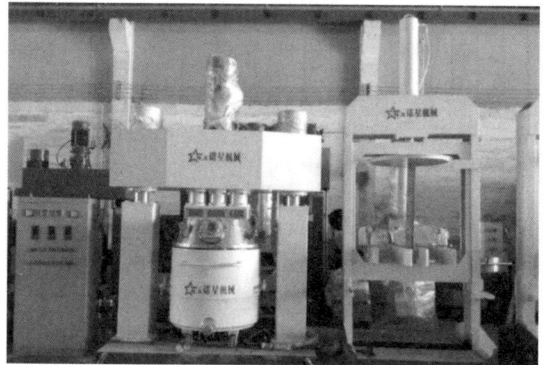

图 4-11　钉盘式粉碎/分散机

机械分散是一种简单有效的分散方法，在纳米材料的改性中得到了广泛应用。例如，采用搅拌球磨机在 420 r/min 下成功分散了体积分数高达 4.5% 的碳纳米管/Al 复合材料，透射电子显微镜分析表明碳纳米管在 Al 中呈均匀分散。在经过挤压或轧制变形后，碳纳米管实现了沿塑性变形方向分布，从而使得复合材料的力学强度相比基体 Al 提高了一倍。

4.3.3　化学分散法

4.3.3.1　分散剂介绍

化学分散法是一种通过使用分散剂等物质，使其吸附在纳米颗粒表面上的方法，以增加颗粒间的排斥力，从而实现更长时间的分散稳定。

分散剂作为常用的表面活性剂，可以在分散介质中均匀地分散无机和有机颗粒，并阻止颗粒团聚，使悬浮液保持均一稳定。分散剂已广泛应用于建筑、化工、造纸、涂料、染料、水处理、陶瓷等领域。特别是在制备亚微米或纳米级别的颜料颗粒悬浮液时，适宜的分散剂应用也是必不可少的因素，在油墨、染料、涂料、化妆品等领域，分散剂的应用效果可以直接影响产品的品质和性能。

分散剂可以通过以下三种作用增强颗粒间的排斥作用，从而达到稳定分散的目的。

(1)增大颗粒表面电位的绝对值，提高颗粒间的静电排斥力。

(2)增强高分子分散剂的位阻效应，使颗粒间产生较强的位阻排斥力。

(3)调控颗粒表面极性，增强分散介质对其的润湿性，并在满足润湿原则的同时，提高颗粒的表面结构化程度，从而显著增强结构化排斥力。

4.3.3.2　水性高分子分散剂

在实际生产和生活中,大部分挥发性有机溶剂具有不同程度的毒性且容易污染环境,这限制了非水体系分散剂的应用。因此,水性分散剂的研制和应用越来越受到人们的重视。其中,离子型水性高分子分散剂也称为有机分散剂,是一种值得关注的分散剂类型。

离子型水性高分子分散剂可分为两性型、阳离子型和阴离子型三类。

1) 两性型水性高分子分散剂

两性型水性高分子分散剂是一种能够促进聚合物在水中稳定分散的化学物质。它的分子结构中包含阳离子和阴离子基团,使得它既能与水相互作用,又能与聚合物分子形成相互作用,从而实现聚合物在水中分散的目的。

两性型水性高分子分散剂主要有两种类型:有机型和无机型。有机型的分散剂通常是含有羧酸、磺酸或胺基等基团的聚合物,如聚丙烯酸、聚丙烯酰胺、聚乙烯醇等。无机型的分散剂则是通过控制氧化还原反应来改变其表面电荷状态,如铝矾土、硅酸钠等。

两性型水性高分子分散剂具有广泛的应用范围,包括涂料、胶黏剂、油墨、染料等领域。随着人们对环保要求的提高,水性涂料逐渐替代了传统的溶剂型涂料,而两性型水性高分子分散剂的应用也得到了大力推广。

目前,两性型水性高分子分散剂的研究重点是提高其分散效果和稳定性,并探索新的应用领域。同时,为了进一步减少环境污染,还需要研发可生物降解的两性型水性高分子分散剂。

2) 阳离子型水性高分子分散剂

阳离子型水性高分子分散剂是一种含有带正电荷基团的高分子化合物,可以使固体颗粒或油滴在水中稳定分散。它主要通过静电吸引力将颗粒或油滴包覆,形成带正电荷的胶束,进而实现分散作用。

根据其基团的不同,阳离子型水性高分子分散剂可以分为以下几种。

(1) 聚季铵盐类分散剂:如十六烷基三甲基溴化铵、二十四烷基三甲基溴化铵等,具有良好的分散性和稳定性,广泛应用于颜料、涂料、油墨和纤维素等的分散和稳定。

(2) 胺类分散剂:如聚乙烯亚胺、聚乙烯酰胺等,具有无电荷或微弱带正电荷的性质,适用于表面活性剂无法稳定的颗粒的分散。

(3) 吡啶类分散剂:如聚吡咯、聚吡啶等,具有强的阳离子电荷,可用于分散金属颗粒和炭黑等。

阳离子型水性高分子分散剂在化工、材料和生物医药等领域都有广泛应用。目前,相关行业正加大对环保和安全的要求,因此需要开发更环保和可降解的阳离子型水性高分子分散剂。此外,一些新型分散剂(如金属氧化物纳米颗粒和表面改性聚合物)也正在得到广泛应用。

总之,阳离子型水性高分子分散剂是一种功能强大、用途广泛的化学品,具有良好的发展前景。随着环保和可持续发展理念的普及,未来的研究将重点关注于其环保性和可降解性的提高。

3) 阴离子型水性高分子分散剂

阴离子型水性高分子分散剂是一种含有带负电荷基团的高分子化合物,能够使颗粒或油滴在水中稳定分散。阴离子型水性高分子分散剂主要通过静电斥力和亲疏水作用来实现颗粒或油滴的分散。

根据其基团的不同，阴离子型水性高分子分散剂可以分为以下几种。

（1）聚丙烯酸类分散剂：如聚丙烯酸、共聚乙烯-丙烯酸等，它们具有良好的分散性和稳定性，广泛应用于涂料、纺织品、造纸等领域。

（2）磺酸类分散剂：如聚苯乙烯磺酸钠、聚乙烯磺酸盐等，它们具有较强的负电荷基团，可用于分散金属氧化物颗粒和染料等。

（3）烷基苯磺酸类分散剂：如十二烷基苯磺酸钠、十六烷基苯磺酸钠等，均具有较强的亲水性和分散作用，广泛应用于油墨、涂料等领域。

阴离子型水性高分子分散剂在工业制造中有着广泛的应用范围，如涂料、油墨、纺织品等领域。在环保、可持续发展方面，人们对阴离子型水性高分子分散剂的需求越来越高，因此需要开发更环保、可降解的分散剂。

目前，研究人员正致力于提高阴离子型水性高分子分散剂的分散效果和稳定性，并探索新的应用领域。例如，研究人员正在纳米材料和药物载体等方面利用阴离子型水性高分子分散剂进行了大量研究。

总之，阴离子型水性高分子分散剂是一种功能强大、用途广泛的化学品，具有良好的发展前景。未来的研究将重点关注其环保性和可降解性的提高。

4.3.3.3 超分散剂

超分散剂是一种特殊的低分子量聚合物，被广泛应用于油墨和涂料行业中，用于促使无机颜料和纳米粉体在分散过程中的均匀分散。传统分散剂在水性体系中表现良好，但在溶剂中的分散效果较差。为解决这一问题，20 世纪 80 年代 James S. Hampton 提出了超分散剂的概念。超分散剂的分子结构有亲水和亲油基团两部分。锚固基团常见的有—NR^{3+}、—COOH、—COO—、—SO_3H、—SO_3^{2-} 和—PO_4^{2-} 等，而溶剂化链段常见的有聚醚、聚酯、聚丙烯酸酯和聚烯烃等。与传统分散剂相比，超分散剂具有更长的溶剂化链段，通常要求大于 80 个碳原子。在分散过程中，锚固基团与颜料表面作用，使超分散剂吸附或作用于颜料颗粒上。同时，由于溶剂化链段具有足够的长度和柔韧性，并与分散介质具有良好的相容性，超分散剂可采取比较伸展的构象，并与固体颗粒表面形成足够厚度的保护层，从而提高分散体系的稳定性。超分散剂的应用不仅可以快速润湿颜料颗粒，提高体系固体含量，使体系分散均匀，还可以显著提高分散产品的稳定性能。

1）超分散剂作用机理

超分散剂的作用是维持固体颗粒在液相介质中的均匀分散，以保证分散体系的稳定性。经典的超分散剂作用机理主要有双电层理论和空间位阻理论两种。

双电层理论认为，离子的溶解、吸附或解离使得颗粒表面带有一定电荷，并对介质中的异性离子进行静电吸附，对同性离子进行静电排斥，从而形成固液界面两侧电荷符号相反、数量相等的电荷分布情况，即双电层。范德华作用力是多个原子（分子）之间的集合作用，而当颗粒表面有吸附层时，除了颗粒本身的作用外，还需要考虑吸附层分子（原子）之间的吸附作用及吸附层对颗粒的影响。在水溶液体系中，双电层理论占主导地位，但在非水体系中，由于颗粒表面电离效应较弱，其应用较少。

空间位阻理论则认为，在分散过程中，高分子分散剂吸附于颗粒表面，并形成一层高分子保护膜。当颗粒与颗粒间距离小于两倍吸附层厚度时，这两层吸附层之间便产生相互作用。熵斥理论认为吸附层可以被压缩，但不能相互渗透；而渗透理论认为吸附层可以相互渗透，在渗透过程中吸附层的重叠将产生过剩的化学势，从而在颗粒之间产生渗透排斥作用。高分子链与介质的相容性越好，这种排斥作用就越强烈，超分散剂的分散稳定作用就越好。

2）超分散剂的选择与应用

对于超分散剂来说，重要的是锚固基团与颗粒表面牢固地结合，并形成完整的覆盖层，以提高分散性能和稳定性。因此在选择锚固基团时既要考虑锚固基团本身结构，也要考虑颗粒的表面性质、分散介质等因素。除了锚固基团，溶剂链的选择也很重要，在分散过程中，溶剂化链段的作用是形成足够厚的溶剂化层，以克服颗粒间的引力，对分散体系起到空间稳定作用。因此，溶剂化链段要与分散介质有较好的相溶性，本身还要有足够的分子质量，用来提供较厚的保护层。

溶剂化链段是超分散剂分子结构的主体部分（占 90%~95%），其合成也是最为重要的一环。因此，超分散剂一般按溶剂化链段进行分类，可分为四类，即聚酯型超分散剂、聚醚型超分散剂、聚丙烯酸酯型超分散剂和聚烯烃类超分散剂。张雪莉等人研究了聚己内酯超分散剂的合成及其应用性能，在磁浆悬浮液中聚酯型分散剂可显著降低体系的剪切黏度，提高分散体系的稳定性。高毕亚等人以丙烯酸、甲基丙烯酸、马来酸酐为单体，合成了一系列低分子量的聚丙烯酸钠超分散剂，$n(AA):n(MAA):n(MAn)=1.5:15:1$，合成的超分散剂对重质碳酸钙悬浮液有显著的降黏作用和分散稳定性。

在商用化应用产品方面，超分散剂产品多以国外产品为主，由于超分散剂的技术专利问题，国内的超分散剂产品与国外产品相比仍存在一定差距。

思考与讨论

1. 纳米材料为什么会发生团聚？团聚对纳米材料的生产与应用分别产生了什么影响？
2. 请从理论上分析解决纳米材料团聚问题的可行性。
3. 针对纳米材料的团聚问题，业界都提出了哪些方法？每种方法有何特点？其效果如何？

引申阅读

第5章 纳米材料在锂离子电池正极中的应用

5.1 常见的纳米锂离子电池正极材料

纳米正极材料是锂离子电池中不可或缺的关键材料，其种类繁多。按照材料的形状可分为四类，包括零维纳米材料(簇状)、一维纳米材料(纤维状)、二维纳米材料(层状)以及三维纳米材料(晶体)。根据化学组成的不同，纳米正极材料可分为过渡金属嵌锂化合物、金属氧化物、金属硫化物和其他纳米正极材料。在接下来的讨论中，我们将对各种不同化学组成的纳米正极材料进行详细阐述。作为锂离子电池正极材料，纳米过渡金属嵌锂化合物具有多种类型，包括 $LiCoO_2$、$Li-Mn-O$、$LiFePO_4$、$LiFeO_2$ 以及 $LiNiO_2$ 等，同时还有它们的纳米复合物。

5.1.1 纳米 $LiCoO_2$

层状钴酸锂晶体结构为 $\alpha-NaFeO_2$ 岩盐结构，如图 5-1 所示。该结构中正三价钴与负二价氧形成强力的化学键，而锂离子可以通过 O—O 层之间的二维迁移通道快速移动，使得层状钴酸锂具有较高的倍率性能。层状钴酸锂属于六方晶系，理论容量为 274 mA·h/g，同时具有工作电压高、放电平稳、循环性能优异等优点。然而，由于大多数电解质在高压下(>4 V vs. Li^+/Li 时)会发生氧化分解反应，因此限制了 $LiCoO_2$ 的实际比容量(125～140 mA·h/g)。此外，由于钴酸锂材料本身需要大量的钴元素，其价格昂贵，成本居高不下，并对环境造成一定的污染。

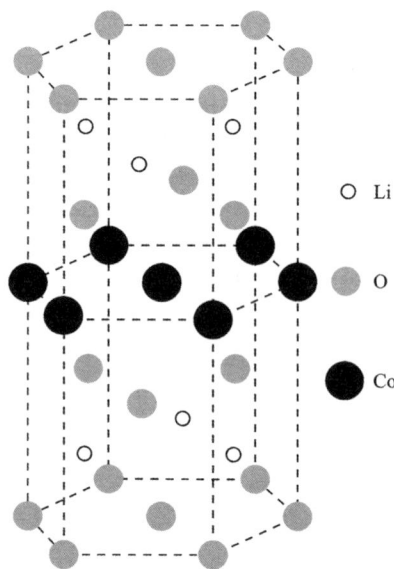

$LiCoO_2$ 的纳米化有助于提高电极的实际比容量并改善电极的倍率充放电性能。制备纳米 $LiCoO_2$ 材料的方法包括熔盐分散法、溶胶凝胶法、

○ Li
○ O
● Co

图 5-1　钴酸锂晶体结构

共沉淀法、喷雾干燥法和球磨法等。其中，溶胶凝胶法是制备纳米 $LiCoO_2$ 材料的较为理想工艺之一，包括外凝胶法、内凝胶法、凝胶支撑法和凝胶燃烧法。这些方法具有合成温度低、产物纯度高、粒径小且粒度分布范围窄等优点，并可制备出可逆容量一般在 140 mA·h/g 左右的纳米 $LiCoO_2$ 电极。

其中，以硝酸锂和六水硝酸钴合成的 $LiCoO_2$ 粉末，通过凝胶燃烧法在 700 ℃ 燃烧前躯体得到 50~100 nm 的 $LiCoO_2$ 粉末。使用醋酸钴和醋酸锂为原料，通过溶胶凝胶法合成了粒径在 30 nm 左右的球形 $LiCoO_2$。熔盐分散法则是将 Co 源和 Li 源均匀分散在无机盐中，在高温熔融盐介质中制备 $LiCoO_2$ 材料的方法。使用 KCl 和 KNO_3 成功合成了纳米 $LiCoO_2$ 正极材料，该材料具有高倍率充放电容量和优良的循环性能。此外，还有低温固相反应、共沉淀法、喷雾干燥法、模板法和球磨法等方法可用于制备纳米 $LiCoO_2$。以氢氧化锂、醋酸和醋酸钴为原料，通过低温固相反应合成了尺寸为 30 nm 的 $LiCoO_2$ 样品，800 ℃ 合成的纳米材料首次充、放电比容量分别为 169.4 mA·h/g 和 115.3 mA·h/g（如图 5-2），循环 30 次后放电比容量大于 101 mA·h/g。

各种制备方法都具有一定的优点和局限性。例如，溶胶凝胶法虽然是制备纳米 $LiCoO_2$ 材料较为理想的工艺，但体系的凝胶化过程缓慢，合成周期长，而且在煅烧过程中会发生团聚现象。而熔盐分散法则需要严格控制 Co 和 Li 的含量和反应时间，以调整 $LiCoO_2$ 的颗粒尺寸。通过选择合适的制备方法和条件，可以制备出粒径小、性能优良的纳米 $LiCoO_2$ 电极材料。

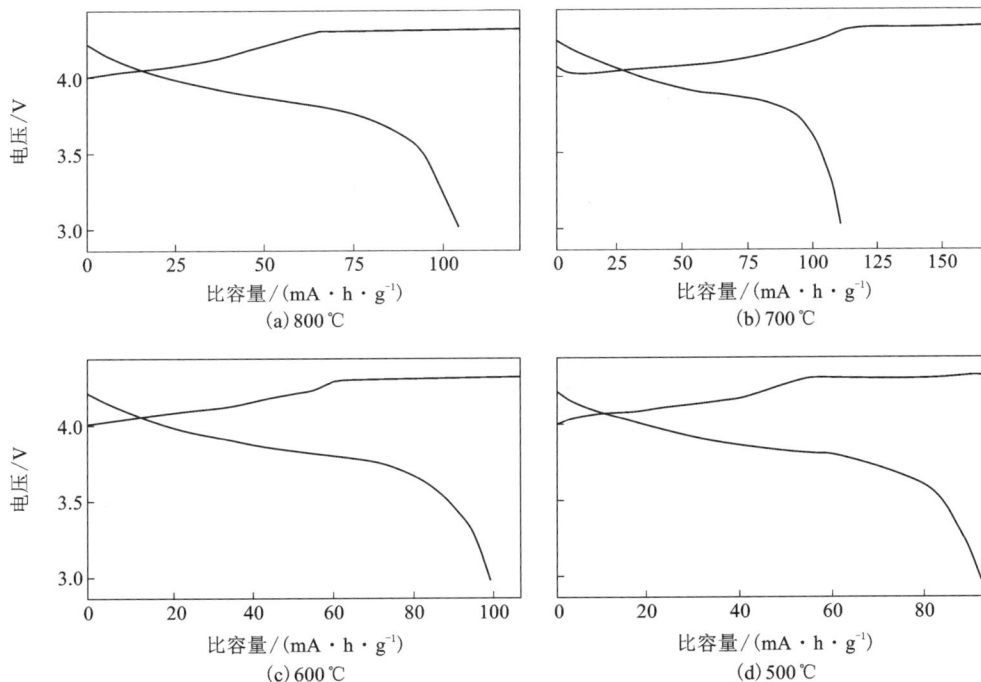

图 5-2　低温固相法不同温度合成的纳米级 $LiCoO_2$ 材料首次充放电曲线

5.1.2　纳米三元层状材料 $Li(Ni_{1-x-y}Co_xMn_y)O_2$

纳米复合嵌锂化合物包括复合阳离子嵌锂化合物和复合阴离子嵌锂化合物，种类繁多，合成途径也多样。目前最受人们关注的是层状 $Li(Ni_{1-x-y}Co_xMn_y)O_2$ 固溶体，这类材料可逆容量高，热稳定性好，造价低，循环性能优异，正在引起人们的广泛关注。特别是 $LiCo_{1/3}Ni_{1/3}Mn_{1/3}O_2$ 的产业化前景非常明朗，其纳米粉体的制备和性能比将成为纳米复合嵌锂化合物的研究亮点之一。例如，采用溶胶凝胶技术制备了粒度约 50 nm 的 $LiCo_{1/3}Ni_{1/3}Mn_{1/3}O_2$，该电极首次放电比容量达到 160 mA·h/g，并具有优异的电化学循环性能。以柠檬酸为螯合剂，可以采用溶胶凝胶法合成粒径 80~100 nm 的 $LiCo_{1/3}Ni_{1/3}Mn_{1/3}O_2$ 电极材料，其首次放电比容量为 152 mA·h/g，循环 20 次后比容量变为 147 mA·h/g。这些研究已经显示出纳米复合嵌锂化合物的诱人前景。虽然该类材料种类繁多，合成途径多样，而要找到最佳制备方法及元素组合和组合物的最佳用量并不容易，但其优异的性能将会促进其在锂离子电池中的应用。

5.1.3　纳米 $LiFeO_2$、$LiFeS_2$ 和 $LiNiO_2$

$LiFeO_2$ 具有不同的形状和结构，因此制备方法也不同，得到的产物结构也不相同。传统固相方法合成出的 $LiFeO_2$（α、β 和 γ 型）不具备锂离子脱嵌能力，而高压水合反应法和离子交换法制备的层状或正交结构的亚稳态 $LiFeO_2$ 电化学性能也不理想。目前最受关注的是尖晶石型的 $LiFeO_2$ 纳米材料。例如，采用过氧化锂为氧化剂和锂源，通过氧化二价铁盐使之形成 $LiFeO_2$ 沉淀，再在低温下热处理制得尺寸在 20~50 nm 的类尖晶石型 $LiFeO_2$。该电极在 1.5~4.3 V 范围内可逆比容量达到 140 mA·h/g（如图 5-3）。此外，可以采用固相反应法合成掺有 $LiFe_5O_8$ 的纳米 $LiFeO_2$，该电极首次放电容量为 150 mA·h/g，且具有优良的循环性能。若以 LiOH 和 FeOOH 为原料通过固相反应合成了无定形纳米 $LiFeO_2$，其在 1.5~4.5 V 电压范围内比容量可以稳定在 215 mA·h/g。由于该材料没有任何毒性，价格便宜，适用于小型轻量化电子设备中的锂离子电池正极材料。虽然纳米 $LiFeS_2$ 有较高的嵌脱锂容量，但其嵌脱锂电位范围太宽，在 0~4 V 内有两个电位平台，因此该材料在锂离子电池中的实际应用还需进一步研究。纳米 $LiNiO_2$ 制备困难，目前基础研究较少。例如，可将 Li(OAc) 和 $Ni(OAc)_2$ 作为原料，采用模板法合成 $LiNiO_2$ 纳米线，其电化学性能优于普通材料，但稳定性较差。

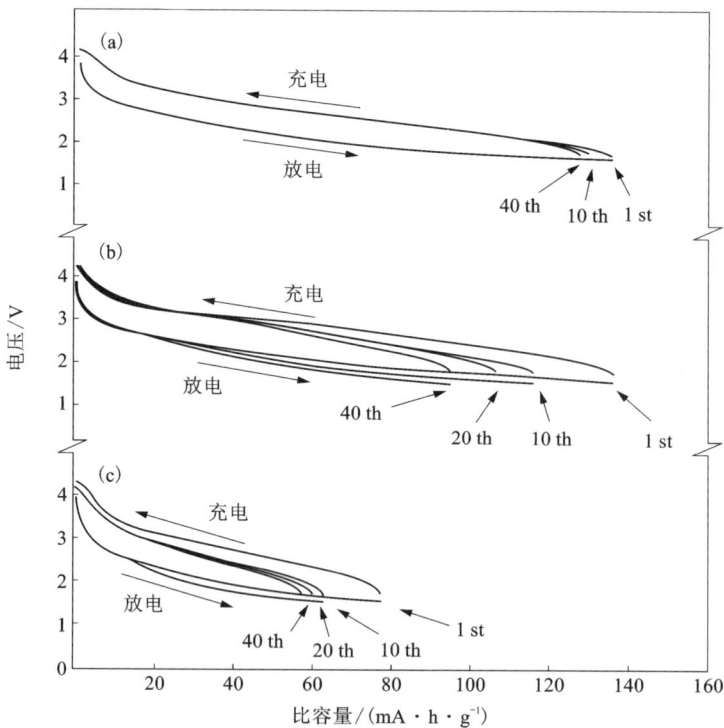

图 5-3　不同合成条件下纳米 $LiFeO_2$ 材料充、放电曲线

5.1.4　纳米 LiFePO₄

橄榄石型 $LiFePO_4$ 属于正交晶系，Pnma 空间群。该材料的结构特点是 $[FeO_6]$ 八面体在平面上以一定角度相连，而 $[LiO_6]$ 八面体则形成链状沿着 b 轴方向排列，如图 5-4 所示。每个 $[PO_4]$ 四面体和 2 个 $[LiO_6]$ 八面体分别有一边相连，1 个 $[FeO_6]$ 八面体则分别与 1 个 $[PO_4]$ 四面体和 2 个 $[LiO_6]$ 八面

图 5-4　磷酸铁锂晶体结构图

体各有一边相连。由此形成了一维的锂离子迁移路径，导致其锂离子扩散系数较低。另外，$[FeO_6]$ 八面体被 $[PO_4]$ 四面体分隔，不能连续传导电子，导致磷酸铁锂材料的电子导电率很低。这些因素限制了磷酸铁锂电极材料的大倍率充放电能力，从而阻碍了其在动力电池市场的进一步发展。

为解决这些问题，可以通过制备磷酸铁锂/碳复合材料或元素掺杂型磷酸铁锂来提高其电子传导能力和锂离子扩散能力。而纳米化则可以缩短锂离子的扩散路径，改善 $LiFePO_4$ 电极的电化学性能。目前，合成纳米 $LiFePO_4$ 的主要方法有化学沉淀法和溶胶凝胶法等。Deptula 等利用溶胶凝胶法制备了阳离子掺杂的纳米 $LiFePO_4$ 正极，实验证实该方法合成出的纳米 $LiFePO_4$ 正极具有良好的电化学性能。同时，反相插锂法、固相合成法和溅射沉积法等方法也可以合成性能优良的纳米 $LiFePO_4$ 材料，其中溅射沉积法合成的电极放电容量可达 240 mA·h/g。

例如，可以通过过氧化氢氧化亚铁和磷酸二氯铵先合成出磷酸铁，随后用碘化锂还原成纳米无定形的磷酸亚铁锂，在 550 ℃下通过热处理得到粒径为 100 nm 左右球形的纳米 $LiFePO_4$（如图 5-5）。在电流密度为 17 mA/g 条件下电极的比容量为 155 mA·h/g，在 51 mA/g 的大电流密度下放电比容量仍达到 133 mA·h/g。在循环 700 次后，在 C/10 条件下比

(a) 焙烧 1 h　　　　　　　　　　　　(b) 焙烧 5 h

图 5-5　550 ℃低温固相法合成的纳米 $LiFePO_4$ 材料的 SEM 图

容量保持在 124 mA·h/g。在 1.0 C 条件下循环 700 次后，比容量保持在 114 mA·h/g（如图 5-6）。这些结果表明，纳米 $LiFePO_4$ 完全可能替代现有的 $LiCoO_2$。

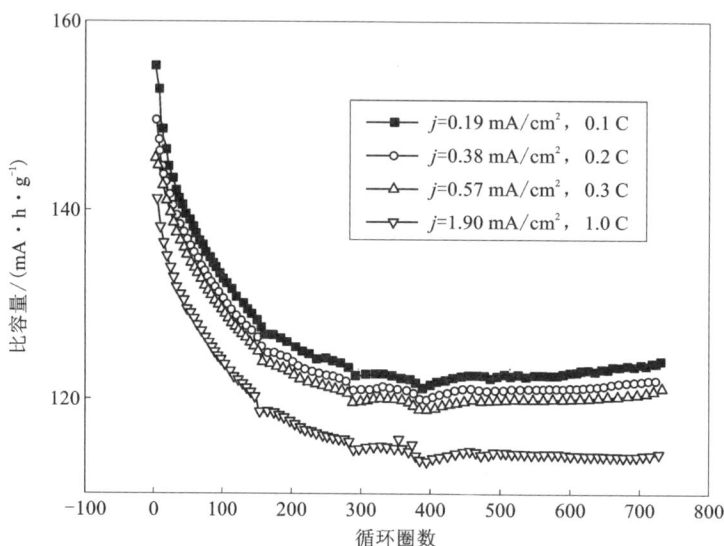

图 5-6　550 ℃低温固相法合成的纳米 $LiFePO_4$ 材料充放电循环曲线

5.1.5　纳米 $LiMn_2O_4$

尖晶石型锰酸锂晶体结构如图 5-7 所示，是一种具有立方晶系、Fd3m 空间群的结构，其中 32 个 O 占据晶胞 32e 位置上，Mn 则占据 32 个 16d 八面体空隙中的一半，Li 占据 64 个 8a 四面体空隙中的 8 个。这种结构形成了由 [MnO_6] 八面体构成的具有三维结构的骨架，Li 则嵌入在骨架的三维孔隙位置，从而引起快的锂离子扩散速度。尽管尖晶石型锰酸锂正极材料具有成本低、资源丰富、倍率性能高等优势，但在大倍率充放电和过放电时，会出现晶格不可逆畸变，并造成永久性容量损失，且三价锰容易在酸性环境下发生歧化反应溶解。

尖晶石 $LiMn_2O_4$（LMO）纳米化可以提高电极导电性，抑制电化学过程中的不可逆相转变，减少容量衰减。制备该材料的方法有模板法、溶胶-凝胶法、共沉淀法等。其中，模板法的优点在于合成工艺简单，产物管径相同，易于锂离子嵌脱。例如，利用纳米级多孔铝箔作为模板，以硝酸锂和硝酸锰为原料，制备出直径为 200 nm、管壁厚约 50 nm 的 $LiMn_2O_4$ 纳米管，并对其进行 PPy 包覆修饰（如图 5-8）。该电极首次放电比容量达 133.8 mA·h/g，循环 10 次后放电比容量仍保持在 125 mA·h/g 以上，显示了优良的电化学性能。氧化铝模板法也可以用来制备 $LiMn_2O_4$ 纳米管，内径为 40~50 nm，管壁厚度为 20~30 nm。溶胶-凝胶法是应用最广泛的制备方法之一。例如，以硝酸锂和醋酸锰为锂源和锰源、柠檬酸为有机载体，制备出粒径在 10~100 nm 的尖晶石型 $LiMn_2O_4$。循环伏安测试表明该电极具有良好的可逆性能，在充放电过程中氧化还原反应较快。溶胶-凝胶法制备的纳米级尖晶石 $LiMn_2O_4$ 首次放电比容量为 134 mA·h/g，经 100 次循环后仍能保持在 126 mA·h/g，具有较好的电化学性能。

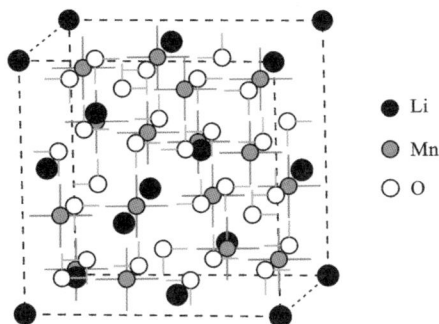

图 5-7　尖晶石型锰酸锂晶体结构示意图

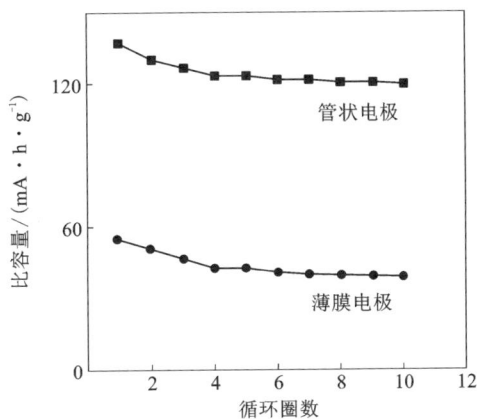

图 5-8　$LiMn_2O_4$ 纳米管
充放电循环曲线图

5.1.6　纳米金属氧化物 V_2O_5 和 MnO_2

纳米氧化物作为可变价金属的氧化物，普遍具有一定的脱嵌锂性质。其中，纳米 V_2O_5 和纳米 MnO_2 的研究最为引人注目，而纳米铁系氧化物的研究在近年来也有所发展。

V_2O_5 是一种具有层状结构的材料，理论比容量高达 442 mA·h/g，嵌脱锂电位约 3 V(vs. Li^+/Li)。该材料资源丰富、价格低廉，因此具有广泛的应用前景。然而，由于钒(V)的价态较高，纳米 V_2O_5 主要通过溶胶–凝胶法制备。使用此方法和聚合插层技术成功地合成了纳米级的 V_2O_5 电极材料，并取得了良好的放电性能。为了进一步提高电极容量，可以在凝胶制备过程中加入适量表面活性剂或掺杂微量元素。此外，纳米 V_2O_5 与导电聚合物(如聚苯胺、聚吡咯、聚噻吩等)合成的纳米复合材料也

图 5-9　模板法制备的纳米 V_2O_5 材料 SEM 图

显示出优异的放电性能。除了溶胶–凝胶法，化学气相沉积法、水解浓缩法、模板法和水热合成法也可以成功合成纳米 V_2O_5。例如，可以使用水解浓缩 $VO(OC_3H_7)$ 成功合成纳米级的 V_2O_5 电极，理论嵌锂容量为每摩尔单位 V_2O_5 嵌锂 3.01 摩尔(相当于 450 mA·h/g)。使用模板技术，可以合成外径为 115 nm 的 V_2O_5 纳米管(如图 5-9)。而以 $VO(OC_3H_7)$ 为前驱体、十六烷基铵和十二烷基铁为模板，可以成功地合成外管径在 15~100 nm 的纳米层状卷。若采用

水热法,则成功制备长 1~10 mm、宽 15~400 nm 的 V_2O_5。这些研究表明不同方法合成的纳米 V_2O_5 电极材料都具有良好的放电性能,但也需要进一步研究和改进。

MnO_2 是一种优良的锂离子电池正极材料,具有较高的嵌脱锂电位和离子传导性。相比于普通 MnO_2 电极,纳米 MnO_2 电极具有更大的深度放电容量,在均相放电过程中还原电位随着循环次数的增加而发生正移(普通 MnO_2 电极发生负移),在均相和异相反应过程中电极极化程度小,因此被认为具有发展潜力,并可以广泛应用于锂离子电池中。制备纳米 MnO_2 的方法包括低温固相反应法、化学沉淀法、模板法和水热合成法等。低温固相反应法使用钡镁锰矿型二氧化锰为原料,经洗涤、分离、球磨等步骤制得了 MnO_2 纳米纤维。相较于其他方法,研磨法具有方法简单、可以在室温下操作等优点,但其能耗大,颗粒粒径分布不均匀,易混入杂质。例如,通过研磨法制备了 MnO_2 纳米材料,该材料具有钡镁锰矿型、钠水锰矿型和水羟锰矿型三种混合结构,由许多 MnO_2 纳米纤维缠绕而成,纤维直径为 1~10 nm。电极在小电流密度下放电比容量为 190 mA·h/g,在大电流密度下可逆比容量也能维持在 150 mA·h/g 以上,表明这种电极材料具有较高的可逆容量和优良的倍率充放电性能。此外,可以利用柠檬酸和醋酸锰为原料,通过低温固相合成法制备粒径在 20~30 nm 的纳米 γ-MnO_2 活性电极材料,但该方法合成的产物结晶度低,电化学性能不佳。化学沉淀法是利用高价锰离子和低价锰离子的氧化还原反应生成 MnO_2 沉淀,再经过洗涤、过滤、干燥和热处理制备出纳米级的 MnO_2。同时,通过高锰酸钾和硫酸锰的反应可以制备具有高度孔隙的 MnO_2 纳米纤维,纤维之间交错成雀巢状,纳米纤维的直径小于 25 nm,长度为几十纳米到 1 μm(如图 5-10)。在 4.0~2.0 V 的电位区间内,材料的放电比容量高达 230 mA·h/g,这表明 MnO_2 纳米纤维具有优越的离子传导率和高的比容量。

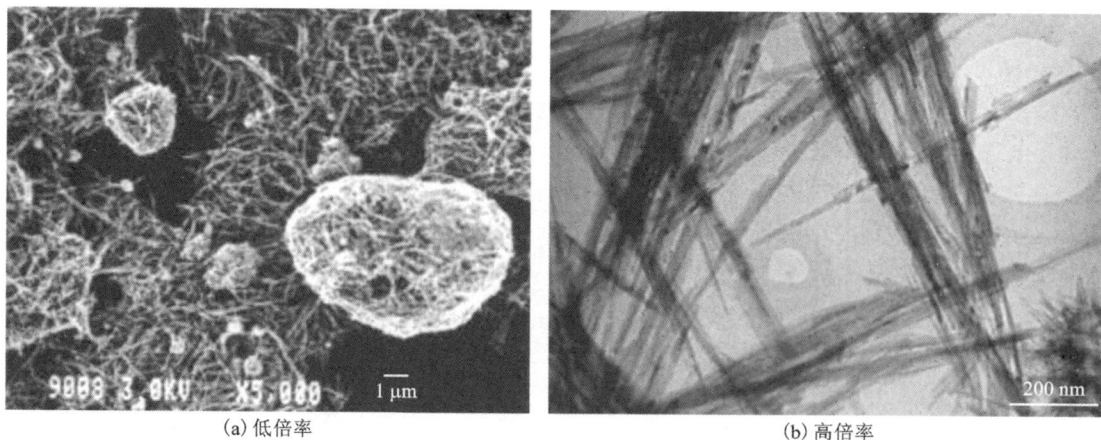

(a) 低倍率

(b) 高倍率

图 5-10 纳米 MnO_2 纤维 SEM 图

5.1.7 纳米金属硫化物

金属硫化物作为锂离子电池正极材料具有能量密度高、造价低、无污染等优点,但在低温条件下的电化学反应时间较长,标准电极电位较相同金属的氧化物低,倍率充放电性能不佳。因此,这类电极材料的发展进展缓慢。针对这些问题,纳米化技术是有效的解决方案。以硫脲和氯化铜为原料,采用胶束法合成了纳米级 CuS,并在第一次循环中观察到两对明显的氧化还原峰,在后续的 4 次循环中,这两对氧化还原峰的位置和形状保持不变,表明电极的循环性能良好。通过球磨法制备出 NiS 纳米颗粒,该材料具有高可逆比容量(580 mA·h/g),即使在 2.0 C 的电流密度下,仍然可以保持 87% 的可逆容量。立方 $Ag_4Hf_3S_8$ 的嵌脱锂电位在不同的电解质中有所不同,其嵌脱锂电位在 2.4~3.0 V。虽然金属硫化物作为锂离子电池正极材料已经有一些研究报道,但仍需深入细致的研究工作,以确定其在锂离子电池中的应用前景。

5.1.8　其他纳米正极材料

上述材料代表了当今锂离子电池纳米正极材料的主要研究方向和发展水平。除了这些材料外,还有其他类型的纳米正极材料也显示出良好的电化学嵌脱锂性质。铁酸镍作为一种具有良好发展前景的锂离子电池纳米正极材料,采用反应性脉冲激光沉淀法制备了纳米铁酸镍,其首次放电比容量高达 600 mA·h/g,经 100 次循环后无明显衰减。此外,羟基氧化铁也引起了一些研究者的关注。该材料具有 α 型、β 型和 γ 型三种形态,采用化学沉淀法合成了无定形纳米 β-FeOOH 正极材料,其在 C/100、C/50 和 C/10 的电流密度下的首次放电比容量依次为 257 mA·h/g、220 mA·h/g 和 195 mA·h/g,并具有优异的电化学循环性能。经过数十次电化学循环后,放电容量几乎保持不变,表现出比 Fe_2O_3 或 Fe_3O_4 更加优越的嵌脱锂性能,有可能成为新一类锂离子电池纳米正极材料。尽管如此,这些材料的研究基础仍然相对薄弱,未能引起足够的关注。

相较于其他金属氧化物电极,Fe 的氧化物具有明显的优势:原料价格低廉且对环境友好。值得一提的是,$γ-Fe_2O_3$ 和 $α-Fe_2O_3$、Fe_3O_4 这三种具有不同结构的铁氧化物均可作为锂离子电池正极材料,其中类尖晶石结构的 $γ-Fe_2O_3$、钢玉型结构的 $α-Fe_2O_3$ 以及尖晶石结构的 Fe_3O_4 表现尤为突出。然而,由于 Fe_3O_4 中的铁离子位于 $[B_2]O_4$ 隙间,且体积较大,锂离子扩散受到了严重影响,其嵌脱锂性能远逊于前两者。最近的研究表明,在 HNO_3 介质中加入 $Fe(NO_3)_3·H_2O$ 并加热至沸腾保持 24 h,可以得到粒径纳米级的 $α-Fe_2O_3$ 电极材料,它表现出了良好的电化学性能。此外,可以通过两步分馏,并在 400 ℃ 的温度下真空加热 6 h,使用 $Fe(CO)_5$、油酸和辛炔二酸制备了粒径为 7 nm 左右的纳米级 $γ-Fe_2O_3$ 样品,并在 1~3 V(vs. Li^+/Li)的电位范围内可逆比容量达到了 336 mA·h/g。研究发现,使用纳米级 $γ-Fe_2O_3$ 作为锂离子电池正极材料能够有效地抑制电极结构由尖晶石型向熔岩型的转变,并改善电极的动力学性质。这些结果表明,铁氧化物电极在锂离子电池领域有着广阔的应用前景。

目前来看,氧化物的复合是改善纯态氧化物电极电化学性能的有效方法。尽管人们在纯态氧化物电极方面的研究仍相对薄弱,但开发复合纳米氧化物作为锂离子电池正极材料的研究具有广阔的应用前景。使用湿化学法已制备出了 $α-(Fe_2O_3)_{0.7}(SnO_2)_{0.3}$ 固溶体,并在首次放电时达到了高达 300 mA·h/g 的比容量,这一结果是非常引人注目的。

5.2　纳米材料在锂离子电池正极材料中的优缺点

5.2.1　锂离子电池纳米正极材料的优点

与普通尺寸的电极材料相比,纳米正极材料具有许多优势。从材料内部结构来看,纳米材料具有以下优点。

（1）其缺陷和微孔较多，储锂机制复杂，包括表面吸附贮锂、微孔吸附贮锂、晶格嵌锂和晶格缺陷嵌锂等，因此具有更高的贮锂容量。

（2）纳米材料粒度小，锂离子在其中的嵌入深度浅、扩散路径短，有利于脱嵌，因此电极具有更好的动力学性能。

（3）对于一些易发生不可逆相变的电极材料来说，纳米化可以在一定程度上抑制这种结构转变，提高电极的循环性能。

从材料表面的状况来看，纳米电极材料的优势主要表现在以下方面。

（1）材料的比表面积大，电极在嵌脱锂时的界面反应位置多，有助于减小电极电化学过程中的极化现象。

（2）表面缺陷有可能产生亚带隙，使得电极的放电曲线更加平滑，从而延长了电极的循环寿命。

（3）表面孔隙多，增加了电极与电解液的接触面积，有助于改善电极材料与有机溶剂的浸润性。

（4）表面张力大，有机溶剂分子难以嵌入到电极晶格内部，可以有效地阻止溶剂分子嵌入对电极结构的破坏。

5.2.2　锂离子电池纳米正极材料的缺点

纳米化电极材料的策略不仅为寻找新的电池化学物质提供了机会，而且还显著改善了电极材料的电化学性能。然而，纳米材料在实际电池系统中的应用也受到一些限制，高合成成本和低振实密度使得纳米材料在各种储能平台中的应用变得困难。此外，虽然纳米材料的大表面积在动力学方面显著提高了其电化学活性，但也不可避免地伴随着副反应发生或氧化其表面，从而导致活性材料的降解。

5.2.2.1　表面反应活性高

电池系统电化学性能的恶化有时是由于在阳极侧和阴极侧的电极表面发生的副反应或材料降解引起的。这通常归因于表面与电解质或外部条件接触的脆弱性可能会引发电池的严重退化。在这里，我们简要介绍电池系统中通常观察到的副反应和表面降解，而不仅仅关注纳米材料。然而，需要指出的是，这些问题对纳米材料比对微米材料更为关键，因为纳米材料的大表面积会促进这些副反应并加速材料的降解。

5.2.2.2　副反应和表面降解

在负极材料上形成 SEI 层是影响稳定循环必不可少的副反应，会消耗正极侧供应的锂离子，导致不可逆容量和低库仑效率。特别是由于纳米材料具有显著的更大的表面积，因此在纳米材料中经常观察到比在块状材料中更高的不可逆容量。作为一个有代表性的例子，图 5-11（a）显示不可逆容量与石墨负极材料的 BET 表面积呈比例增加。活性表面积和不可逆容量之间的关系显示出明显依赖于石墨的粒径，每 BET 平方米观察到的不可逆容量增加了 $7 \ mA \cdot h/m^2$。在阴极侧，扩大的表面积和驱动副反应，如表面结构变化、气体逸出和过渡金属在电解质中的溶解，进一步降低电池的电化学性能。在超过 4 V（vs Li^+/Li）的高电压截止电压的电化学循环后，通常在层状和尖晶石型氧化物材料中观察到表面结构演变。从层状到尖晶石状或岩盐相的结构演变可以在 $300 \sim 600 \ nm$ 颗粒中产生厚度为几十纳米的退化区域，

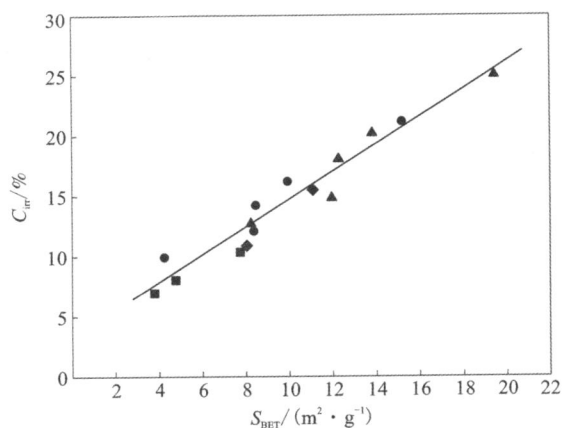

(a) 由于SEI层的形成，在石墨负极的第一次循环中出现了不可逆的容量损失

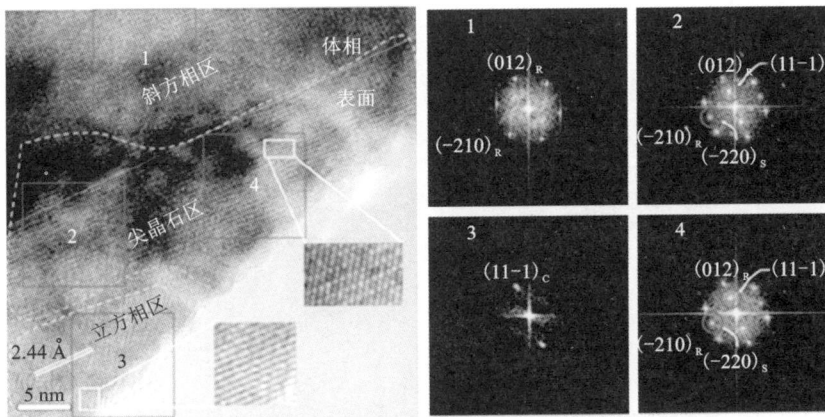

(b) NCM正极材料在几纳米范围内的表面晶体结构演变

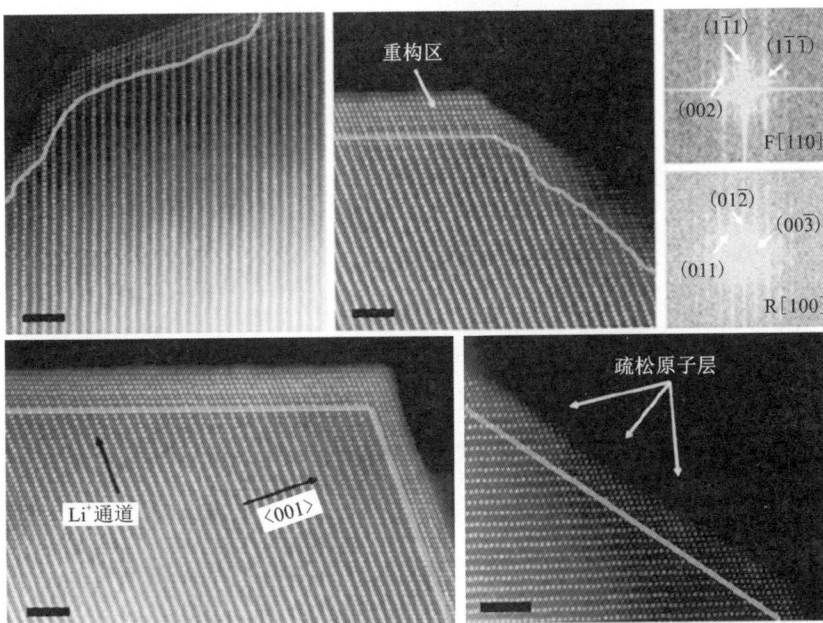

(c) NCM正极材料在几纳米范围内的表面晶体结构演变

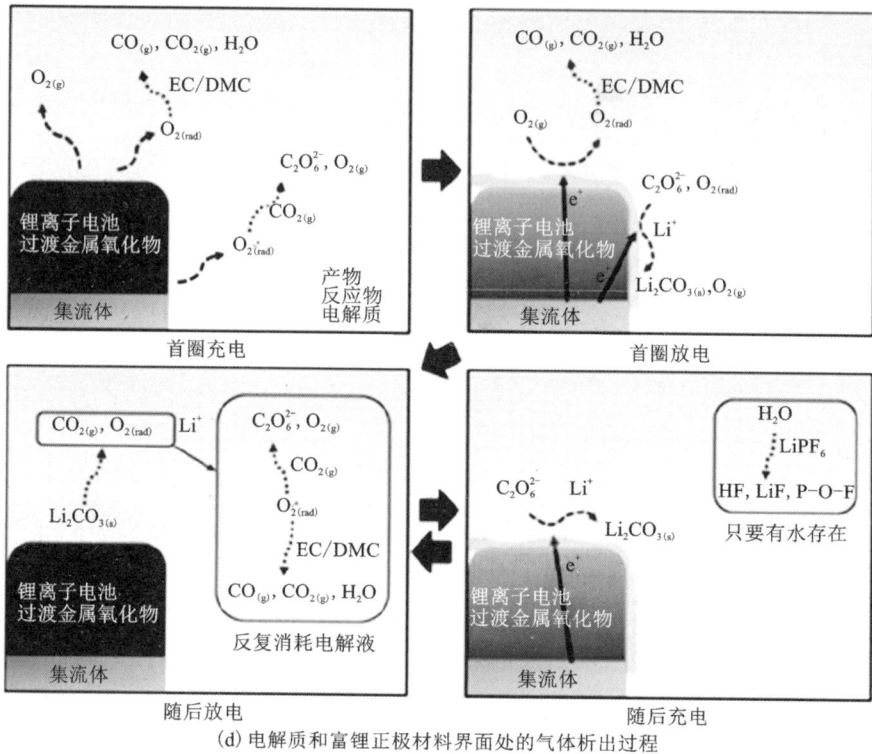

（d）电解质和富锂正极材料界面处的气体析出过程

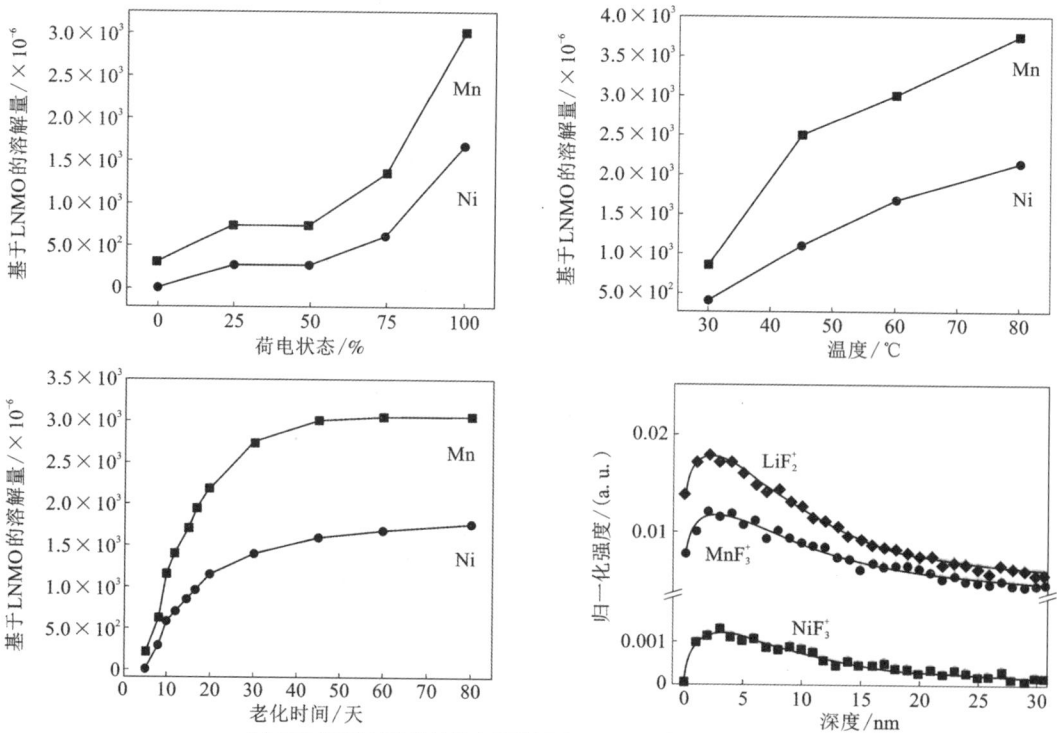

（e）NCM正极材料的过渡金属溶解随SOC、温度和老化时间的变化

图5-11　纳米级电极材料的副反应和表面降解

如图 5-11(b) 和 (c) 所示。这种结构演变增加了电荷转移阻力，并在动力学上阻碍锂离子从表面扩散到体区，导致循环退化。这些发现表明，粒径的减小会导致更严重和更快的结构演化，从而导致活性材料的电荷转移电阻迅速增加。在动力学方面，这种不希望的效果与短扩散长度的效果相竞争。

电极表面的 O_2 和 CO_2 等气体的释放对锂离子电池的安全性可能是致命的，因为这可能导致电池包膨胀或在极端情况下发生爆炸。气相可以从电极和电解质之间的界面反应以及电极材料本身产生，如图 5-11(d) 所示。电极表面产生的氧自由基会反复诱导电解液消耗和分解。例如，在锂过量的 Ni-Co-Mn(NCM) 基正极材料中，在充电过程中可观察到 O_2 和 CO_2 气体逸出。在充电结束时检测到来源于晶格的氧气，而大部分 CO_2 气体从电解质中析出并由涉及氧气的副反应产生。在另一种情况下可以利用残留的锂前体，如 Li_2CO_3，在烧结后留在材料表面更能促进 CO_2 或 CO 气体的释放。这些关于气体释放的结果表明，对于具有大表面积的纳米材料，应仔细考虑电极材料表面的反应特性。

过渡金属溶解是电极材料表面发生的另一个主要问题，并已在 NCM 基层状和 Mn 基尖晶石正极材料中进行了代表性研究。溶解主要发生在表面，是由于与电解质的相互作用和 HF 侵蚀所致。由于溶解的过渡金属离子对负极 SEI 层的劣化作用，溶解被认为是循环劣化的根源之一。对于 Mn 基尖晶石正极材料，Mn 或 Ni 离子容易溶解在电解质中，具体取决于 SOC、温度和老化时间，如图 5-11(e) 所示。当使用含有氟锂盐 (例如 $LiPF_6$) 的电解质时，溶解的 Mn 离子在阴极上形成由 MnF_2 组成的非活性表面层，这增加了电池阻抗。此外，溶解的 Mn^{2+} 离子迁移到阳极时会导致不必要的电子消耗，因为 Mn^{2+} 离子的减少会促进电解质的分解和 Li 的消耗，从而导致形成不希望的 SEI 层。对于基于 $Li(Ni_{1-x-y}Co_xMn_y)O_2$ 的层状材料，已证明锂离子电池使用 $LiPF_6$ 盐，$LiClO_4$ 不可能减少电解质中溶解的过渡金属离子的量，因为氧化后的高氯酸根离子容易与电解液反应转化为高氯酸。

5.2.2.3　纳米颗粒聚合

纳米粒子的聚集不仅会抑制纳米材料的大规模合成，还会导致电极性能的恶化。当纳米粒子聚集逐渐减小实际表面积时，受活性表面积支配的电化学反应动力学可能会显著降低。此外，聚集使得难以保留原始颗粒尺寸和形态。由于重组反应，通常可以在转化和合金化反应中观察到电化学反应的聚集。一般来说，作为主要氧化还原源的金属纳米团簇很容易聚集成更大的尺寸，因此，过渡金属的迁移率被认为是决定转换反应电极可循环性的关键因素之一。例如，基于 $FeF_2+2Li \rightarrow 2LiF+nano-Fe$ 的 FeF_2 电极表现出可观的循环稳定性，而类似的 CuF_2 表现出差得多的性能。这归因于 Cu 离子的迁移率高于 Fe 离子，这导致形成大量聚集的 Cu 纳米颗粒，从而导致从 Cu 到 CuF_2 的再转化反应的不可逆性，如图 5-12(a) 所示。这种现象会导致 CuF_2 转化/再转化反应过程中循环性能差和电化学活性急剧下降。类似地，在合金化反应中，大的体积膨胀会导致颗粒的聚集或粉碎。引起粉化的颗粒内裂纹可以由大粒径体积膨胀引起的应变累积能量形成；然而，纳米颗粒通常通过体积膨胀引起的晶界上的压缩应力与其他纳米颗粒聚集。例如，为了防止 Sn 纳米颗粒在合金化反应中的聚集，采用碳基体制备 Sn/C 纳米复合材料。即使在循环 200 次后，碳基体的使用也有效地防止了 Sn 纳米颗粒的聚集，如图 5-12(b) 所示。

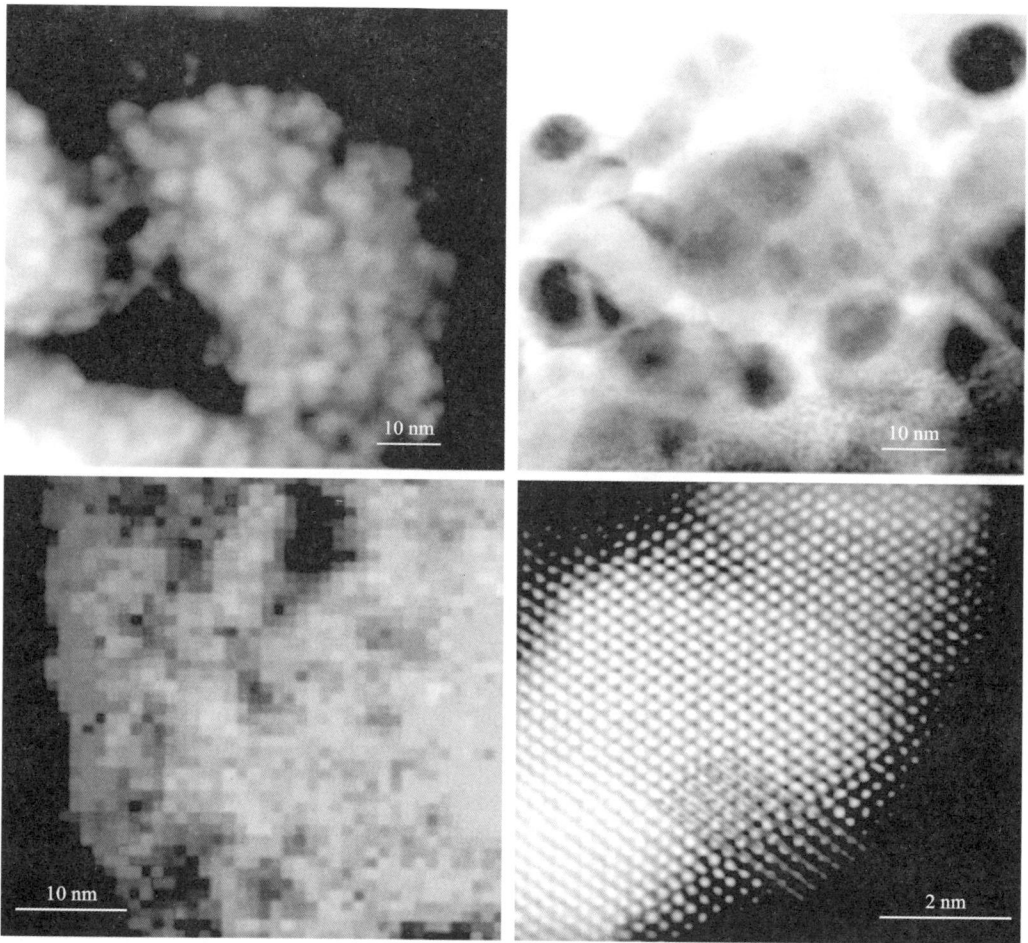

（a）CuF$_2$-C电极在初始状态和锂化状态下的TEM图像（红色和绿色分别代表LiF和Cu金属相）

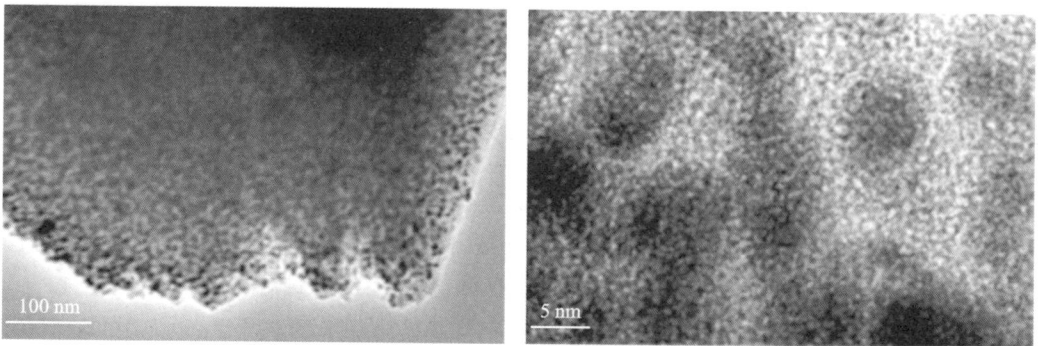

（b）Sn-C复合材料在循环200次后的TEM和HR-TEM图像

图5-12　电池运行期间纳米颗粒的聚集及其基本起源

扫一扫，看彩图

5.2.2.4　物理和化学不均匀性

与块状材料相比，纳米材料的高表面积与体积比通常会导致表面状态
的物理/化学不均匀性。表面的电子结构和化学成分也往往与本体的不同，最小化表面自由
能使整体稳定。虽然表面的这些不同物理或化学状态可以提供新特性，但均匀性的丧失在控
制电极化学性能方面提出了新的挑战。

通过实验证明，$LiCoO_2$ 的平均电子自旋态可以随粒径而改变，其中体区中的 Co 离子具
有低自旋态；另一方面，对于 10 nm 以下的粒子，Co^{3+} 离子的低自旋态部分下降到 92.9%。
在将粒度从 30 nm 减小到 10 nm 时，Co^{3+} 离子的中自旋态或高自旋态从 1.2% 增加到 7.1%，
如图 5-13(a) 所示。发生自旋跃迁以最小化氧配位数低于 6 的(104)和(110)平面的表面能，
这种表面自由能的稳定影响锂离子在 $LiCoO_2$ 电极的表面区域中的脱/嵌入电势，这与块
体 $LiCoO_2$ 的预期值不同。这意味着，如果没有关于表面积与体积比或粒度分布的精确信息，
对电池的实际组装很重要的电极电位的预测可能并非易事。此外，$LiFePO_4$ 中的 Li/Fe 无序
缺陷主要分布在纳米晶体的表面，因为其在表面形成了稳定的缺陷。缺陷形成能相对于晶体
取向是各向异性的，如图 5-13(b) 所示，表明 $LiFePO_4$ 的形貌控制可能更复杂，不仅考虑到
块状晶体中典型的锂扩散通道，而且还关系到特定表面方向上优选缺陷形成的性质。

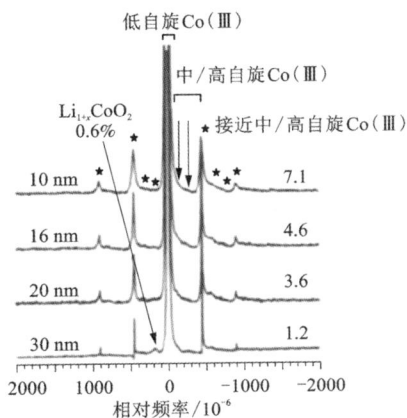

(a) 作为粒径函数的纳米 $LiCoO_2$ 的 MASNMR 光谱。
高自旋 Co^{3+} 的百分比随着粒径的减小而增加

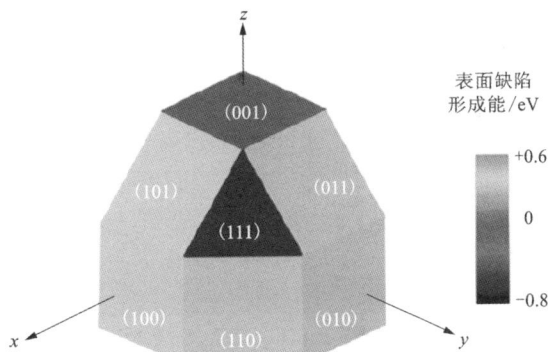

(b) $LiFePO_4$ 在每个表面的反位缺陷形成能的高度各向异性特性

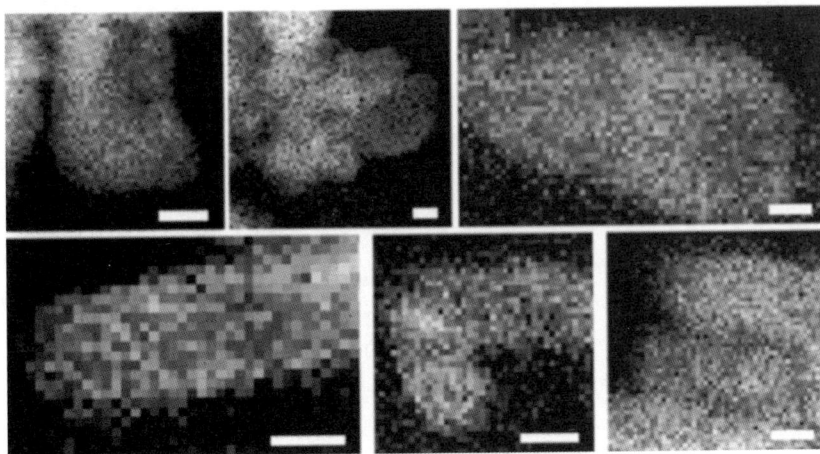

(c) 通过分离富氧壳和富氟核，FeOF 中的化学不均匀性

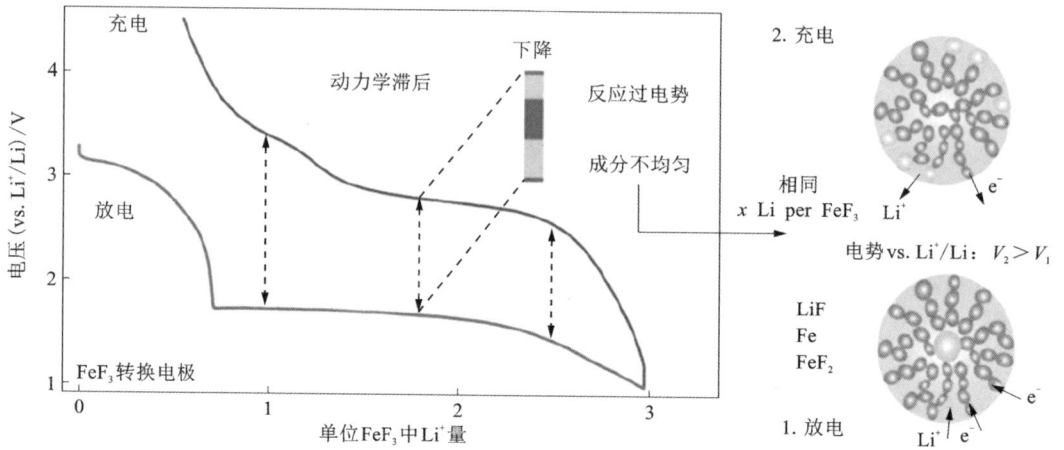

(d)FeF₃的动力学滞后现象与纳米尺度的成分不均匀性和化学成分分布关系示意图

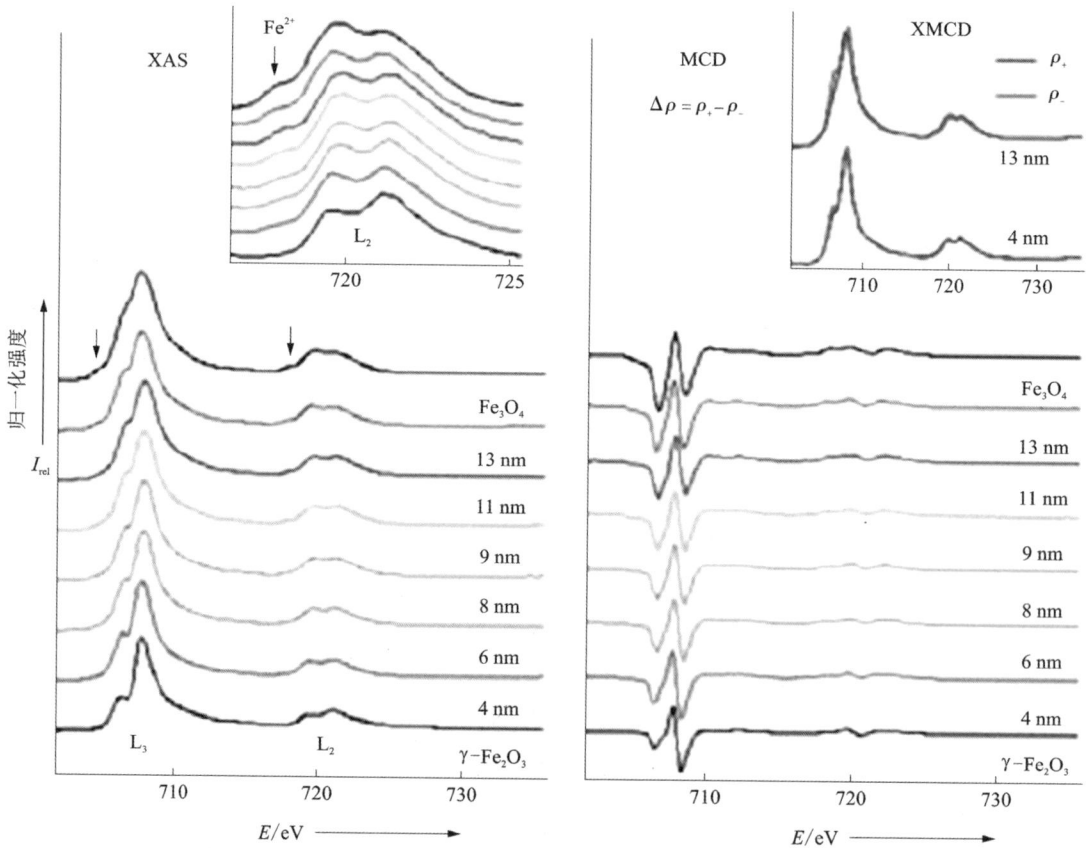

(e)Fe₃O₄纳米粒子的XAS和X射线磁圆二色性（XMCD）作为粒度的函数。随着粒径从13 nm减小到4 nm，Fe₂O₃特征逐渐突出

图5-13　纳米粒子的不均匀特性

高表面能还可以在纳米粒子的合成中引起阴离子的不均匀性。对于氟氧化铁阴极材料，通过 EELS 观察到单个纳米颗粒中 O 和 F 的元素分离，如图 5-13(c) 所示。FeOF 纳米颗粒被分离成富含 O 的壳层和富含 F 的核心区域，在那里发生了可逆的氧化和还原。在随后的循环过程中，富 O 壳区保持在富 O 岩盐相中，只有富 F 核区通过转化/再转化反应在 bcc-Fe 金属和富 F 金红石相之间发生相变。阴离子 F 和 O 物质的不均匀性可能是由于当 F 被 O 取代时 O 的有限扩散距离或 O 取代相本身的热力学稳定性。此外，成分的不均匀性可以在纳米尺寸的 FeF_3 电极的转换和再转换反应期间引起大的电压滞后。组合物的空间不均匀性是由本体区域和表面区域之间的反应动力学差异引起的。因此，与体相相比，表面的独特相演化在充电/放电期间引起电压滞后，如图 5-13(d) 所示。纳米材料的不均匀性是合成所固有的，并且可以根据颗粒的平均尺寸变化而变化。在磁铁矿(Fe_3O_4)纳米粒子的合成中，随着粒径从 13 nm 减小到 4 nm，氧化程度更高的磁赤铁矿(Fe_2O_3)的比例增加。由于与 Fe^{2+} 离子相比，Fe^{3+} 离子的贡献较大，因此平均氧化态随着粒径的减小而增加，如图 5-13(e) 所示。因此，Fe_2O_3 成为 4 nm 氧化铁纳米颗粒中的主相，表明制备纳米电极材料时难以保证相纯度和均匀性。

5.2.2.5　振实密度低

将颗粒尺寸减小到纳米级会产生大量的颗粒间间隙，从而导致电极材料的振实密度低。低振实密度不可避免地会导致体积容量低，而且还需要厚电极才能达到与传统电极相当的填充水平。例如，直径为 150 nm 的纳米 Si 颗粒的振实密度约为 0.15 g/cm^3，而 Si 的理论体积密度几乎为 2.33 g/cm^3，这导致体积能量密度降低为之前的约 1/15，并且需要比散装粉末更大的厚度。使用低振实密度材料和厚电极导致电化学性能方面存在以下缺点。随着电极厚度的增加，对电极到和从活性表面通过电极孔的锂离子扩散距离显著增加。结果，增加的扩散距离导致大的电池极化，并使电极难以实现高倍率能力，尽管在单个纳米颗粒中具有预期的快速动力学。此外，由于电子和客体离子之间的不平衡行进路径，严重的电流集中可能导致较差的循环寿命。在应用制造工艺(例如压延)时，可能会导致致密的电极具有缩短的整体锂离子扩散长度和良好连接的电通路。由于其高应力，轧制过程会在颗粒上产生机械裂纹或断裂，并且有时会切断电或离子路径，此外还会导致颗粒分布不均匀。为了克服这些问题，开发先进的电极工艺和减少纳米材料的内部体积对于最大限度地发挥纳米粒子的优势至关重要。

5.2.2.6　制备成本高

根据电池组件的成本结构，电极材料一般占电池组件总成本的一半以上。活性材料的额外纳米化不可避免地导致电极成本的增加，因此，必须考虑并最大限度地降低纳米尺寸的成本，以实现经济可行性。含锂纳米颗粒由于其大的暴露表面积而通常对空气高度敏感，因此在低 H_2O 和 O_2 环境中能更好地合成和储存，使材料成本进一步增加。许多研究使用水热反应，采用溶胶-凝胶法和气溶胶热解法合成纳米晶体材料，这些方法可做放大实验，然而成本可能会上升，因为它们通常需要控制微妙的反应条件(如反应温度、压力、溶剂选择性和反应物比例)来合成合适尺寸的分散性产物。另外，使用添加剂来缩小尺寸也会增加成本，并且需要额外的后处理工艺来消除添加剂的不良影响。行星球磨法已被用于简单地通过控制旋转速度和时间来减小粒度，而不需要复杂的合成方案或反应条件。行星球磨法可能与单批纳米晶材料的合成相竞争，但材料均匀性的控制、粒度分布不均匀、强烈的物理碰撞产生的缺陷以及大规模生产的适用性仍然是挑战。随着多原子成分的进一步材料开发，例如用于阴极的混合镍、钴和锰或用于阳极的各种合金类型，均匀性仍然是最重要的问题之一，并且对于采用纳米材料的电池系统的质量控制至关重要。

5.3 纳米正极材料展望

5.3.1 表面改性以提高稳定性

解决由表面反应性引起的副反应的最实用方案是使用涂层或形成物理保护层来提高表面的电化学/化学稳定性。这种表面改性通常使用通过特定合成工艺在活性材料上直接涂覆异质材料来实现或在电解液中使用添加剂，通过电化学过程触发特殊 SEI 层的形成，避免电极表面直接暴露于电解质/盐中。这两种方法都被证明在提高化学稳定性方面是有效的，还显著提高了锂离子电池系统（如锂/硫）的电化学稳定性或水性，表明表面改性是一种通用策略，可应用于具有类似问题的电化学系统。

本质上，用于表面涂层或改性的材料应满足以下条件。

（1）材料及其尺寸应允许合理快速的锂离子和电子传导。否则，电池将遭受高过电位，导致功率密度降低和循环寿命差。此外，由于纳米材料存在许多颗粒间界面，因此用于涂层或封装的材料具有高导电性并能提供有效的电连接至关重要。

（2）表面涂层材料应与电池中使用的活性材料和电解质化学相容，并在循环电压范围内稳定。

（3）涂层材料与电极材料的机械相容性也很重要，通过其固有特性或涂层/封装几何形状，它们会随着脱锂/锂化而发生体积变化。例如，对于在循环过程中经历严重体积膨胀的电极，具有缓冲空间的封装结构而不是直接连接到材料的涂层是有利的，因为随着体积的变化，涂层会发生永久性破损。或者，锚定结构可以有效地利用纳米粒子的大活性表面积，前提是确保粒子的化学/物理稳定性。

（4）应满足成本竞争力、生态友好性和大规模合成性等工业方面的要求。

用于纳米粒子表面改性的最广泛使用的材料包括碳基材料（无定形碳、石墨碳、石墨烯）、二维材料（氮化硼、磷烯），以及无机材料（Al_2O_3、MgO、ZrO_2 或玻璃质材料）。碳材料因其低成本、高导电性和良好的机械性能而被广泛用于正极和负极材料。不同碳种类的独特特性和加工技术的可用性使碳材料成为纳米电极材料最合适的涂层/包封剂之一。最近，二维材料也被研究作为表面涂层/封装材料，因为二维材料的物理特性和电学特性可以通过调节层数来设计。尽管只有少数研究证明了二维材料（石墨烯除外）可提高锂金属稳定性或负极材料电化学性能，但其适用性有望在未来得到扩展。

虽然表面改性可以提供一种减少副反应的可行方法，但它也损害了一些有益的纳米现象，特别是那些依赖于表面电化学的纳米现象。界面处或赝电容材料中的电荷存储机制可以通过涂层材料的存在而被钝化。因此，这种方法不能普遍应用，它们的使用仅限于某些类别的纳米材料。此外，额外的表面改性工艺可能不具有成本效益，并且实际成本也可能增加，这取决于在纳米材料的宽表面上实现保形涂层所需的工艺。溶液工艺或化学气相沉积（CVD）也可用于增加涂层的均匀性，但是由于使用某些溶剂或设备而导致的成本增加是不可避免的。传统的机械热处理方法可以提供相对便宜的工艺，然而，要在整个纳米颗粒样品中实现高度均匀性是一项挑战。

5.3.2　最大化电极内的动力学

纳米材料的电化学滞后不仅是由热力学效应引起的,而且是由材料的纳米特征引起的动力学因素引起的。在理想情况下,由于活性表面积大且锂离子扩散的路径相对较短,含有纳米材料的电极应获得高效的往返恒电流曲线。然而,由于实际问题,例如每个纳米颗粒的电连接或界面电阻的增加,有时难以充分利用纳米电极中快速动力学的优势。此外,纳米粒子结构复杂,孔连通性有限,会严重延长客体离子的扩散路径并阻碍电荷转移。因此,一些纳米粒子的电化学响应难以实现,最终导致电化学性能恶化,如更高的滞后、更低的功率密度或循环保持率降低。

通常,为了增强大量纳米颗粒之间的电连接性,用导电材料涂覆每个颗粒可以提供更高的接触概率并降低界面电阻。许多涂层研究都记录了使用碳或导电材料可显著改善电化学性能,为涂层研发提供了实验数据。虽然涂层明显缓解了单个粒子的电连接问题,但它仍然对通过粒子到粒子表面的细长电路径提出了挑战,如图 5-14 所示。沿纳米粒子表面的电子路径比通往集电器的直线路径长得多[如图 5-14(a)和(b)],这导致电池的 IR 降更大。在这方面,有必要使用导电基质试剂(例如 CNT、氧化石墨烯或 2D 材料)缩短电极中的整体电子路径。其他方法包括调节集电器的形状或直接在集电器上生长纳米材料。通过这些方法,可以有效地解决与电连接相关的挑战。

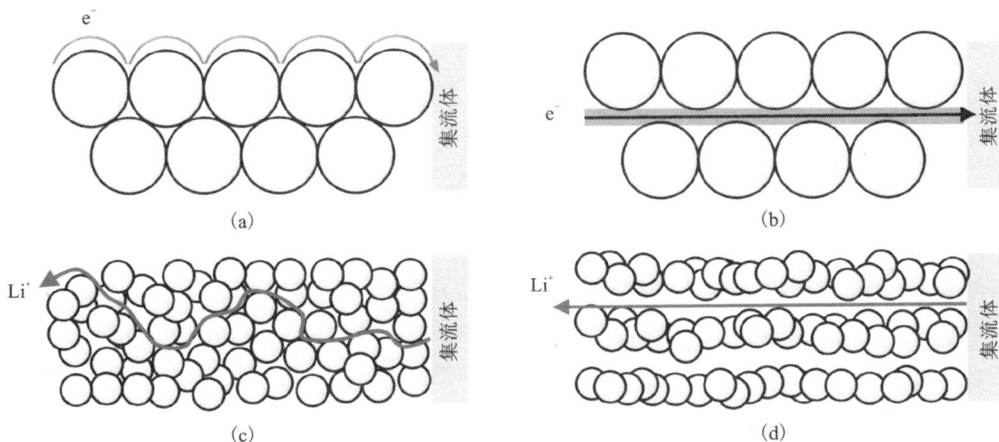

电子流入(a)碳涂层纳米粒子和(b)具有碳涂层纳米粒子的电基体支撑电极,可以通过使用碳涂层和电布线技术来降低电极的总电阻;(c)密集堆积的纳米粒子和(d)排列的具有微孔的纳米粒子中的客离子扩散路径,客体离子扩散到具有微孔的电极中更为有利

图 5-14　不同结构的基于纳米粒子电极的动力学因素示意图

纳米材料通常表现出低振实密度,这需要使用厚电极来获得所需的能量密度。如果纳米颗粒在电极上堆积得太密,则电极内部仅包含纳米级孔隙,最终一些颗粒与电解质的接触受限,如图 5-14(c)所示。因此,离子的整体扩散路径变得比具有微孔的电极更长,导致电化学动力学受限。如果使用化学或机械工艺对纳米颗粒进行良好排序,则可以在一定程度上改善离子可及性。但是,在使用分散策略时,应同时考虑体积能量密度和负载密度[如图 5-14(d)]。在这方面,研究人员试图组装分层结构,其中纳米材料排列一致,这可以同时确保

材料的微孔率和更高的堆积密度。比如在集电器上排列一排纳米棒或制造具有内部排列的次级粒子，证明这种方式比随机分布的电极结构有更高的电化学性能和体积能量密度。已显示纳米颗粒在排列的导电基质（例如氧化石墨烯或 CNT）上的直接生长或分布可改善离子和电子渗透路径。

电极动力学因素的优化可以提高电化学反应的均匀性，进而对纳米材料的功率密度、充放电效率和循环寿命产生积极影响。然而，值得注意的是，这些方法通常需要过多的导电剂或基质来覆盖大纳米颗粒表面，从而降低了实际的比能量密度和体积能量密度。因此，开发满足上述条件的先进电极制造方法对于商业化开拓是必要的。

5.3.3 高能量密度包装材料

最近的研究表明，纳米材料振实密度低的缺点可以通过堆叠纳米颗粒和制造电极的先进工艺得到有效克服，比如通过组装纳米级初级粒子和形成微米级二级粒子来制造二级结构。在不补偿比能量密度的情况下，可以获得比原始状态高得多的振实密度。例如，可以使用微乳液液滴合成分层结构的 Si 纳米颗粒。通过合成类似于石榴的微米级次级粒子，使得每个纳米粒子分别被薄碳层封装，具有用于体积变化的空隙空间［如图 5-15(a)］。将涂覆的纳米颗粒组装成由厚碳层包裹的次级颗粒，这阻止了初级颗粒的进一步机械分离。通过采用石榴状结构，电极密度从 0.15 增加到 0.53，增加 250%。在纳米级正极材料的制备中也实践了将纳米级初级粒子组装成次级粒子，使用喷雾辅助方法制造 $LiFePO_4$ 微米级二次纳米粒子，实现了 $2.6\ g/cm^2$ 的电极负载密度，这比使用传统铸造方法生产的电极高约 40%。电极能够获得高达 $LiFePO_4$ 理论值 70% 的体积能量密度。

纳米材料的低振实密度的改善也可以在其他电极组件的帮助下实现。例如，可以使用石墨烯纳米薄片和乙基纤维素基质增加纳米锰酸锂的体积能量密度。使用石墨烯/乙基纤维素复合物与纳米锰酸锂颗粒形成浆状混合物，然后加热混合物以去除乙基纤维素［如图 5-15(b)］。在乙基纤维素的分解过程中，石墨烯薄片被强烈地相互压缩，形成具有提高填充密度的薄且无黏合剂的电极膜，如图 5-15(c)所示。电极厚度减少到 40% 以下［如图 5-15(d)］，体积能量密度比传统电极高 30%［如图 5-15(e)］。也可以使用具有强黏附力的黏合剂来有效地提高振实密度。一种新型黏合剂聚 1-甲基丙烯酸甲酯-共甲基丙烯酸（PPyMAA）使用约 200 nm 的纳米硅颗粒提供了 $0.5\ g/cm^3$ 的振实密度［如图 5-15(f)］，第一次循环效率为 82%。图 5-15(g)和(h)分别显示了具有和不具有 PPyMAA 黏合剂的纳米尺寸 Si 颗粒。正如在 SEM 图像中所观察到的，使用 PPyMAA 黏合剂的颗粒更密集地聚集并形成网络。有人提出，在 PPyMAA 中引入的 MAA 结构与 Si 颗粒表面产生了强烈的共价键合，从而最大限度地减少了高振实密度的暴露表面积。

纳米粒子的低振实密度是一个可以通过在电极水平调节纳米粒子的堆叠来克服的问题。然而，这里使用的工艺需要扩大到商业化水平，同时必须满足成本效益要求。此外，在考虑纳米材料表面特性的同时，开发电极制造工艺对于克服低振实密度问题至关重要。

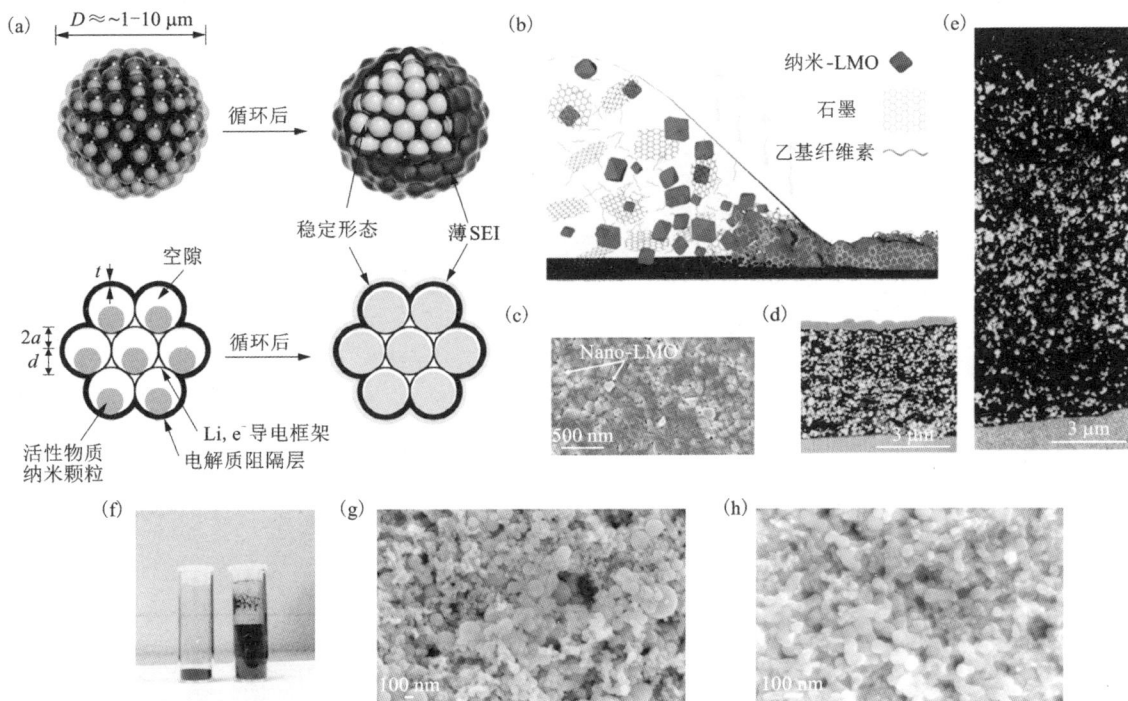

(a)使用 Si 纳米粒子的二次粒子设计示意图;(b)具有高体积能量密度的石墨烯/乙基纤维素支撑电极;(c)电极中的石墨烯薄片,这使得电极更密集地堆积,导致相对于使用正常制造工艺(e)制备的电极厚度(d)减小;(f)使用新黏合剂(左)和原始 Si 纳米颗粒(右)获得的高振实密度 Si 纳米颗粒;SEM 图像显示,与原始粉末(h)相比,使用 PPyMAA 黏合剂(g)时颗粒更密集

图 5-15　获得高振实密度纳米材料的各种策略

思考与讨论

1.在锂离子电池正极材料中是否有纳米材料的应用?如有,请举例说明。

2.用于正极材料的纳米材料采用了哪种材料合成方法?研究过程中又使用了何种表征方法?你是否有相关的实践经历,可以展开谈谈。

3.为什么正极材料要选用纳米材料?采用纳米材料的正极具有何种优势?对于不同电池体系的正极材料,纳米材料的增强机制是否相同?

4.团聚是纳米材料在生产与应用中面临的一大问题,那么团聚是否也对纳米正极材料产生了不利影响?除了团聚之外,纳米材料在正极材料中的应用还存在哪些问题?

5.针对纳米正极材料所存在的问题,都有哪些解决方法?请举例说明。除了这些解决方法,你是否有其他思路或方法?

引申阅读

第 6 章　纳米材料在锂离子电池负极中的应用

6.1　锂离子电池负极材料的现状和发展

PPT

随着科技的发展，高能便携电源的需求激增，加大了对小型
锂离子电池的需求。高容量、有着可靠循环性的负极材料(如图 6-1)成为人们研究的一个重点。同时，大容量动力电池的应用，加大了对电池材料，尤其是高性能负极材料的需求。根据锂离子电池的工作原理，负极在充放电过程中需要承受锂离子的嵌入脱出，因此，负极材料需要具备以下条件。

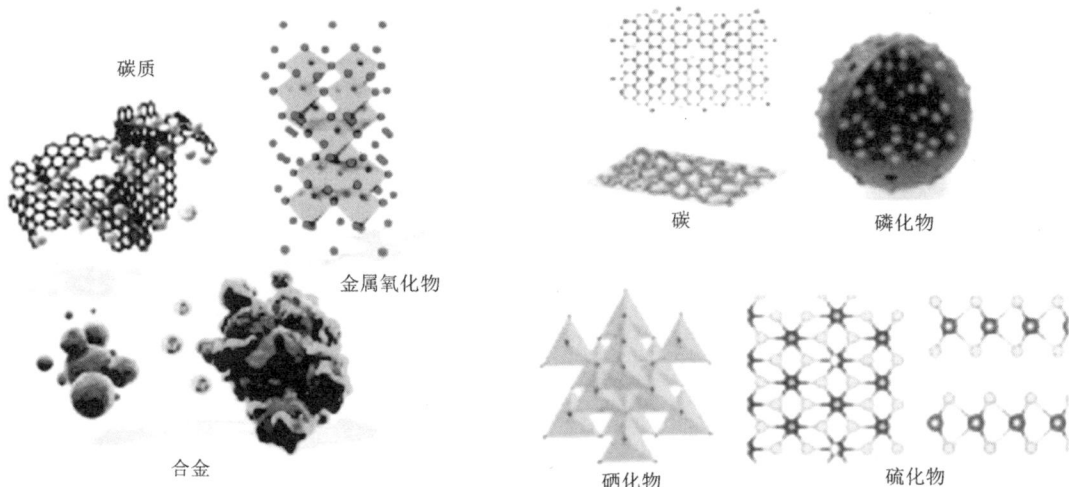

碳质

金属氧化物

合金

碳

磷化物

硒化物

硫化物

图 6-1　负极材料的主要分类

(1)锂离子在负极基体中的插入氧化还原电位尽可能低，接近金属锂的电位，从而使电池的输出电压高。

(2)在基体中大量的锂能够发生可逆插入和脱嵌，以得到高容量。

(3)在插入/脱嵌过程中，负极主体结构没有或很少发生变化。

(4)氧化还原电位随 Li^+ 的插入脱出变化应该尽可能少，这样电池的电压不会发生显著变化，可保持较平稳的充电和放电。

(5)插入化合物应有较好的电子电导率和离子电导率，这样可以减少极化并能进行大电流充放电。

(6)主体材料具有良好的表面结构，能够与液体电解质形成良好的 SEI。

(7)插入化合物在整个电压范围内具有良好的化学稳定性，在形成 SEI 后不与电解质等发生反应。

（8）锂离子在主体材料中有较大的扩散系数，便于快速充放电。

（9）从实用角度而言，材料应具有较好的经济性以及对环境的友好性。

因此，纳米负极材料的应用可以很好地解决锂离子电池负极的相关问题。如今，锂离子电池负极材料主要分为碳材料和非碳材料两类。根据碳结晶程度的不同，主要分为石墨类和非石墨类。

6.2　碳基纳米结构负极材料

碳基锂离子电池负极材料主要分为石墨类和非石墨类。

石墨类分为人工石墨和天然石墨，是一种非金属矿物质，具有质软、滑腻感等特点，以及耐高温、耐氧化、抗腐蚀、抗热震、强度大、韧性好、自润滑强度高、导热、导电性能强等特有的物理、化学性能；同时，也包含了石墨烯、碳纳米管等典型纳米材料。非石墨类，又称作无定形碳（硬碳和软碳，如图 6-2）。由于其扩展的层状结构（与石墨相比）和更开放的结

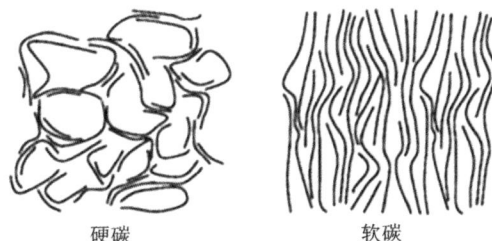

图 6-2　无定形碳示意图

构而表现出良好的离子储存性能。此外，它们较低的石墨化程度、无序性和微畴的存在也为相对较大的离子容易嵌入其中提供了额外的优势，从而产生比石墨类高得多的比容量。无定形碳材料主要有硬碳和软碳两种。硬碳一般是由生物质（如植物废弃物、纤维素、木质素等）热解而来，缺乏芳香族化合物。具有微孔和无定形畴的硬碳无序结构为离子的插层提供了充足的空间，从而产生了更高容量。相比之下，芳香族化合物（如沥青、石油焦、塑料、苯）和聚合物的高温热解产生的是软碳材料，它们由半石墨骨架组成，缺陷少，结晶度比硬质碳好。

软碳加热至 2500 ℃以上时，无序结构很容易被消除，其结晶度低，晶粒尺寸小，晶面间距较大，与电解液相容性好。但首次充放电的不可逆容量高，输出电压较低，因此一般不直接做负极材料。软碳是制造人造石墨的原料，常见的有石油焦、针状焦等。相比之下，硬碳在任何温度下都难以消除无序结构，其负极材料内部为高度无序的碳层结构，在内部产生了大量的缺陷，为 Li^+ 提供了众多的嵌入点，可以实现 Li^+ 的快速嵌入，因此容量大于常规碳类材料的理论容量。硬碳还具有高倍率、循环性能好、安全性能优等优点，但是首效低（大概为85%），全电池电压平台 3.6 V 低于石墨的 3.7 V，成本高。

6.2.1　纳米碳负极材料——石墨烯

石墨烯是由单层 sp^2 杂化碳原子组成的六方点阵蜂窝状二维结构，石墨烯虽呈二维结构，但它能稳定存在并且呈波状。在一个两层体系中，这种起伏不是很明显，在多层体系中会完全消失。按照维度对碳材料进行分类的话，可以得到零维的 C60 和富勒烯、一维的碳纳米管、二维的石墨烯以及三维的石墨；而其中，石墨烯是构成其他石墨材料的基元，它可以翘曲（wrap up）成零维的富勒烯，卷成（roll into）一维的碳纳米管或者堆垛（stack into）成三维的石墨（如图 6-3）。

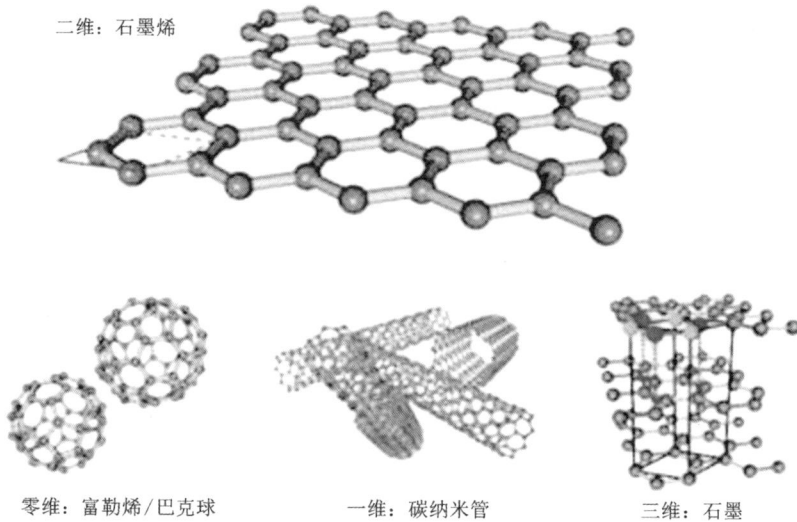

图 6-3　二维石墨烯材料分类

石墨烯具有出色的物理性质，其面密度仅为 0.77 mg/m²，同时具有高达 2630 m²/g 的比表面积；单层石墨烯在整个可见光直到红外的波长范围内可吸收 2.3% 的可见光，即透过率为 97.7%，因此石墨烯是高度透明的；石墨烯在室温下热导率为 $4.84 \times 10^3 \sim 5.3 \times 10^3$ W/(m·K)，是室温下铜的热导率的 10 倍多，比金刚石的热导率 [1000~2200 W/(m·K)] 要高，成为热量控制的最佳材料；石墨烯强度与金刚石相当，比同样厚度（0.335 nm）的钢的强度高 100 倍，同时具有良好的柔韧性，可弯曲；石墨烯还具有超高的导电性，电子在其中的运动速度达光速的 1/300，远远超过了电子在一般导体中的运动速度，这使得石墨烯中的电子，或更准确地应称为"载荷子"的性质和相对论中的中微子非常相似。

具有如此多优异性质的石墨烯，其被发现的历程却是十分偶然。英国曼彻斯特大学教授安德烈·海姆和康斯坦丁·诺沃肖洛夫发现，若强行将石墨分离成较小的碎片，从碎片中剥离出较薄的石墨薄片，然后用普通的塑料胶带粘住薄片的两侧，撕开胶带，薄片也随之一分为二。不断重复这一过程，就可以得到越来越薄的石墨薄片，而其中的部分样品仅由一层碳原子构成，即为石墨烯。他们于 2004 年最早制作出石墨烯，并因此共同获得 2010 年诺贝尔物理学奖。

在锂离子电池负极中，纳米石墨烯可以直接作为负极材料，但是目前的技术尚不成熟，主要的应用还是与其他材料结合构成复合负极。通过与石墨烯复合，锂离子电池负极材料体现出更好的导电性和循环稳定性，具有一定的商业化前景。此外，石墨烯也可在正极中与磷酸铁锂、磷酸钒锂构成复合电极，亦可以作为导电添加剂应用于动力锂电池中。纳米石墨烯"柔韧"的二维层状结构能有效抑制电极材料在充放电过程中因体积变化引起的材料粉化，并增强与集流体间的导电接触。初步研究结果表明，加入石墨烯添加剂后，锂电池的大电流充放电性能、循环稳定性和安全性都因此得到了极大改善，其效果甚至超出了目前高性能动力锂电池用的碳纳米管导电添加剂。

例如，通过纵向分裂多壁碳纳米管（MWCNT）可以合成少层石墨烯纳米带（GNR），其电化学行为可以在原位透射电子显微镜下进行研究（如图 6-4）。锂化后，GNR 表面和边缘被

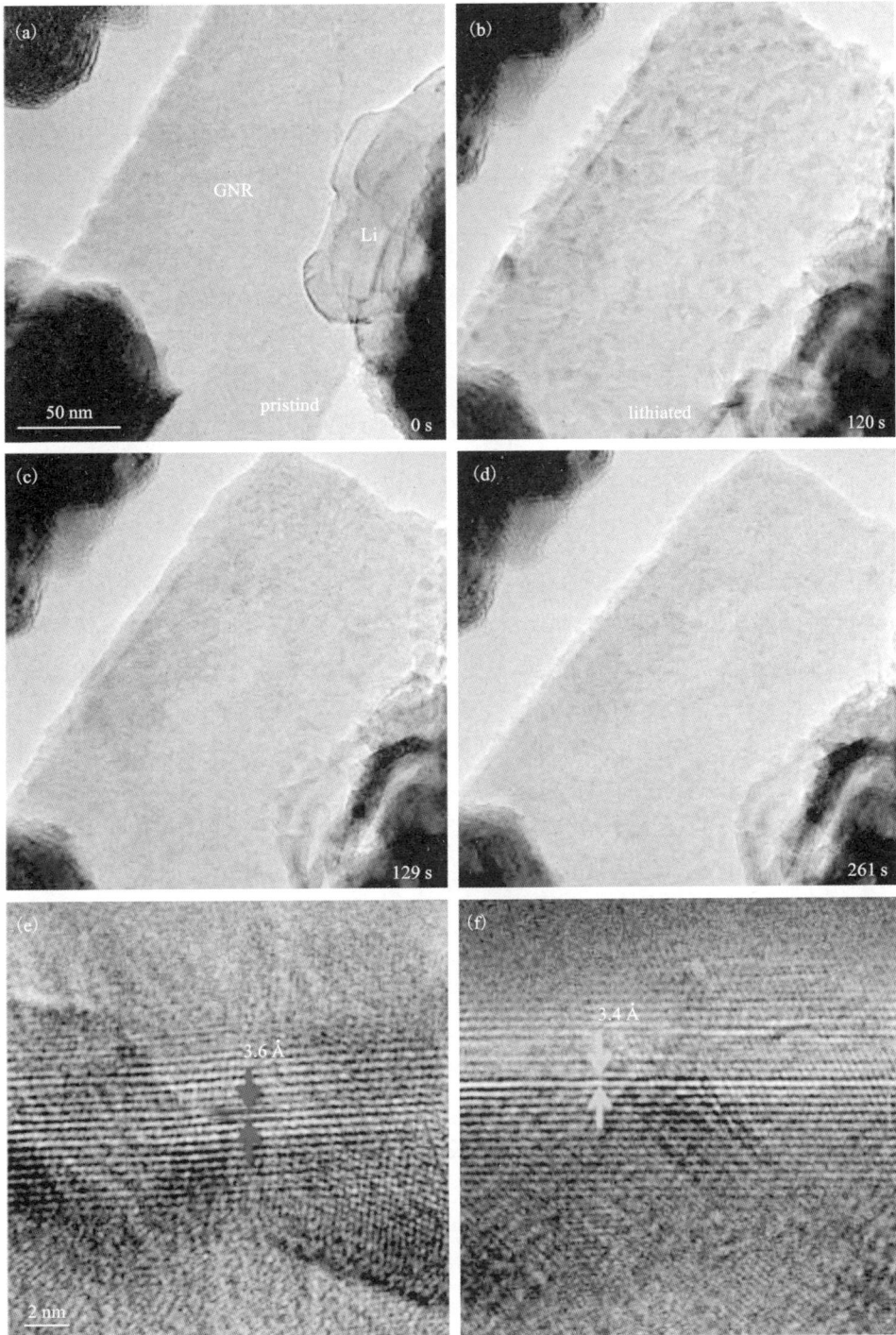

(a)原始 GNR；(b)带有 Li_2O 晶体装饰的粗糙表面的锂化 GNR；(c)和(d)GNR 在脱氢过程中的形态演变；Li_2O 晶体消失(d)，均匀对比与(a)的初始状态相似，但实际上留下了一层薄薄的 Li_2O。(e)和(f)显示层间距的高倍图像，从锂化态(e)的 3.6 Å 缩小到脱除态(f)的 3.4 Å

图 6-4　GNR 连续锂化和析出过程中的形貌演变

纳米晶氧化锂层覆盖，其中大部分在脱锂时被去除，表明锂化/脱锂过程主要发生在 GNR 的表面。锂化 GNR 在拉伸和压缩测试期间的机械稳定性好，这与锂化 MWCNT 的易碎脆性断裂形成鲜明对比。这种差异归因于 GNR 中平面碳层的无限制堆叠导致层内和层间变形之间的弱耦合，而且与圆柱形限制的碳纳米管相反，其中层间锂在周向封闭的碳层内产生大的拉伸环向应力，容易引起脆性断裂。这些结果表明石墨烯在制造长寿命电池方面具有巨大发展前景。

石墨烯是一种非常有效的材料，可以提高电子产品的性能，提高了设备的抗损伤强度。可折叠和可弯曲手机的出现推动了对石墨烯系列更坚固、更轻的材料需求。例如，韩国三星先进技术研究院开发了一种晶体管，以提高半导体芯片组的性能。研究表明，石墨比硅晶片组更快，为产品提供了出色的速度。此外，人均收入的增加和不断变化的购买偏好预计将促进这种材料的应用。这些因素可能会推动石墨烯市场的增长。

6.2.2　纳米碳负极材料——碳纳米管

作为石墨的同素异形体，碳纳米管（CNTs）由于其独特的结构（石墨片的一维圆柱管），具有高导电性［106 S/m 在 300 K 时单壁碳纳米管（SWCNT）和大于 105 S/m 多壁纳米管（MWCNT）］，低密度，高刚性（杨氏模量为 1 TPa 量级）和高抗拉强度（高达 60 GPa）。单壁碳纳米管的可逆比容量可从 300 mA·h/g 到 600 mA·h/g；显然显著高于石墨的比容量（320 mA·h/g）。此外，对 SWCNT 进行机械和化学处理可以进一步将可逆容量提高至 1000 mA·h/g。为了提高锂离子电池的充电容量并降低不可逆容量，一种实用的途径是合成以碳纳米管为关键成分的杂化复合材料。

研究人员系统研究了短碳纳米管和长碳纳米管（如图 6-5）作为锂离子电池负极材料的电化学性能。结果表明，在电流密度为 0.2 mA/cm² 和 0.8 mA/cm² 时，CNTs-1（短纳米管）电极的可逆比容量分别为 266 mA·h/g 和 170 mA·h/g（如图 6-6），几乎是 CNTs-2（长纳米管）电极的 2 倍。此外，锂离子在 CNTs-1 和 CNTs-2 电极中的存储机制和电压迟滞也不同。CNTs-2 电极中较大的电压迟滞不仅与碳纳米管表面官能团有关，还与碳纳米管表面电阻有关。通过交流阻抗测量比较了两种 CNTs 电极的动力学特性，结果表明，CNTs-1 电极表面膜电阻约为 1.7 Ω，远低于 CNTs-2 电极（约 14 Ω）；CNTs-1 电极的电荷转移电阻（3~4 Ω）显著低于 CNTs-2 电极的电荷转移电阻（31.2~61.2 Ω），且随着放电的加深变化很小，表明 CNTs-1 电极具有较高的稳定性；两种 CNTs 电极的锂原子扩散系数（D_{Li}）均随电压的降低而减小，但 CNTs-1 电极的 D_{Li} 变化幅度小于 CNTs-2 电极。CNTs-1 电极在充放电过程中表现出较好的动力学性能，是一种很有前途的锂离子电池负极材料。

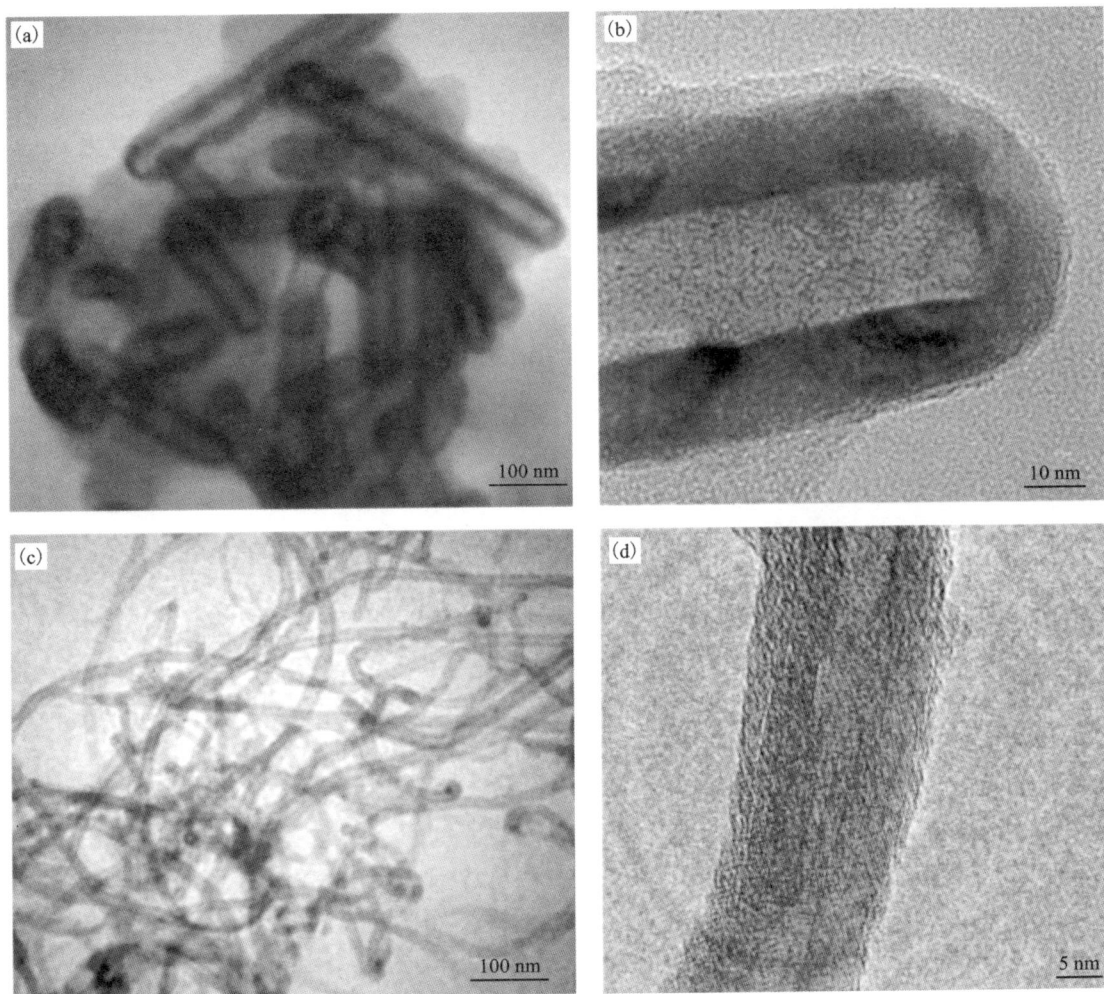

图 6-5　CNTs-1(a)(b)和 CNTs-2(c)(d)的 TEM 和 HRTEM 图像

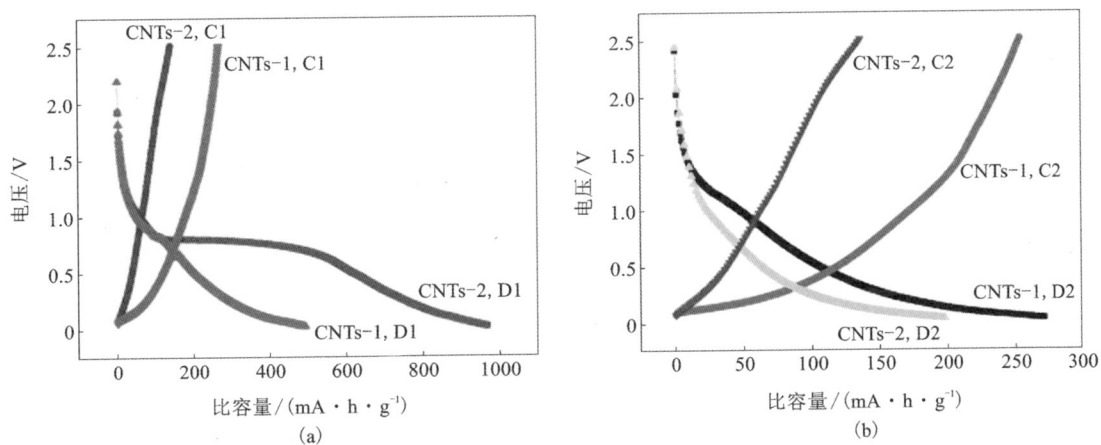

图 6-6　电流密度为 0.2 mA/cm² 时，CNTs-1 和 CNTs-2 电极的第一(a)和第二(b)充放电曲线

6.3 非碳基纳米结构负极材料

非碳材料的种类则非常的丰富多样,包括硅基材料、金属氧化物/硫化物、锂金属、钛酸锂等。

作为硅基材料的核心,硅是地壳中丰度最高的元素之一,晶态硅为金刚石型立方晶体结构,晶面间距为 5.43 Å,熔点为 1420 ℃,质硬而脆;在常温下不溶于酸,易溶于碱;具有半导体性质。作为负极材料,硅的比容量最高可达 4200 mA·h/g,远大于碳材料的 372 mA·h/g,是目前已知能用于负极材料理论比容量最高的材料;硅负极材料在 0~0.5 V 很窄的电压范围内工作,非常适合应用于锂离子电池;同时,硅的电压平台比石墨高了一点,充电时析锂的可能性不大,安全性能相较石墨有很大的优势,并且硅材料还具有环境友好、成本较低的优点。《高能量密度锂离子电池硅基负极材料研究》中指出,如果不使用富锂正极,当电芯能量密度要达到 280 W·h/kg 以上时,就必须使用硅基负极材料。

然而,在储存锂离子的过程中,硅会不断地和锂离子结合形成 Li-Si 合金,这一连续的过程带来的是不断的体积膨胀。在充放电过程中,硅的这种脱嵌锂反应将伴随大的体积变化(>300%),造成材料结构的破坏和机械粉化,导致电极材料间及电极材料与集流体的分离,进而失去电接触,致使容量迅速衰减,循环性能恶化(如图 6-7)。巨大的体积变化导致硅颗粒粉化、负极材料活性物质脱落和 SEI 膜持续形成。①对于整个电极而言,由于每个颗粒膨胀收缩会"挤拉"周围颗粒,这将导致电极材料因应力作用从电极片上脱落,进而使电池容量急剧衰减,循环寿命缩短。②对单个硅粉颗粒来说,嵌锂过程中,外层嵌锂形成非晶 Li_xSi 发生体积膨胀,内层还未嵌入锂不膨胀,导致每个硅颗粒内部产生巨大应力,造成单个硅颗粒开裂粉化。③充放电循环过程中,硅颗粒开裂粉化和电极材料的脱落会不断产生新的表面,进而导致固相电解质层(solid electrolyte interface,SEI,固体电解质膜)持续形成,不断消耗锂离子,造成电池整体容量持续衰减。

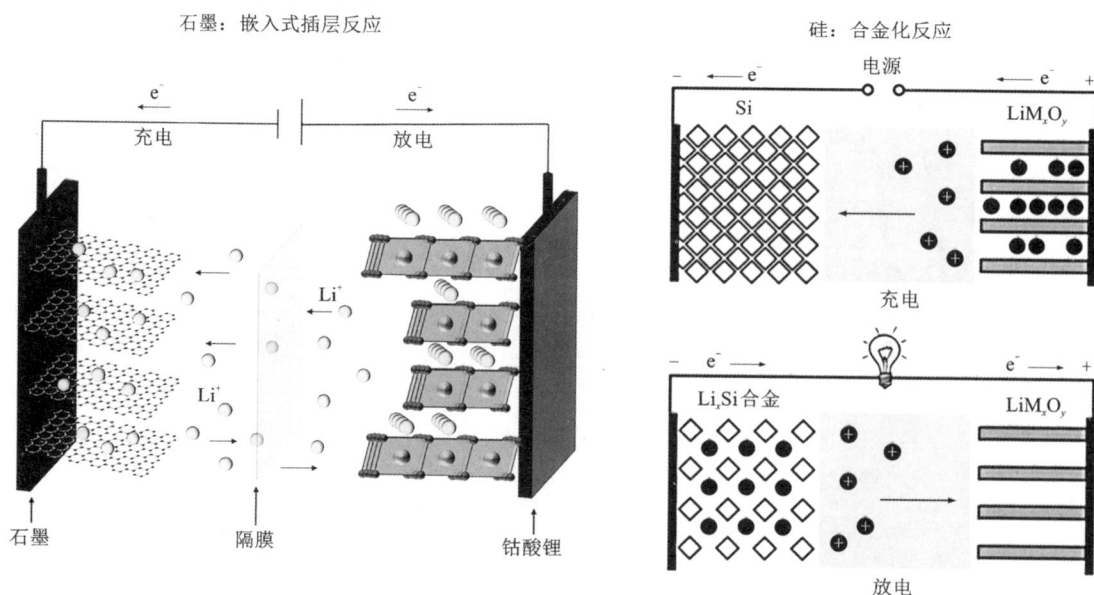

图 6-7 石墨负极和硅负极反应原理图

随着纳米技术的发展，负极材料的纳米化改性也成为了最为有效的方法，在不断改进主流负极材料的同时，也不断研究出新型的负极纳米材料。

6.3.1　纳米结构硅负极材料

硅因作为负极材料的理论比容量高达 4200 mA·h/g，及较低的脱嵌锂电压(对锂电压 <0.5 V)而备受瞩目，众多研究者通过不同方法合成了性能优异的纳米硅负极材料(表 6-1)。这主要是因为硅锂可形成 $Li_{12}Si_7$、Li_7Si_3、$Li_{22}Si_4$ 等不同种类化合物。但实验表明硅在脱嵌锂过程中有 300%~400% 的体积变化，致使活性材料裂化和粉化，导致活性材料损失，造成循环寿命衰减。此外，硅负极还有一个问题也引人关注，由于硅负极材料表面形成 SEI 膜需要消耗大量锂源，降低电池首效。通常采用预锂化的方式来解决这一问题，例如，引入锂箔、锂粉、预锂化添加剂等，通过物理、化学或电化学手段提前补充形成 SEI 膜所需要的锂源，可有效提高电池首效。

硅碳负极的制备方法(见表 6-1)。

表 6-1　硅碳负极不同制备方法的比较

制备方法	优　势	劣　势
化学气相沉积	①循环稳定性好；②首次充放电效率高；③对设备要求简单，适合工业化生产	比容量相对较低
溶胶-凝胶法	①分散性好；②较高的可逆比容量；③循环性能好	产品容易发生团聚
高温热解法	①工艺简单，易产业化；②能较好地减少充放电过程中的体积变化	①硅的分散性能较差，碳层易分布不均匀；②易发生团聚
机械球磨法	①粒度较小，分布均匀；②工艺简单，成本较低，适合工业化生产	产品团聚现象较为严重

因此，在实际应用中，通常将硅与碳复合构成硅碳负极材料，但是其相对于传统的石墨材料(表 6-2)，硅碳材料除具有更高的容量外没有体现出其他优势，这也需要借助纳米技术对其进行改进。

表 6-2　石墨负极与硅碳负极对比

类　型	天然石墨	人造石墨	中间相碳微球	硅碳材料
比容量 /(mA·h·g⁻¹)	340~370	310~360	300~340	>400
首次效率/%	90	93	94	84
循环寿命	较好	较好	较好	较差

续表6-2

类　型	天然石墨	人造石墨	中间相碳微球	硅碳材料
安全性	较好	较好	较好	较差
倍率性	较差	较差	较好	较好
成本	最低	较低	较高	较高
优点	工艺简单、成熟	工艺成熟、循环性能好	倍率性较高、安全性好	理论能量密度高
缺点	电解液相容性差、容量较低	容量较低	工艺复杂、成本较高	工艺复杂、首次不可逆程度高、循环性能较差
发展方向	降低成本、改善循环性能	降低成本、提高容量	简化制备过程、降低成本	提高首次效率、改善循环性能

硅负极的改性研究首先集中在对硅负极失效机制分析上。根据研究，硅负极的失效很大程度上是由于在嵌锂和脱锂的过程中硅发生巨大的体积膨胀造成 Si 颗粒产生裂纹和破裂。为了降低硅负极的体积膨胀，人们开发了 SiO_x 材料，相比于纯 Si 材料，其体积膨胀明显降低，其与碳的复合材料是一种性能较好的硅负极材料，也是目前实际应用较多的一种硅材料。但是该材料在实际应用中仍然存在硅负极失效的问题，研究发现失效与 Li^+ 嵌入速度和电解液种类有关，更为关键的是与 Si 负极的微观结构有密切的关系。

理论研究发现，SiO_x 嵌锂动力学特征与 Si 材料并不相同，Li 嵌入到 SiO_x 中，会形成多种化合物，例如 Li_2O、$Li_2Si_2O_5$、Li_2SiO_3、Li_4SiO_4 等，而且这一过程是不可逆的，这些锂硅化合物会成为 Si 负极体积膨胀的缓冲带，抑制硅负极的体积膨胀，但是这种缓冲作用是有限的，不能完全保证 SiO_x 材料的循环性能。

SiO_x 负极在循环过程中除了容量的衰减外，还观察到了库仑效率曲线存在有趣的驼峰现象——库仑效率总是先升高然后下降，然后再次升高。一般认为这种现象主要是由于电极结构变化引起的。研究发现，开始的时候，Si/SiO_x 颗粒与石墨之间接触很好，因此能保证 Li^+ 与 Si 负极充分反应，脱锂的时候也能充分脱出；但是随着充放电的进行，由于 Si/SiO_x 体积反复膨胀变化，SEI 膜逐渐变厚，使体相和表面之间逐渐分离，活性 Si 材料被隔离成为一个一个的"孤岛"，使得其与石墨颗粒之间接触不良，特别是脱锂的时候颗粒体积收缩，从而使得嵌入其中的 Li^+ 无法脱出，降低了材料的库仑效率，这种失效模式称为局部失效。

与此相对的另一种失效方式称作全面失效，主要特征为负极材料从极片上脱落导致失效。这种失效模式表现为随着循环的进行，库仑效率开始回升，而比容量仍然在继续下降。研究发现，硅负极的失效与极片所受的压力有着密切的关系，一般来讲高倍率下极片的压力较大，而低倍率下极片的压力则较小，从电池的循环曲线上可以注意到，大倍率下电池衰减得更快，小倍率充放电时容量衰减则要慢得多。

针对硅负极的失效机理，当前针对硅基材料的改善方向主要有纳米硅颗粒、纳米硅薄膜和硅纳米线及硅纳米管。当合金材料的颗粒达到纳米级时，充放电过程中的体积膨胀会大大减轻，性能也会有所提高，但是纳米材料具有较大的表面能，容易发生团聚，反而会使充放电效率降低并加快容量的衰减。硅纳米线成为研究的重点，是因为纳米线具有很多独特的优点：(1)纳米线能容纳大的体积变化；(2)纳米线都能和集流体接触，使得所有的纳米线都对容量有贡献；(3)纳米线有利于电荷运输；(4)不需要添加导电物质，减轻重量。

硅薄膜具有无定形结构而不是晶体结构，在循环中允许均质化的膨胀-收缩，能够更加有效地适应锂的嵌入和脱嵌过程。

针对硅基材料存在的这些问题，新的思路是从表面化学的角度进行改性研究。以碳包覆层为代表的无机包覆技术被广泛研究应用于硅负极的改性提效，但在电极制备及循环过程中可能存在的碳层破裂以及其对锂离子传输的迟滞是值得关注的问题。近年来大量研究探索了硅负极有机修饰层的应用，相比于无机包覆层，有机修饰层具有以下优势：①聚合物等有机分子本身具有力学柔性，可更好地适应硅的体积变化；②有机分子可设计丰富的反应性基团，与黏接剂/导电剂化学桥连增强界面结合；③由 Si—O/C—O/C—F 键组成的有机分子本身可以与锂离子配位而促进其传导，加快硅的锂嵌脱动力学；④有机反应可避免高温、高真空或复杂设备等的限制，可融合在电极浆料、涂布及干燥等步骤中进行，与现有电池工艺兼容较好。从上述三个角度出发，近年来有机修饰层在硅负极改性上的研究进展可以分成以下几类。

(1)有机修饰层调变硅表面电解液还原反应及 SEI 组分，特定的有机修饰层可钝化硅的表面，调整电解液分解和 SEI 组分，并在循环过程中隔离表面可能进一步发生的副反应，形成稳定的电极界面，延长硅负极循环寿命。

(2)有机修饰层强化硅-黏接剂界面黏接性，循环过程中的周期性应力变化导致硅颗粒间和颗粒-集流体间的黏附失效，造成电极结构开裂、粉化，这是导致硅容量快速衰减的原因之一。有机修饰层中可预制反应性基团，实现硅颗粒与黏接剂之间的化学桥连，提高电极的体积应变耐受能力，改善硅负极。

(3)有机修饰层促进导电剂在硅表面的锚定，硅在循环过程中电子通路断绝是硅容量衰减的原因之一，近年来碳纳米管、石墨烯等新型导电剂大量运用在硅负极的研究中，如何实现硅表面与导电填料的稳固接触和三维网络传导是需重点考虑的问题，合理设计硅的有机表面，可起到将导电剂锚定在硅颗粒表面的作用，进而提升硅的嵌锂均一性和电子通路稳定性。

目前，商业化的硅基负极材料主要包括碳包覆氧化亚硅、纳米硅碳、无定型硅合金、硅纳米线四种。其中，碳包覆氧化亚硅、纳米硅碳是商业化程度最高的两种硅基负极材料。(1)碳包覆氧化亚硅，目前较好的碳包覆氧化亚硅碳产品搭配石墨到 450~500 mA·h/g 容量后使用，已经可以做到在钢壳电芯中循环 1000~2000 周，在软包电芯中循环 500~1000 周。(2)纳米硅碳，目前商业化的软包电池和方形铝壳电池对膨胀依然非常敏感，以致纳米硅碳材料仍然较难使用在这类电池上。纳米硅碳材料的主要应用领域仍是在圆柱钢壳电池中，以 18650 和 21700 型号为代表。

然而，这些研究也都存在需要解决的问题。纳米硅颗粒的粒度小、表面能大，容易发生团聚；纳米硅薄膜的薄膜厚度不能提供足够的活性材料使其商业化；硅纳米线和硅纳米管所采用的集流体质量远大于活性物质硅的质量。这些问题也需要进一步研究解决，也给我们提供了一些关于硅负极未来发展的展望。硅基材料虽然具有脱/嵌锂体积变化大、循环性能不理想的缺点，但是硅基材料仍然具有较大的应用潜能，关键在于提高其循环稳定性；纳米级别的硅电极材料是目前广泛研究并且效果比较理想的材料。鉴于其独特结构和优异的性能，有望将其应用于商业化锂离子电池中；通过研究各种纳米硅的制备方法，进一步优化材料制备工艺，深入探讨纳米硅基材料的电化学嵌脱锂机制，实现具有更高容量和优良循环性能的纳米硅基材料的低成本高效制备。

6.3.2 氧化物/硫化物负极材料

由于石墨和硅基材料都存在较为明显的缺陷，寻找更加可靠的新型负极材料也成为人们的研究方向。新型负极材料主要有合金材料、有机材料、金属氧化物/硫化物等。其中，金属氧化物/硫化物因其具有良好的氧化还原势、良好的安全性和较高的体积能量密度而成为关注的重点。1997 年，富士公司研究人员发现无定形锡基复合氧化物具有较好的循环寿命和较高的可逆容量，这一发现在 *Science* 上发表后，氧化物以及硫化物负极也引起了大家的广泛关注。

根据在锂离子电池中的电化学反应机理，金属氧化物/硫化物可以分为三大类：①插层/脱层材料（Ti 基氧化物）；②转化反应材料（Fe、Cu、Ni 或 Co 基氧化物）；③合金化反应材料（Sn、Sb 基氧化物）。其中，转化类和合金类金属氧化物/硫化物负极主要通过与锂离子发生氧化还原反应进行储锂。以氧化物为例，其在充放电过程中的反应方程式如下。

转化类：

充电（嵌锂）：

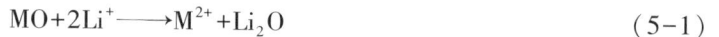

$$MO + 2Li^+ \longrightarrow M^{2+} + Li_2O \qquad (5-1)$$

放电（脱锂）：

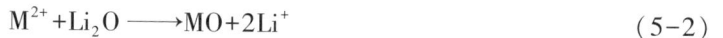

$$M^{2+} + Li_2O \longrightarrow MO + 2Li^+ \qquad (5-2)$$

合金类：

充电（嵌锂）：

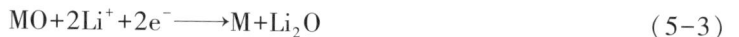

$$MO + 2Li^+ + 2e^- \longrightarrow M + Li_2O \qquad (5-3)$$

放电（脱锂）：

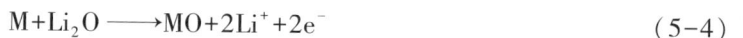

$$M + Li_2O \longrightarrow MO + 2Li^+ + 2e^- \qquad (5-4)$$

然而，由于金属氧化物/硫化物本身的电导率低，且在体相内锂离子迁移缓慢，使大多数材料的库仑效率低，速率性能不理想。此外，金属氧化物/硫化物的体积变化和结构粉碎也会导致器件的循环性能迅速恶化。为了解决这一问题，人们已经进行了大量的研究，通过设计新的结构以及构建碳基复合结构，如与无定形碳、碳纳米管和石墨烯结合。

具有独特结构的氧化物/硫化物-碳基杂化材料具有优异的钠离子存储性能。电化学性能增强的原因可以总结如下：①碳基材料为纳米氧化物/硫化物提供了良好的成核环境，因此活性物质可以均匀地分布在石墨烯/氧化石墨烯/还原氧化石墨烯纳米片上，这有利于最大限度地利用活性物质；②固定在石墨烯/氧化石墨烯/还原氧化石墨烯薄片上的纳米粒子既可以缓解纳米粒子的聚集，又可以限制石墨烯薄片的重新堆积，有助于实现碳基材料和金属氧化物/硫化物的优异化学和物理性能；③复合材料中高表面积的石墨烯具有 2D/3D 导电网络结构，提供了多维的离子扩散通道，降低了离子/电子转移电阻，提高了速率性能；④柔性石墨烯减轻了金属氧化物的体积膨胀锂化/脱盐过程，改善循环稳定性。

有些氧化物/硫化物也具有类似石墨烯的结构，例如二氧化钼。二硫化钼是由六方晶系的单层或多层二硫化钼组成的具有"三明治夹心"层状结构的二维晶体材料（如图 6-8）：单层二硫化钼由三层原子层构成,中间一层为钼原子层,上下两层均为硫原子层,钼原子层被两层硫原子层所夹形成类"三明治"结构,钼原子与硫原子以共价键结合形成二维原子晶体;多层二硫化钼由若干单层二硫化钼组成,一般不超过五层,层间存在弱的范德华力,层间距约为0.65 nm。

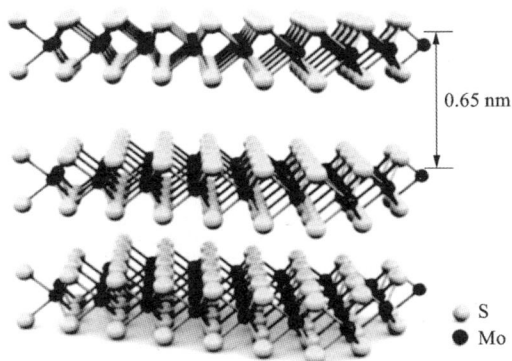

图 6-8　二硫化钼结构示意图

相比于石墨烯的零能带隙,类石墨烯二硫化钼存在可调控的能带隙,在光电器件领域拥有更光明的前景;相比于硅材料的三维体相结构,类石墨烯二硫化钼具有纳米尺度的二维层状结构,可被用来制造储能负极材料,它将在下一代纳米材料等领域得到广泛应用。

Chang 和 Chen 探索了分层的 MoS_2/石墨烯复合材料。他们开发了一些石墨烯复合样品,分别为 MoS_2/G(1∶1)、MoS_2/G(1∶2)和 MoS_2/G(1∶4),其中 Mo∶C 摩尔比分别为 1∶1、1∶2 和 1∶3。MoS_2/G 复合材料呈现出由弯曲的纳米片组成的 3D 结构形态,特别是 MoS_2/G(1∶2)复合材料提供了 3D 球状结构[如图 6-9(a)和(b)]。电化学评估表明,与裸露的 MoS_2 电极相比,所有 MoS_2/G 复合电极都表现出更高的比容量和更高的循环稳定性。在这些样品中,MoS_2/G(1∶2)在 100 mA/g 的电流密度下表现出最高的比容量,约为 1100 mA·h/g,并且在 100 次循环后容量没有衰减。即使在 1000 mA/g 的高电流密度下,MoS_2/G(1∶2)的比容量仍保持在接近 900 mA·h/g,具有出色的循环稳定性[如图 6-9(c)和(d)]。交流阻抗谱证实,石墨烯的加入保持了高导电性,并大大提高了 MoS_2/G 复合材料的电化学活性。MoS_2/G 复合电极优异的电化学性能归因于坚固的复合结构以及层状 MoS_2 和石墨烯之间的协同效应。因此,目前的实验结果表明,这种新型 MoS_2/G 复合材料作为 LIB 的负极材料具有巨大的潜力。

氧化物/硫化物负极还存在许多需要解决的问题,主要有以下几点。

(1)了解锂离子电池运行过程中电极材料所涉及的反应,以及纳米结构氧化物/硫化物-碳基复合杂化材料的潜在失效机制,特别是当杂化材料与电解液接触时。

(2)阐明化学和界面相互作用的机理。对于氧化物/硫化物-碳基复合材料,探索石墨烯与低成本金属氧化物之间的相互作用如何影响复合材料的物理化学性能和 SIBs 性能,了解电极材料与电解质之间的界面性质以及添加剂对界面性质的影响,以提高氧化物/硫化物-碳基复合材料的库仑效率、速率容量和循环稳定性。

(3)优化氧化物/硫化物的质量负荷、粒径和形态特征石墨烯薄片和构建稳定的多维结构。

(4)开发预锂化策略,在初始循环中补偿不可逆容量,加速锂离子全电池的研究并转化为实际应用。优化后的金属氧化物/石墨烯混合阳极,加上合适的电解质和阴极,将加快锂离子电池在大规模储能领域的应用进程。

(a) SEM图像　　　　　　　　　　(b) TEM图像

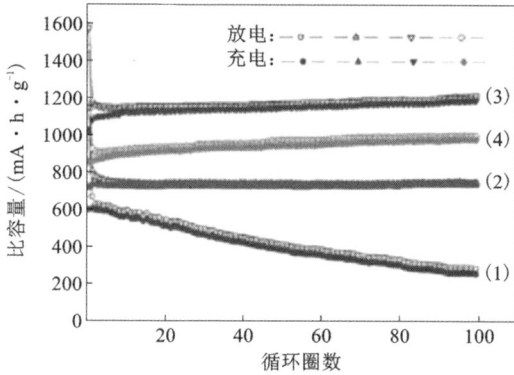

(1) 二硫化钼；　(2) MoS₂/G (1∶1)；
(3) MoS₂/G (1∶2)；(4) MoS₂/G (1∶4)

(c) 样品在电流密度为100 mA/g下的循环图

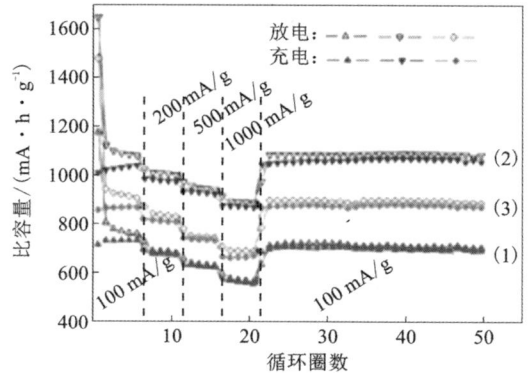

(1) MoS₂/G (1∶1)；(2) MoS₂/G (1∶2)；
(3) MoS₂/G (1∶4)

(d) MoS₂/G样品在不同电流密度下的倍率性能

图6-9　MoS₂/G (1∶2) 复合材料的微观结构

思考与讨论

1. 纳米材料在锂离子电池负极材料中呈现出哪些维度形态？请举例说明。
2. 锂离子电池负极材料中采用纳米材料的优势如何？
3. 纳米材料在锂离子电池正极材料和负极材料中的作用机制有何异同？
4. 纳米材料在负极材料应用中存在什么问题？有什么解决方法？
5. 你对纳米材料在负极材料中的应用有什么建议？

引申阅读

第 7 章　纳米材料在超级电容器和锂空气电池中的应用

PPT

7.1　超级电容器及其分类

超级电容器作为一种新型高效储能装置，具有比传统电容器更高的能量密度及功率密度和比二次电池更长的循环寿命，它是一种介于传统电容器和电池之间的潜在储能装置（见表 7-1）。在生产过程中，研究人员可以避免重金属和其他有害化学物质，并选择适当的前体，如生物质，以减少环境污染。与其他传统电容器相比，超级电容器污染更少，通常被称为"绿色能源"。超级电容器起源于 1879 年亥姆霍兹的双电层理论。1957 年，贝克尔申请了第一个以高比表面积活性炭（AC）为电极材料的电化学电容器专利。1969 年，SOHIO 公司首次将碳电极材料的电化学电容器商业化。目前，超级电容器广泛应用于军事装备、航空航天、轨道交通、新能源汽车、发电系统、智能电子装备等领域。

表 7-1　超级电容器和电池理化性能对比

项目	超级电容器	锂离子电池	铅酸蓄电池	镍镉电池	镍氢电池	燃料电池
充电时间/h	1 秒到几分钟	3~4	4~12	4~10	12~36	—
重复充放电/次	>50 万	1000	400~600	400~500	>500	>500
工作电流	极高	中	高	高	高	高
记忆效应	无	很轻微	轻微	有	有	轻微
电压	<2.5 V	4.2 V	6 V、12 V、24 V	1.2 V	1.2 V	<1 V
能量密度 /($W \cdot h \cdot g^{-1}$)	4~10	100~200	30	50	60~80	>200
功率密度 /($W \cdot kg^{-1}$)	>1000	>1000	<1000	>1000	>1000	35~1000
安全性	优	差	一般	良	良	差
环境	零污染	低污染	有污染	有污染	低污染	零污染

超级电容器作为一种功率密度高、充放电速度快、循环寿命长的储能器件，也存在自放

电率高、比电容低、能量密度低等问题。根据工作方式的不同，超级电容器可分为双电层超级电容器和赝电容超级电容器。双电层超级电容器依靠电解质/电极之间的双电层来存储和转移电荷。除了双电层储能模式外，赝电容超级电容器还具有基于电解质和电极材料之间快速氧化还原反应的氧化还原储能模式。在双电层超级电容器装置中，负极和正极通过离子渗透膜电隔离。如图7-1所示，外部电场使电解质中的正离子和负离子在电容器的负/正固液界面上排列。充电时，多余电荷聚集在电容器的正负极板表面，电解液中带相反电荷的离子会排列在正负固液界面上，形成双电层；放电时，正负极板通过导电的外电路传递电荷，多余电荷减少，相应固液界面的相反电荷返回电解质，实现能量的储存和释放。在赝电容超级电容器中，离子吸附在正负极板上，与周围物质发生氧化还原反应，实现储能。这种氧化还原反应是一种变电位反应，没有电压平台，具有电容特性，称为赝电容反应。因此，电极材料是超级电容器最关键的部分，是超级电容器储能的基础。

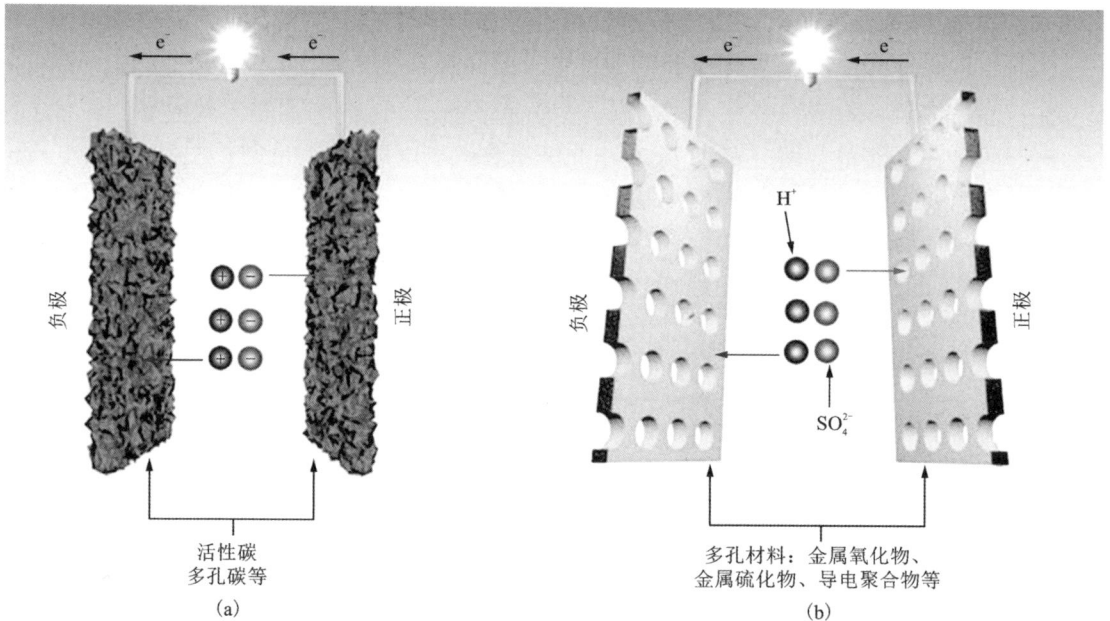

图 7-1　超级电容器结构图

7.2　纳米材料在超级电容器中的应用

目前用作超级电容器电极的材料主要有三类：碳材料、金属氧化物材料和导电聚合物材料。本章主要介绍碳纳米材料在超级电容器中的应用。碳纳米管（CNT）、石墨烯（GR）、活性炭（AC）和碳纳米笼（CNC）等碳纳米材料是研究和应用最广泛的超级电容器电极材料，它们各有优势。一维（1D）结构的CNT具有相对规则的孔隙结构、较大的比表面积、高导电性和化学稳定性。具有二维（2D）结构的GR具有较大的比表面积、高导电性以及稳定的热学性能和化学性能。AC具有成本低、合成工艺简单、导电性好、比表面积大、电化学性能稳定等优点。具有三维(3D)结构的 CNC 具有多尺度孔网络、比表面积大、孔径均匀等优点。同时，在单一碳纳米材料的基础上，对其进行优化复合以满足超级电容器的性能要求是一个重要的研究方向。

7.2.1　纯碳纳米材料电极

CNT 是 20 世纪 90 年代初发现的一种纳米级管状碳材料。CNTs 是典型的一维碳纳米材料，具有规则的孔隙结构、比表面积大、导电率高、化学稳定性好等优点，在超级电容器领域具有潜在的应用价值；由于其独特的中空结构，导电性好，比表面积大，适合电解质离子迁移的孔隙(孔径一般>2 nm)，交叉缠绕形成纳米级网络结构，被认为是用于超级电容器理想的电极材料，尤其是大功率超级电容器。CNT 表现出与 AC 相当的电容值，尽管 AC 具有更大的表面积。CNT 的出色性能归因于可利用 CNT 的最大表面积进行连续电荷分布。此外，它们的介孔特性使电解质更容易扩散，从而降低等效串联电阻，提高功率输出。近年来，CNT 引起广泛关注，成为研究热点之一。相关研究探索了 CNT 的制备工艺、归一化和阵列化，以获得具有优异电化学性能的 CNT 电极材料。

例如，在大气环境中使用热退火，通过将垂直弯曲排列的 CNT 转移到弹性体基板上，开发出一种新型的高度可扩展且可靠的超级电容器。皱巴巴的 CNT 森林电极的制造过程和 CNT 形貌如图 7-2 所示。由于褶皱的 CNT 森林中形成的柔韧性和相互缠绕的网络，收缩的 CNT 森林电极在大的单轴或双轴应变下表现出优异的电化学性能。经过数千次拉伸松弛循环后，弯曲的 CNT 森林电极在单轴(300%)和双轴(300%×300%)应变下表现出良好的电化学性能和稳定性(10000 次恒流充放电循环后保留率为 85%，可在 1 mA/cm² 下观察到)。

图 7-3 是单轴可拉伸全固态超级电容器的电化学性能图，使用塌陷的 CNT 作为电极，聚合物凝胶作为电解质和隔膜。在 50 mV/s 扫描速率下，所得超级电容器可保持 800% 的拉伸容量，比电容为 5 mF/cm²。

GR 是一种由具有 sp² 杂化轨道的碳原子组成的蜂窝状晶格的六方二维碳纳米材料，它具有理论比表面积大、导电率高、热性能和化学性能稳定等优点。作为电极材料，GR 有望提高超级电容器的整体性能。由于这些突出的特性，GR 以不同的形式被开发用于储能设备中。

研究者提出了一种基于多孔石墨烯骨架(PGFs)的纳米结构设计和制造策略。图 7-4 显示了 PGF 中多层堆叠的出现。在反复的充放电循环中，GR 层可以提高电极的电荷转移能力，稳定电极。基于 PGF 的超级电容器具有高能量密度(如图 7-5)(在 0.2 A/g 的电流密度下最大能量密度为 6.4 W·h/kg)、高功率密度(最大功率密度为 4560 W/kg)、非常有前途的循环稳定性(约 98%，2000 次循环后电容的容量保持 2 A/g)和倍率性能(在 10 A/g 的高电流密度和 5000 次循环下的电容保持率为 97%)。

ACs 以其优异的电学、化学和热学性能，较大的比表面积(1000~3000 m²/g)和较高的电容等优点，广泛应用于超级电容器的商业应用。然而，由于其长扩散距离和高离子转移阻力，ACs 在高电流密度下具有较大的电压降和较小的比表面积，这导致 ACs 的比电容随着充放电次数增加而下降。因此，人们开展了大量研究来改进活性炭材料的制备工艺和结构，以优化其在高电流密度下的电化学性能。

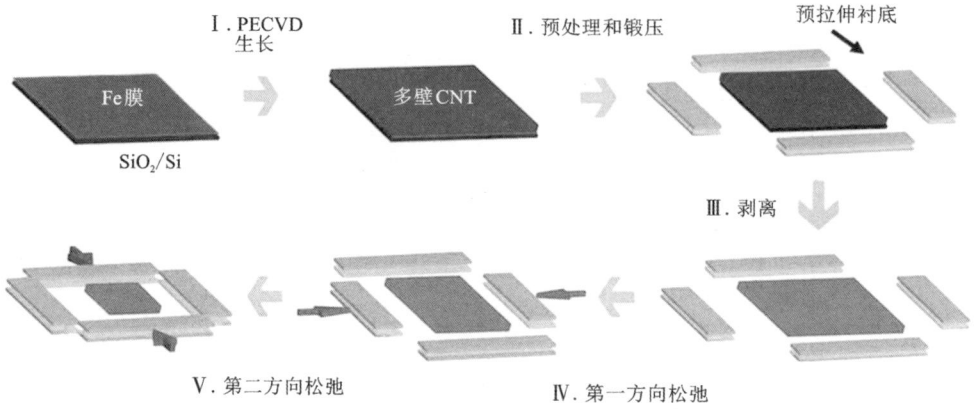

(a) PECVD 生长的多壁 CNT 可拉伸超级电容器电极的制造工艺流程示意图

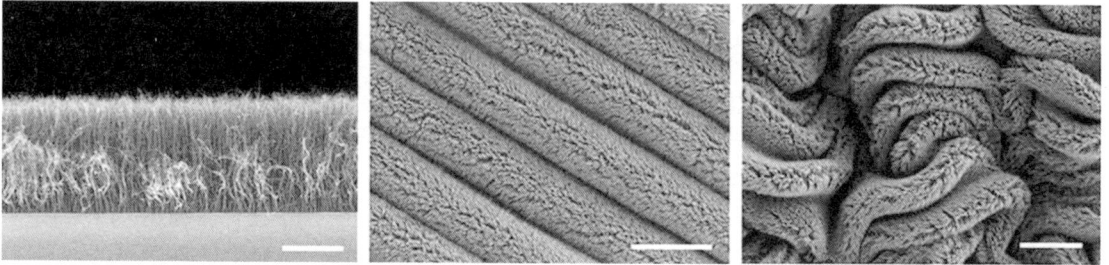

(b) 通过 PECVD 在硅晶片上生长 5分钟的碳纳米管森林 的SEM图像。CNT的平均高度约为20 μm

(c) 碳纳米管森林在一个方向上松弛后在弹性体基板上形成的平行脊状图案的SEM图像

(d) 碳纳米管森林在完全松弛的弹性体基底上形成的皱褶图案的SEM图像

图 7-2　CNT 森林电极的制造过程和形貌图

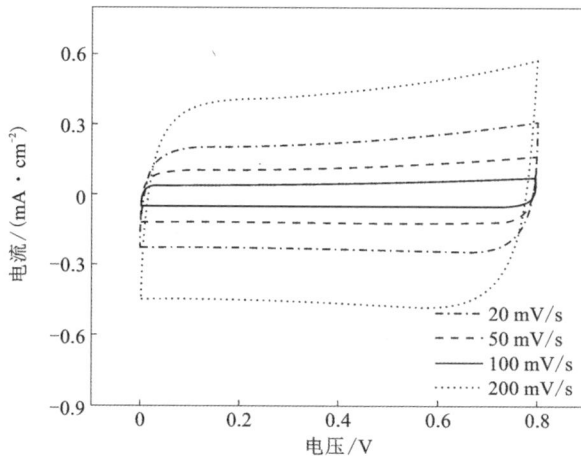

图 7-3　在不同扫描速率下测量的超级电容器的 CV 曲线，无应变

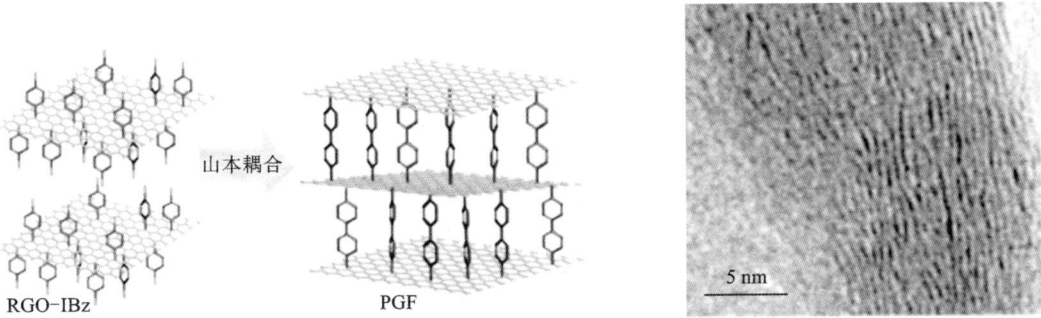

图 7-4　生成 PGF 的合成策略示意图(左)，PGF 的 HRTEM 图像(右)

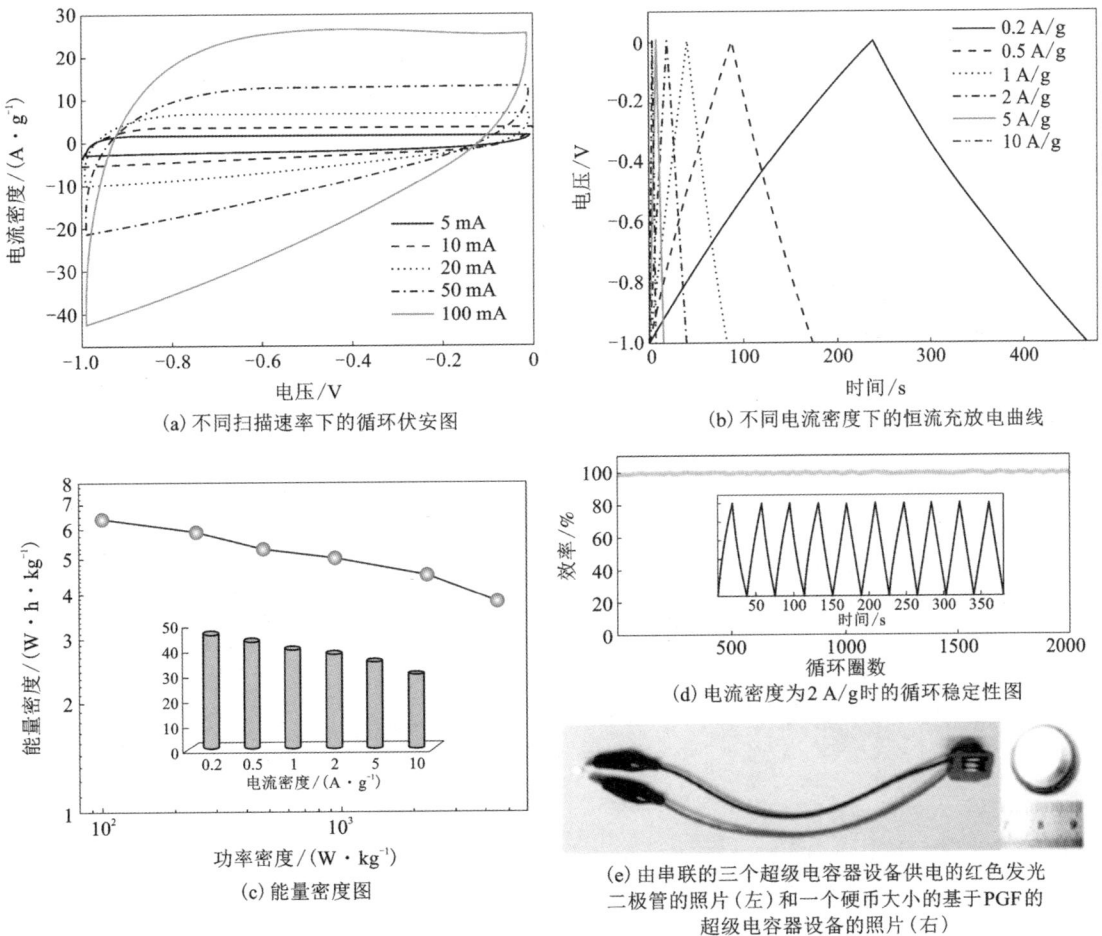

(a) 不同扫描速率下的循环伏安图

(b) 不同电流密度下的恒流充放电曲线

(c) 能量密度图

(d) 电流密度为 2 A/g 时的循环稳定性图

(e) 由串联的三个超级电容器设备供电的红色发光
二极管的照片(左)和一个硬币大小的基于 PGF 的
超级电容器设备的照片(右)

图 7-5　PGF 基双电极超级电容器器件的电化学表征

　　例如，以杂交柳为木质纤维素生物质原料，可以成功制备具有优异微孔结构的高孔隙率 AC，并研究了直接和间接使用 CO_2 活化制备的两种 AC 的电化学性能。直接活化过程是指使用 CO_2 作活化剂将生物质一步转化为活性炭。在间接活化途径中，首先对生物质衍生的炭(biochar)进行低温热解，然后类似地使用 CO_2 进行物理活化。图 7-6 显示了通过直接活化途径和间接活化途径制备的活性炭微观结构 SEM 图像，显示了促进离子储存和运输的发达通道。结果表明，具有较高 O 型 I 型官能团(醌型羰基)的间接 CO_2 活化样品具有较高的电容(通过直接和间接活化途径制备的 ACs 的比电容分别为 80.9 F/g 和 92.7 F/g，低于恒流密度为 100 mA/g 的条件下)和更好的循环性能(在 1000 次充放电循环后测得的电容损耗也非常低)[<0.5%，如图 7-6(l)]，这是由具有更高 O 型 I 官能团(醌型羰基)的间接 CO_2 激活 BAC 样品。

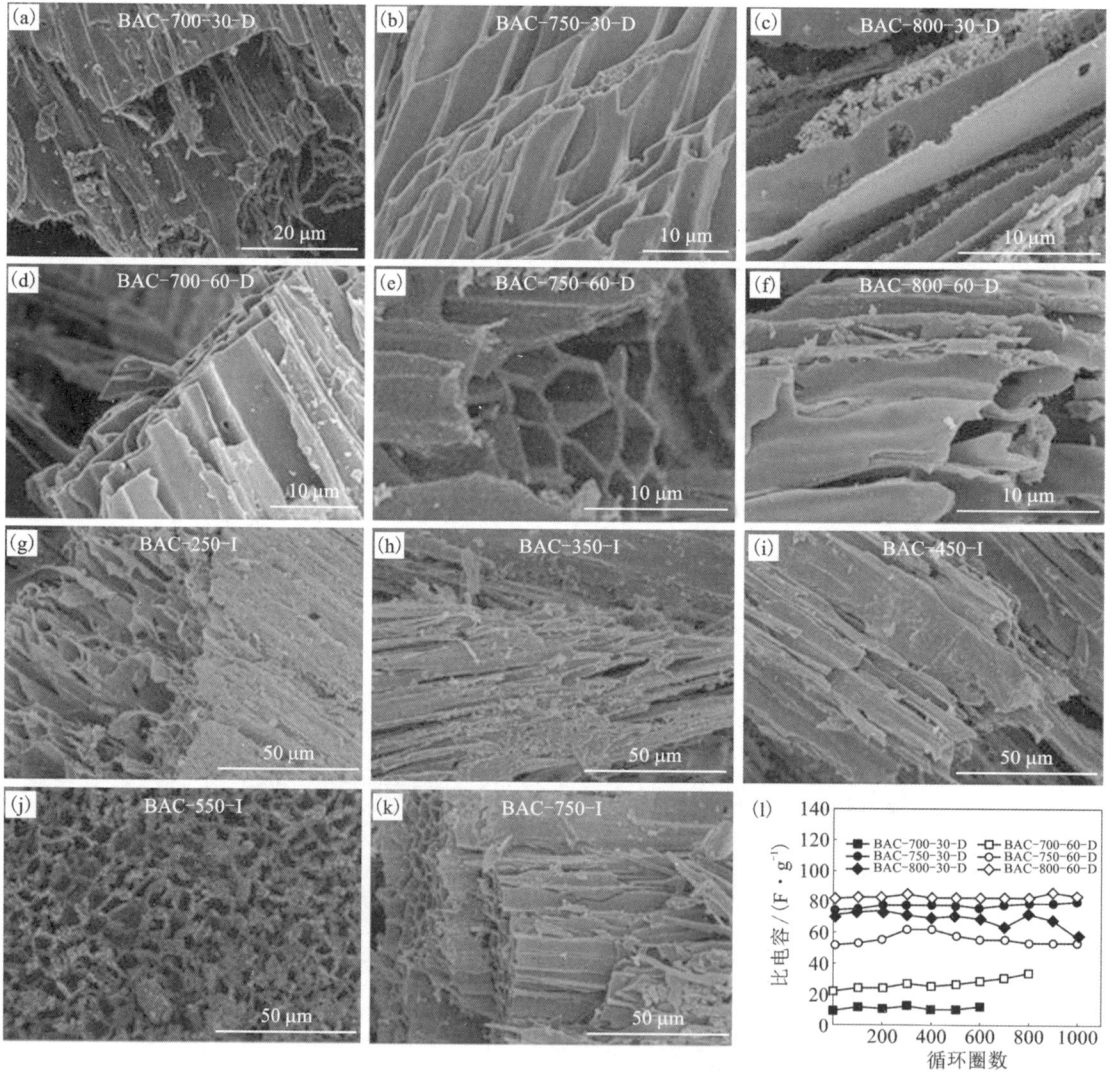

(a)~(f)通过直接活化途径制备的活性炭的 SEM 微观结构；(g)~(k)通过间接活化途径制备的活性炭的 SEM 微观结构；(l)在 100 mA/g 恒定电流密度下超过 1000 次循环后活性炭的比电容与循环次数(循环稳定性)的函数关系

图 7-6   活性炭微观结构形貌图

CNCs 具有独特的中空结构、高比表面积、优异的化学稳定性和电学性能，因此在锂离子电池、超级电容器等领域具有巨大的应用潜力。值得一提的是，它们的无孔外壳很容易接触到电解质离子,因此 CNCs 被设想为具有高功率密度的超级电容器电极材料。近年来,针对 CNCs 在超级电容器中的应用进行了多项研究。

例如,可以使用原位 MgO 模板法制备部分氮掺杂 CNCs(hNCNCs)材料,产品比表面积大,多尺度多孔结构,润湿性好,如图 7-7(a)~(c)所示。图 7-7(d)表明微孔(<2 nm)、中孔(2~50 nm)和大孔(>50 nm)共存。在 70 ℃、80 ℃ 和 90 ℃ 下合成的 hNCNC 分别命名为 hNCNC700、hNCNC800 和 hNCNC900。图 7-7(e)~(h)显示了 hNCNC800 和基于 hCNC800 的超级电容器的典型电化学性能。最佳的 hNCNC800 在 1 A/g 的电流密度下显示出 17.4 μF/cm² 的大面积比电容和 313 F/g 的超高质量比电容。相应的超级电容器提供高能量密度(10.90 W·h/kg)和功率密度(22.22 kW/kg),以及优异的倍率性能和循环稳定性(在 10 A/g 的高电流密度条件下,hNCNC800 表现出 20000 次循环后的电容保持率约为 98%,库仑效率约为 100%)。

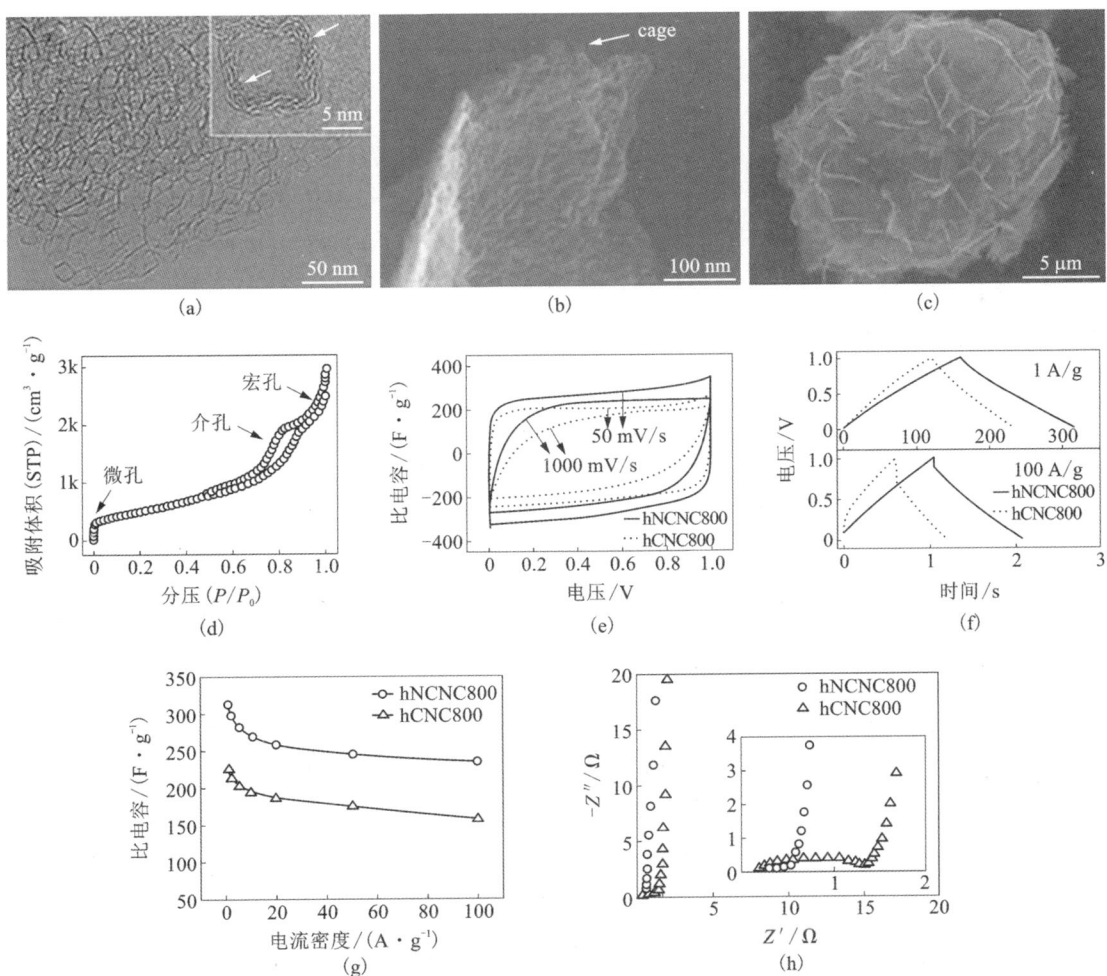

(a)hNCNC800 的 TEM 图像,插图是相应的高分辨率 TEM 图像,箭头表示断裂的边缘;(b)和(c)hNCNC800 的 SEM 图像;(d)氮吸附和解吸等温线。hNCNC800 和 hCNC800 在 6 mol/L KOH 电解质中的电化学特性:(e)CV 曲线,扫描速率为 50 mV/s 和 1000 mV/s;(f)电流密度为 1 A/g 和 100 A/g 时的 CP 曲线;(g)不同充放电电流密度下的重量电容。(h)hNCNC800 和 hNCNC800 在 6 mol/L KOH 电解质中的奈奎斯特图,插图放大了高频范围

图 7-7　原位 MgO 模板法和不同的处理方法合成的三维 CNCs 网络图像及性能

7.2.2　金属化合物纳米电极

Co-Co$_3$O$_4$、MnO$_2$、CoS$_2$、NiCo$_2$O$_4$ 和 NiO 等金属化合物已广泛应用于超级电容器领域。金属化合物作为电极材料具有较高的比电容，但由于金属化合物的导电性较差，循环稳定性和倍率性能较差，而碳纳米材料具有优异的电化学稳定性，因此有相关研究结合金属化合物和碳纳米材料的优点来制备高性能复合电极材料。

例如，通过对天然空心管状蒲公英绒毛进行一步活化和碳化，成功制备多孔碳纳米片（PCN）。图 7-8 显示了通过一步活化和碳化处理从蒲公英绒毛中提取多孔碳纳米片的制备过程。具有中空管结构的蒲公英绒毛由排列的纳米纤维素组成，其中渗透有一种简单的活化剂（KOH），可激活蒲公英绒毛的多孔互连碳纳米片。在用二氧化锰（MnO$_2$）包覆后，MnO$_2$/PCNs 复合物仍然呈现多孔互连结构，AC 材料的多孔互连 GR 类结构有助于电解质渗透和电子转移，从而提高电化学性能。MnO$_2$/PCNs 复合材料的电化学性能在三电极系统表征。MnO$_2$/PCNs 复合材料在不同扫描速率（5~100 mV/s）下的 CV 曲线呈镜像对称，形状为规则矩形，无明显氧化还原峰，呈现典型的 PCNs 和赝电容双层结构 MnO$_2$的行为。采用原位微波沉积法制备了以二氧化锰（MnO$_2$）为正极的不对称超级电容器。其中，PCNs 上的保形涂层 MnO$_2$ 可以促进离子扩散和电子传输，有助于提高倍率性能。研究表明，基于 PCNs 和 MnO$_2$/PCNs 复合材料组装的非对称超级电容器在功率密度为 899.36 W/kg 时的能量密度高达 28.2 W/kg，10000 次循环后容量保持率为 89%。

7.2.3　导电聚合物电极材料

导电聚合物，也叫导电高分子材料，是赝电容超级电容器中广泛使用的一类电极材料。导电聚合物作为电容器电极材料时，其导电高分子链上会发生快速的氧化还原反应，实现了能量的存储，表现出赝电容特性。导电聚合物作为超级电容器电极材料的研究可追溯到20 世纪 90 年代末，有学者研究发现聚乙炔掺杂碘后会表现出了明显的金属特性，业界开始了对不同的导电聚合物的制备及应用研究。经过几十年的研究，越来越多适用于赝电容超级电容器的导电聚合物被发现。目前最常见的、使用广泛的导电聚合物材料主要有聚苯胺、聚吡咯、聚噻吩以及它们的衍生物等。

导电聚合物通过快速的氧化还原反应进行储能，因此以导电聚合物为电极材料的电容器可以获得较高的能量密度与功率密度。此外，导电聚合物的导电性极佳，其用于电极活性材料的同时，还可以作为导电剂。另外，导电聚合物价格低廉，抗腐蚀性好，且环境友好，是超级电容器电极材料的极佳选择。

聚苯胺（PANI）是一种典型的结构型导电聚合物，制备方法简单，高度可控，原料广泛，非常适合低成本大规模制备。此外，聚苯胺的理化性能优异，理论比电容量高达 2000 F/g，化学性能比较稳定，因此，聚苯胺在众多的导电聚合物材料中脱颖而出，成为了超级电容器的热门电极材料。Jia 等以聚酰胺基胺（PAMAM）树状聚合物为模板，制备了纳米棒自组装形成的稳定的树状 PANI，该材料用于超级电容器电极时，在 1 A/g 的电流密度下实现了 812 F/g 的超高比电容，表现出了极佳的电容性能。

尽管导电聚合物用于电极材料优势明显，但这一类材料在实际的使用过程中同样也暴露出了严重的问题，阻碍了其大规模使用。循环稳定性差是导电聚合物材料面临的最严重的问

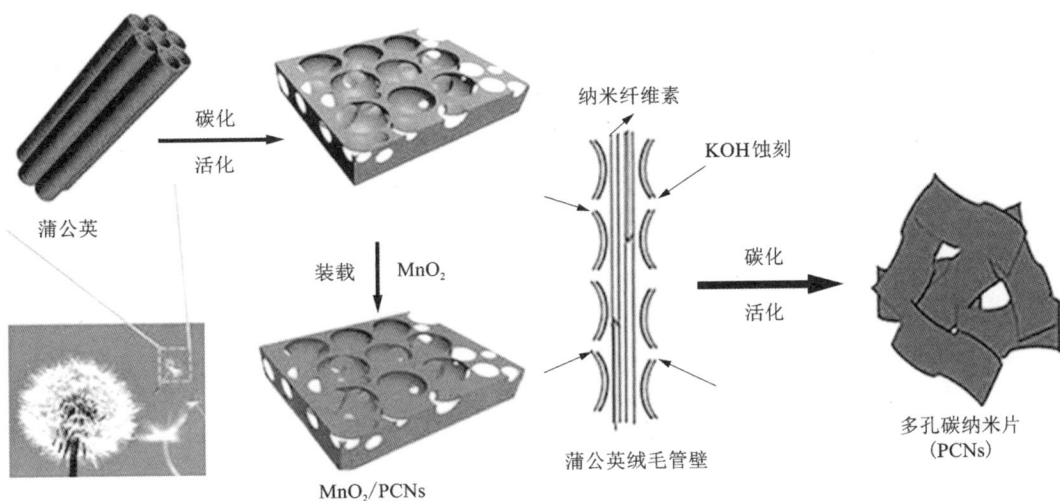

(a) MnO₂/PCNs 复合材料的制备工艺图

(b) 多孔碳纳米片的制备示意图

(c) MnO₂/PCNs 复合材料的 SEM 图像，
显示 PCNs 和 MnO₂ 纳米薄片之间的紧密接触

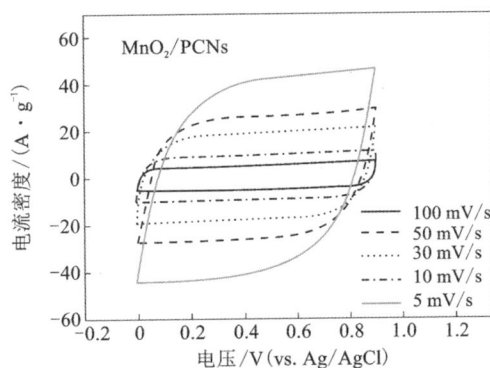

(d) MnO₂/PCNs 复合材料在不同
扫描速率下的 CV 曲线

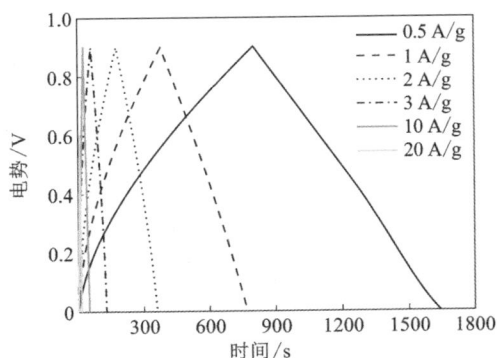

(e) MnO₂/PCNs 复合材料在不同
电流密度下的恒电流充电/放电曲线

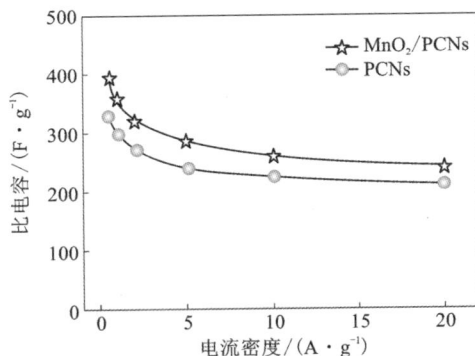

(f) MnO₂/PCNs 复合材料
在不同电流密度下的比电容

图 7-8　碳材料与金属化合物的复合物制备工艺及理化性质

题。为了推动导电聚合物材料的实际应用，许多研究者都投入到了改善导电聚合物的循环稳定性的研究中。目前，研究最多效果较好的，就是将导电聚合物与碳材料进行复合。碳材料的引入不仅大大改善了导电聚合物的循环表现，而且还有效扩大了导电聚合物作为电极材料的应用范围。Huang 等将 PANI 与单壁 CNT 进行复合，通过简单的溶液沉积法制备了高集成的柔性 PANI/SWCNT 复合膜电极。研究发现，当 CNTs 的质量分数为 5% 时，复合电极实现了 446 F/g 的高比电容，且在循环 13000 次后，仍保持了 98% 的初始电容，循环稳定性显著改善。

7.3　超级电容器电极材料的发展趋势

尽管近年来学者们在电极材料的制备技术和电化学电容性能方面已经取得了一定的进展，但是在未来的发展中我们仍然面临一些挑战。

（1）生产工艺的工业化。中国关于超级电容器的研究起步晚，工业化生产工艺不够成熟，目前工业化工艺集中于大型设备的超级电容器产品。而对于柔性可穿戴的微型电子设备，其所使用的电极不仅要保证微型化和柔性化，而且还要确保材料具有低的电阻和长的循环寿命，这对材料、电极的生产、制备工艺提出了极高的要求，也正因如此，目前的生产工艺仍难以实现大规模工业化。

（2）性能评判标准混乱，缺乏统一的规范化评判标准。产品在实际应用前必须经过市场认可的出厂评判。对于超级电容器产品而言，尤其是柔性超级电容器，其评价指标应包括：能量/功率密度、等效电阻、循环寿命、拉伸弯曲韧性等。然而，目前业界关于这些指标并没有统一的评判标准，缺少规范化的指标，这对于产品的应用推广和产业的健康发展是极其不利的。

（3）产品集成困难。超级电容器在实际应用中需要与其他器件进行功能化集成，这要求电容器产品与其他的器件之间具有良好的相容性。然而，对于柔性产品而言柔性超级电容器与其他器件的集成存在明显的材料选择和结构设计的限制。因此，未来可穿戴电子产品和物联网的发展极大地依赖于柔性超级电容器多功能系统集成技术的突破。

7.4　锂空气电池基本介绍

锂空气电池是近年来研究非常活跃的电化学系统，尽管目前锂空气电池的研究在许多方面都取得了重要进展，但是，锂空气电池的发展目前仍处在初级阶段，锂空气电池的工业化发展和实际应用仍有许多难题需要攻克。目前，锂空气电池存在的严重问题主要有四个，分别为非水体系下电池的充放电效率低、循环稳定性差、倍率性能不佳以及自放电现象严重。为了解决这些问题，研究人员在电极材料的选择与结构设计上进行了很多探索。正极方面，合理的孔道结构与高催化活性位点成为研究重点，而在保证高导电性、高电化学稳定性和结构稳定性的同时降低成本成为了研究的重要发展点；负极方面，半开放体系下对锂金属的防护同样关系着锂空气电池的性能、循环表现，锂金属的防腐蚀研究成为了负极的研究重难点。

锂空气电池利用空气中的氧气作为正极活性物质，利用金属锂作为负极活性物质，从而具有最高理论能量密度(如图 7-9)。锂是最轻的金属和最易于被氧化的元素(低电极电位),因此是理想的负极活性物质。另外,氧气不需要保留在电池内部,从空气中吸收即可,因此通过锂和氧气的组合,可以得到最轻的电池。这种情况下,电池内部的活性物质只有金属锂,电池比容量为 3660 mA·h/g,与电压(约 2.7 V)相乘后得到的能量密度达到 10000 W·h/kg 以上。

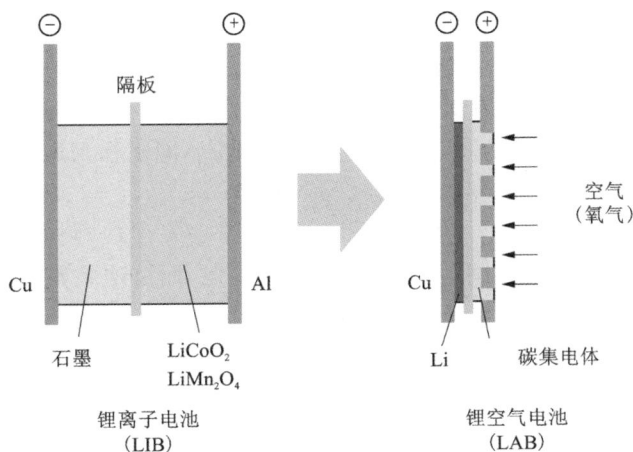

图 7-9　锂离子电池和锂空气电池结构

锂空气电池的电池结构和锂离子电池一样,都是在正负极之间配置隔膜,使电解液浸入的简单层压构造,区别技术特征是锂空气电池的正极侧具有空气(氧气)孔。另外,正极使用多孔碳等作为集电体。在放电反应中,负极的金属锂溶解,在正极侧与氧气反应,从而析出固体过氧化锂(Li_2O_2)。充电是放电反应的逆反应,正极的 Li_2O_2 分解释放氧气,在负极上析出金属锂。正负极和整体反应式如下(向右放电,向左充电):

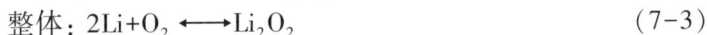

$$负极:Li \longleftrightarrow Li^+ + e^- \tag{7-1}$$

$$正极:O_2 + 2Li^+ + 2e^- \longleftrightarrow Li_2O_2 \tag{7-2}$$

$$整体:2Li + O_2 \longleftrightarrow Li_2O_2 \tag{7-3}$$

与其他电化学储能系统相比,锂空气电池具有以下优点。

(1)以氧气为基础的一系列优势。锂空气电池中正极侧反应直接以空气中的氧气为原料,其分布广泛且均匀,无需购买又无需储存,极大地降低了电池的材料成本。此外,氧气的使用有效减轻了电池重量,提高了电池能量密度。

(2)理论能量密度高,发展前景大。基于以放电产物过氧化锂的质量为计算基准的电池理论能量密度为 3505 W·h/kg,而基于以锂金属重量为计算基准的能量密度高达 11430 W·h/kg。

(3)电位优势,锂空气电池直接以锂金属为负极,具有极低的电位,其标准电极电位低至 -3.04 V。

(4)环境友好,安全低污染。锂空气电池所使用的材料不含铅、镉、汞等有毒物质,不会对自然环境造成严重污染,也不会对人类生命健康造成威胁。

由于锂空气电池分别以锂金属和空气(氧气)为正极,因此催化剂的选择是提升锂空气电池效率的关键。

催化剂通常具有以下特征。

（1）不能改变化学平衡和平衡常数。

（2）催化剂的存在可改变化学反应的速度。

（3）催化剂对不同的反应具有选择性，对于不同的反应，催化剂的活性是不同的，选择性由催化剂的功能所决定，但也部分取决于热力学平衡。

催化反应又分为均相催化和非均相催化。均相催化是指反应物和催化剂分布于某同一均匀物相中的催化反应。根据物相的不同，均相催化又可以进一步分为液相均相催化和气相均相催化。均相催化剂的活性中心比较均一，选择性较高，副反应较少，易于用光谱、波谱、同位素示踪等方法来研究催化剂的作用，反应动力学一般不复杂。但均相催化反应也存在着明显的缺点，由于催化剂和反应物处于同一均匀的物相中，催化物与反应物之间的分离往往非常困难，难以实现材料的回收再利用。

多相催化是指催化剂和反应物分属于不同的物相中，发生在两相界面上的催化反应。一般情况下，多相催化反应中所使用的催化剂为多孔固体，而反应物则为液体或气体。反应物分子在固体催化剂的化学吸附作用下活化，使得反应的活化能降低，从而加快了反应速率。然而，固体催化剂表面并不是均匀的，反应物分子的化学吸附只能发生在催化剂表面的某些位点上，这些位点被称为活性中心。一般多相催化过程分为以下五个步骤。

（1）反应物向催化剂表面扩散。

（2）反应物在催化剂表面上吸附。

（3）在吸附层中进行表面反应。

（4）反应生成物由催化剂表面上脱附、扩散。

（5）离开邻近催化剂的表面区域。

这五个步骤中的每一步都有其独特的规律性，而且对整个催化反应过程有不同程度的影响。催化研究的终极目的是在分子层面上理解催化反应过程，并设计和制备具有优良催化选择性和催化活性的催化剂。工业界也一直在寻找微米和纳米结构的具有高比表面积可以提供较多催化位点的催化剂，以此来提高催化效率。但是超细微结构的催化剂往往不具备规则的结构，这阻碍了对催化现象的深入认识。

锂空气电池的实际应用除了受到催化反应过程（反应动力学）的限制外，还有以下几个方面原因。

（1）电解液分解

以碳酸酯类为代表的有机电解液是锂离子电池中使用最广泛的电解液体系，在日常使用环境下具有较高的稳定性。然而在锂空气电池中，放电过程中电化学系统会生成高反应活性的中间相，该物质显著降低了碳酸酯类电解液的稳定性，诱导电解液分解，生成电极过程中难以分解的碳酸盐，加速了电池的退化与失效。因此，锂空气电池需要寻找发展其他电解液体系，如醚类、砜类等，而与锂空气电池相适配的稳定的电解液有待进一步开发。

（2）锂负极的消耗与退化

锂空气电池在充放电过程中同样会生成锂枝晶，导致电池安全性下降。此外，锂空气电池特殊的开放体系意味着环境中较高含量的 H_2O 和 CO_2 会与锂金属发生副反应，生成 $LiOH$ 和 Li_2CO_3，导致电池的过电位升高。此外，金属锂不可逆的消耗，也造成了电池可逆容量衰减和使用寿命缩短。

（3）碳材料腐蚀失效

尽管锂空气电池以氧气为正极，但在实际使用中多以多孔碳基材料为具体的正极。在充放电过程中正极侧会生成 Li_2O_2 和少量的 LiO_2，在强氧化性物质的作用下，正极的碳基材料会发生腐蚀，这会进一步加快电池的容量衰减，缩短电池的循环寿命。

综上所述，锂空气电池的商业化道路还十分漫长，仍需要大量的研究工作来推动，如对金属锂负极、电解液、空气扩散正极等方面的研究与技术突破。作为锂空气电池的核心组成部分，空气扩散正极一直是锂空气电池领域研究的热点与研究难点。好的正极材料应具备大量的、高效的活性位点，以提高氧还原（ORR）过程以及氧析出（OER）过程的反应速率和转化率，从而提高电池的比容量、能量效率，并极大增强电池的倍率性能。因此，对正极、催化剂进行材料筛选以及特殊结构构筑，对于改善锂空气电池的综合性能，推进其商业化具有重要意义。

7.5 锂空气电池正极常见的纳米催化剂

按照反应单元进行分类，则可以得到以下的催化剂类型（表7-2）。

表 7-2 催化剂类型

反 应 单 元	催 化 剂 类 型
加氢	Ni, Pd, Cu, NiO, MoS_2, WS, $Co(CN)_5^{3-}$
脱氢	Cr_2O_3, ZnO, Fe_2O_3, Pd, Ni
氧化	V_2O_5, MoO_3, CuO, Co_3O_4, Ag, Ni
羰基化	$Co_2(CO)_8$, $Ni(CO)_4$, $Fe(CO)_5$, $PdCl(PO_3)$
水合	H_2O_4, H_3PO_4, $HgSO_4$, ZnO, WO_3, 离子交换树脂
聚合	O_2, CrO_3, MoO_3, $TiCl_4-Al(C_2H_5)_3$, H_3PO_4, $CuCl_2$
卤化	$AlCl_3$, $FeCl_3$, $CuCl_3$, Hg_2Cl_2
裂解	活性白土，分子筛，SiO_2-AlO_2，SiO_2-MgO_2
烷基化，异构化	分子筛，$AlCl_3$，BF_3，$SiO_2-Al_2O_3$

催化剂在锂空气电池中的应用，对放电电压的影响不大，其作用主要体现在：增加充电容量、增强循环性能、减小充电过电位。

首先，在空气电极中，催化剂的存在形式和分布情况对空气电极多孔性的影响决定了孔的使用效率或锂氧化物的填充量多少，因而对电池的充电容量和能量密度起决定作用。其次，催化剂对产物类型的影响，将会影响电池的循环可逆性。在空气电极上，放电产物 Li_2O_2 和 Li_2O 是共存的。下文反应（7-4）是可逆的，充电时，Li_2O_2 发生分解；反应（7-5）是不可逆的，Li_2O 是非电化学活性的。Li_2O 的积累导致了循环的衰减，而随着电解质和碳材料的不同，Li_2O_2 的含量也有所不同。

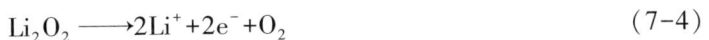
$$Li_2O_2 \longrightarrow 2Li^+ + 2e^- + O_2 \tag{7-4}$$

$$O_2 + Li^+ + e^- \longrightarrow LiO_2 \tag{7-5}$$

催化剂的使用不仅能提高电池的循环可逆性，而且还可能在降低电池的充电过电位方面起着积极作用。在不考虑 Li_2O 的电化学还原的情况下，如果锂空气电池中不使用催化剂，那么电池的充电电压将远远高于放电电压，这是因为锂空气电池在充电时不仅只有过氧化锂发生还原，而且还有一定量的电解质发生了分解。

因此，作为正极催化剂，需要具有以下特征：①提供大量的催化反应活性位点；②高的材料相容性，能与放电产物形成紧密的接触，也能与集流体形成良好连接；③能够有效抑制电池循环过程中电极体积膨胀；④能够满足反应物分子的快速迁移。

Li_2O_2 是锂空气电池中的重要产物，很大程度上影响着锂空气电池的性能，空气电极是 Li_2O_2 的形成和分解场所，因此，空气电极被广泛研究。空气电极主要有以下功能：①提供反应活性位点，催化 Li_2O_2 形成和分解；②将锂离子和氧气输送到反应活性位点；③存储放电产物 Li_2O_2；④诱导 Li_2O_2 在电极表面生长并调控其形态。目前，常见的空气电极催化剂有碳材料、贵金属以及非贵金属化合物等。

（1）纳米碳材料

纳米碳材料的使用有利于锂空气电池获得较大的重量比容量。现有技术可以轻松实现碳电极孔结构的调节，从而提高锂离子和氧气的传输效率。此外，碳材料的电子结构还可以通过掺杂进行调整，杂原子可以形成活性位点，催化 Li_2O_2 的形成和分解。基于以上优点，碳材料既可以作为催化剂单独使用，也可以作为其他催化剂的载体使用。Li 等通过 CVD 方法在具有导电炭黑层的碳纸上制备出了阵列排布的氮掺杂 N-CNT 集成结构的空气电极。良好的平行微孔通道结构在提供大量高催化活性位点之外，还能有效存储足够的氧，同时实现更快速的氧、锂离子以及电子的迁移。高吡啶氮含量的 N-CNT 阵列在分解过氧化锂产物后可恢复初始电极形态，从而实现稳定的充放电循环性能；采用 N-CNT 阵列（N/C=20）电极的锂空气电池在 0.05 mA/cm² 的电流密度下可实现 2203 mA·h/g 的高放电比容量。

（2）纳米贵金属

纳米贵金属和贵金属化合物，如 Au、Pt、Pd、Ru、RuO_2 和 IrO_2 等，可以极大地促进锂空气电池的电化学反应，已被广泛研究作为锂空气电池中的正极催化剂。Bharadwaj 等开发具有不同形态的铜核壳 Pt 基纳米簇（NCs）催化正极，表面的 Pt 原子和核心的 Cu 原子之间强的相互作用引起了压缩应变和配体效应，能有效提高 CNT 的催化活性。此外，研究还发现立方八面体的 NCs 催化剂催化活性最佳，其过电位值明显降低，有利于反应的持续进行与循环稳定。Jin 等研究了采用 Ru 基电催化剂的锂空气电池，首次提出了一种原位电化学还原策略来制备 Ru 基电极，有效避免了纳米 Ru 的聚集，成功合成了平均粒径只有 2 nm 的高分散度的面心立方纳米 Ru。高活性表面的暴露有效提高了催化材料的表面利用率，该 Ru 基锂空气电池实现了 0.2 V 的超低过电位，获得了 2275 mA·h/g 的超高放电比容量，长循环性能也极大地改善。

（3）非贵金属化合物

尽管贵金属基材料在锂空气电池中表现出了优异的催化活性，但是贵金属本身的稀缺性和较高的材料成本，以及它们会与有机电解液发生有害副反应等问题目前仍难以解决。因此，研究者开始研究与开发储量大、价格低、易制备的非贵金属化合物催化剂。相比于传统的贵金属基催化剂材料，非贵金属催化剂可以通过调整材料的形貌结构来增加传输通道，以及获得更大的储存放电产物的空间。

锂空气电池中常见的非贵金属化合物材料有纳米金属氧化物、纳米金属硫化物、纳米金属碳化物、纳米金属氮化物以及纳米金属-有机框架材料(MOF)等。

Li 等采用简单的两步水热法合成了开放式三维结构的 Co_3O_4@ MnO_2 异质催化剂。Co_3O_4 既是导电网络,又是高效的 OER 催化剂,而 MnO_2 则是良好的 ORR 催化剂。此外,该双功能催化剂能够诱导放电产物 Li_2O_2 进行均匀篷松沉积,显著增强了电池的电化学性能,使用 Co_3O_4@ MnO_2 的锂空气电池实现了 12980 mA·h/g 高初始比容量,在循环 14 次、197 次和 331 次后材料比容量分别为 3000 mA·h/g、1000 mA·h/g 和 500 mA·h/g。

Wang 等通过水热合成法合成了自支撑的 Co 掺杂的 NiO 三维纳米片,直接作为锂空气电池的空气电极。掺入的 Co^{2+} 部分取代了 NiO 基质中的 Ni^{2+},有效提高了 NiO 中的 p 型电子电导率,这使得材料的 OER 和 ORR 反应催化活性显著提高。此外,Co 掺杂后 NiO 的形貌及表面得到了调控,大大增加了电极/电解质的接触面积,为 Li_2O_2 的沉积提供了足够的空间。Co 掺杂的 NiO 三维电极在 200 mA/g 的电流下过电位仅有 0.82 V,材料最终获得了约 12857 mA·h/g 的放电比容量。

7.6　纳米催化剂性质对催化性能的影响

7.6.1　纳米材料催化剂晶面的影响

一般纳米晶体大多是单晶结构。除晶粒大小方面的差别外,它们在形貌上也存在差异。不同的晶体结构源于它们不同的生长方式。对于典型的晶体生长过程,可粗略分为成核和生长两个阶段。晶体的形貌和生长速率是热力学或动力学控制的结果。当处于热力学控制条件下时,根据吉布斯-沃夫晶体生长理论,在热力学平衡条件下生长的晶体所具有的形貌有最小的总表面能,这种晶体多具有多面体结构;动力学控制条件下,在反应达到平衡态之前,通过改变前驱体浓度、影响传质速度或改变表面自由能等方式来改变晶体的生长习性,从而制备出具有高表面能的纳米晶体。晶面效应在热催化中早已被发现,比如人们发现具有高指数面暴露的催化剂往往具有更好的催化活性。对于晶面效应的传统认识是基于吸附-活化机理展开的:具有高指数面的晶面,其配位饱和度低,更容易吸附反应物分子或者活化反应物分子,因此反应活化能低,更有利于反应,该暴露的晶面常被称作"活性晶面"。早期人们对于催化过程中的晶面暴露的理解也是基于该认识。

晶体材料中原子的排布往往不是各向同性的,因此基于结构与性质之间的密切联系,材料在许多性质上都表现出各向异性的差异,如电导率、光学性质等。这也说明了具有不同暴露晶面的晶体材料的表面能、反应活性等存在差异。对于催化剂材料而言,其催化性质,如特异性选择催化、催化活性等很大程度上依赖于所暴露出的晶面,即晶面效应。为了改善催化剂的催化特性,人们采用了一系列方法对催化剂的晶面效应进行了广泛的研究,如理论计算、电子自旋共振法和光化学沉积法等,研究中还进一步探索了包括载流子定向迁移、光(电)催化氧化活性等的内在机理。此外,在应用方面,人们基于对晶面效应的研究成果,对材料的特定晶面进行调控与微结构设计,如构筑分级结构或是晶面异质结,改善了材料的催化性能,提高了反应的催化效率。此外,晶面效应还被推广应用在了催化电极以外的其他材料体系中,为设计新材料提供了一个新的思路。

在多相催化中,反应大致可以分为两类,一类是结构敏感型,另一类是非结构敏感型。在非敏感型催化反应中,催化剂表面的原子翻转速度与晶面类型和晶面平整度没有关系;但在结构敏感型催化反应中,晶体表面的原子翻转速度在不同晶面会有量级程度的差别。例如,有文献报道,在 Fe 作为催化剂的合成氨反应中,相同条件下,Fe(111)晶面的催化能力是(110)晶面的 400 倍,其他晶面的催化性能也各不相同。这与催化剂表面原子的排列有直接关系。图 7-10 是五种 Fe 纳米晶面的原子排布示意图,在外层原子中,配位数为 7 和 8 的Fe 原子是合成氨的催化活性位点。所以活性位点的多少直接影响催化性能的高低。因此,对于结构敏感的催化反应,理想的方法是优化晶体结构:减小非催化活性晶面,增大催化活性高的晶面面积,从而提供更多的活性位点,提高催化效率。

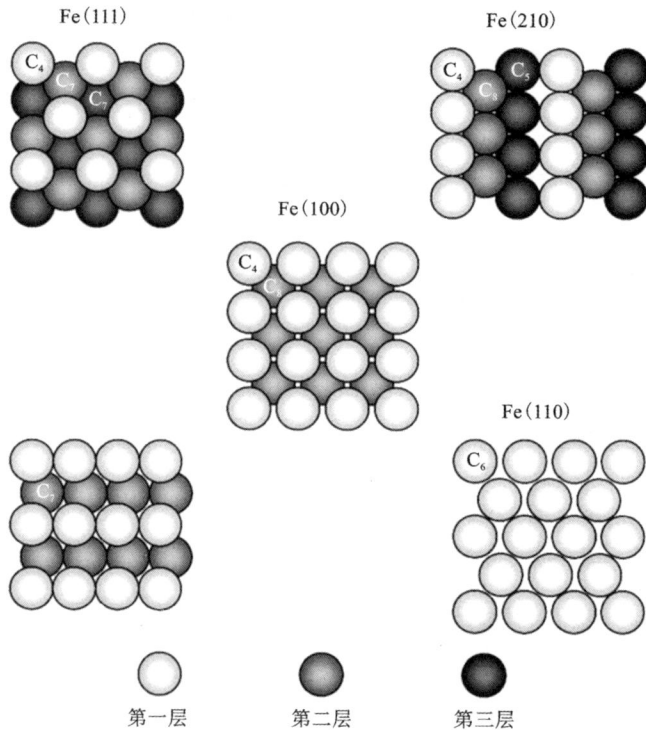

图 7-10 晶面效应

一方面,催化剂的表面晶面结构对于反应分子的吸附和活化、基于表面晶面的空间光生电荷分离、光生电子/空穴的氧化还原能力都有着重要的影响。另一方面,对于由两种或者两种以上组元构成的复合光催化剂,组元之间的界面晶面结构对于光生电子/空穴在界面上的传输和分离有着重要的影响。因此,晶面工程在催化剂表界面设计中扮演着重要的角色。

7.6.2 纳米材料催化剂尺寸的影响

在一定粒径范围内,随着催化剂纳米颗粒粒径的增加,催化剂的催化活性也随之增加。这种尺寸依赖性通常是由于更小的颗粒提供了一个非常强的反应物、中间体或产物分子的结合,抑制了与催化剂表面上的另一种物质的耦合。分子、中间体或产物分子的过度结合大大降低了催化活性。

以光催化剂为例，当催化剂尺寸达到纳米级后，存在量子尺寸效应，并且随着尺寸的减小，半导体的禁带宽度变大，氧化还原能力变强。同时，尺寸变小，电子空穴对到达催化剂表面的时间越短，能越快与吸附在催化剂表面的物质发生反应。但同时需要考虑的是，尺寸越小，禁带宽度越大，对光的吸收能力也就越弱。

由于不同组分之间的协同效应，纳米复合材料相比于单一纳米材料通常表现出独特的催化、光学和磁性等特征。而在催化领域，基于不同组成、形貌和颗粒大小的纳米合金的控制合成，可有效实现纳米复合材料催化性能的调变，同时有助于理解催化剂的构效关系。

这些问题极大程度限制了锂空气电池正极催化剂的商业化应用，因此还需要加大相应的研发投入，深入研究。寻找高效稳定的正极催化剂成为了提高锂空气电池性能、推进锂空气电池的实际市场应用的关键。虽然目前已有大量材料被应用于正极催化剂，但是其表现都不尽如人意，例如，碳材料易发生副反应，贵金属催化剂价格昂贵且容易导致电解液的分解，金属氧化物导电性较差。理想催化剂应具有低成本、高活性、高稳定性等特点，未来对正极催化剂的研究可以从以下两点出发：①基于纳米尺度的结构设计，如构建纳米多孔结构，在增加反应活性位点的同时，扩大放电产物的存储空间，改善反应物在材料内的传输特性，从而提高锂空气电池的可逆比容量，改善倍率性能；②催化剂材料有机复合，基于协同效应改善催化性能。相信在不久的将来，锂空气电池所面临的技术难题都将被一一攻克，锂空气电池必将因其原料、性能上的优势而被广泛应用。

思考与讨论

1. 什么是超级电容器？如何对超级电容器进行分类？
2. 为什么超级电容器要使用纳米材料？纳米材料在超级电容器中具有哪些优势？请举例说明。
3. 什么是锂空气电池？其与锂离子电池有何异同？
4. 锂空气电池为什么要选择纳米材料，其主要应用在哪一方面？具有哪些优势？
5. 纳米材料的性质是如何影响锂空气电池的性能表现的？
6. 纳米材料在超级电容器和锂空气电池的应用中存在哪些问题？有什么解决方案？你认为纳米材料在相关应用中该朝着什么方向发展？

引申阅读

第8章　锂离子电池中的纳米现象

8.1　电极材料纳米现象简介

　　锂离子缓慢的扩散动力学是限制电池性能的一大因素，缓慢的扩散动力学会在快速充放电过程中导致锂离子浓度不均匀、相分离、结构退化等问题。电极材料有限的表面积很大程度上限制了电荷的转移，也导致了上述问题的加剧。电极材料纳米尺寸化策略能有效解决这些问题，许多研究结果表明，将纳米材料用于锂离子电池能有效提高电池的电化学性能，对电池的行为产生大的影响。

　　电极材料纳米化现象具有重要的意义。当材料的尺度达到纳米级别，材料的一些固有特性将会发生一定的改变。一方面，材料的纳米尺寸增强了其充放电过程中的动力学行为；另一方面，纳米级颗粒也使得材料的比表面积和比体积有所增加，体态的自由能因此也发生改变，进而导致材料的化学势、缺陷溶解度等热力学性质发生变化。此外，纳米尺寸下某些材料出现了电子自旋态等电子结构方面的变化，使材料具有以往所不具备的电学、磁学特性。电极材料纳米化的意义还在于它极有可能改变现存的能量存储机制。许多研究都表明，对纳米材料进行界面探索将是发现新的能量存储机制的重要道路，这加深了人们对新型材料机理的理解，为材料自由化学的边界问题、新型电极的设计问题提供新的解决方案。

　　尽管目前纳米材料还存在着振实密度低、合成成本高、表面副反应、纳米颗粒间的聚集以及氧化态或化学分布不均匀等一系列问题，但是纳米材料给锂离子电池所带来的动力学、热力学上的性能改变，带来的新型化学研究，将给锂离子电池研究带来新的突破，因此纳米化策略必将是锂离子电池新的希望。

8.2　电池中一般的纳米现象

8.2.1　加速反应动力学

　　电极材料的纳米化通常以提高其倍率性能为目的，这对于实现锂电池的快速充电、放电至关重要。可以预料到，当电极材料为纳米尺寸时会出现如下几个重要的现象：①缩短电荷载流子传输路径的长度；②增强表面的电荷转移反应；③通过尺寸效应改变材料的特性。

目前，已经有很多关于合成电极纳米材料以增强其倍率性能的报告，其中很大一部分是负极纳米材料。与正极材料相比，负极材料的合成路线更加简单，纳米结构的负极材料在制备上会更加容易。例如，研究者报道了一种通过简单的水热合成法制备的 $TiO_2(B)$ 纳米材料。该材料在倍率测试中表现优异，含纳米 $TiO_2(B)$ 的复合电极在 18 A/g 的大电流密度下获得了 130 mA·h/g 的可逆容量。

尽管纳米结构的正极材料在制备上可能相对复杂些，但为了获得更佳的材料性能，不少研究也将纳米尺寸技术应用到正极材料中，其中具有代表性的纳米结构正极材料有 $LiCoO_2$、$LiFePO_4$ 和 $LiMn_2O_4$ 等。Okubo 等通过水热反应建立了纳米晶体 $LiCoO_2$ 尺寸可控的合成方案。他们发现，尽管减小颗粒尺寸能缩短锂离子的传输路径，但 $LiCoO_2$ 颗粒粒径的无限减小可能会带来其他问题。该研究显示，17 nm 的纳米 $LiCoO_2$ 晶表现出最佳的性能，实现了容量和倍率性能的兼顾。除了这些传统的过渡金属氧化物电极外，其他类型的一些电极材料也采取了纳米化技术，纳米化电极材料在锂硫电池、锂空气电池等电化学体系中改善了倍率性能。

纳米尺寸电极还被发现具有非常规效应，可以通过减小电极颗粒的尺寸来减轻电极材料中存在的缺陷所带来的危害。研究者在 Triplite 结构的 $LiFeSO_4F$ 纳米化研究中注意到了这一效应。他们发现典型的 Triplite 结构的 $LiFeSO_4F$ 是由纳米尺寸的角共享的 FeO_4F_2 八面体域组成的，该八面体被域边界所包围，具有角边共享的 FeO_4F_2 混合性质。图 8-1(a) 为他们所提出的 Triplite 结构的 $LiFeSO_4F$ 材料的角边共享配置分布模型的示意图。密度泛函理论计算表明，Triplite 结构的 $LiFeSO_4F$ 混合边缘共享构型具有比角构型更高的锂离子扩散激活势垒，这意味着这种边缘共享构型的锂离子扩散率要低于角共享构型。因此在 Triplite 结构的 $LiFeSO_4F$ 粒子的角和边配置的模型分布中，这两种不同的构型就代表着不同的锂行为，与在钝角共享构型的畴快速的锂运动不同（空心箭头），当需要在角和边共享构型混合的畴间跳跃时，锂离子的扩散将变得缓慢。基于这一研究事实，他们将 Triplite 结构的 $LiFeSO_4F$ 颗粒尺寸减小。纳米尺寸约 5 nm 的 Triplite 结构的 $LiFeSO_4F$ 在 0.02 C（1 C＝150 mA·h/g）下获得了 143 mA·h/g 的可逆容量，相当于实现了约 95% 的锂可逆利用，而在此之前，这对于 Triplite 结构的 $LiFeSO_4F$ 是不可能的。继续增加工作电流，该材料在 1 C 下实现了 80 mA·h/g 的可逆容量，甚至在 5 C 下仍保留了 60 mA·h/g 的容量，如图 8-1(b) 所示。这项研究表明，Triplite 结构的 $LiFeSO_4F$ 也是一种很有前途的高能量密度的正极材料，其锂离子扩散动力学的增强可以考虑通过纳米化技术来减小其独特结构缺陷所带来的传输阻碍，纳米尺寸 Triplite 结构的 $LiFeSO_4F$ 几乎能够实现全部锂的脱出和再嵌入，获得优异的电化学性能。

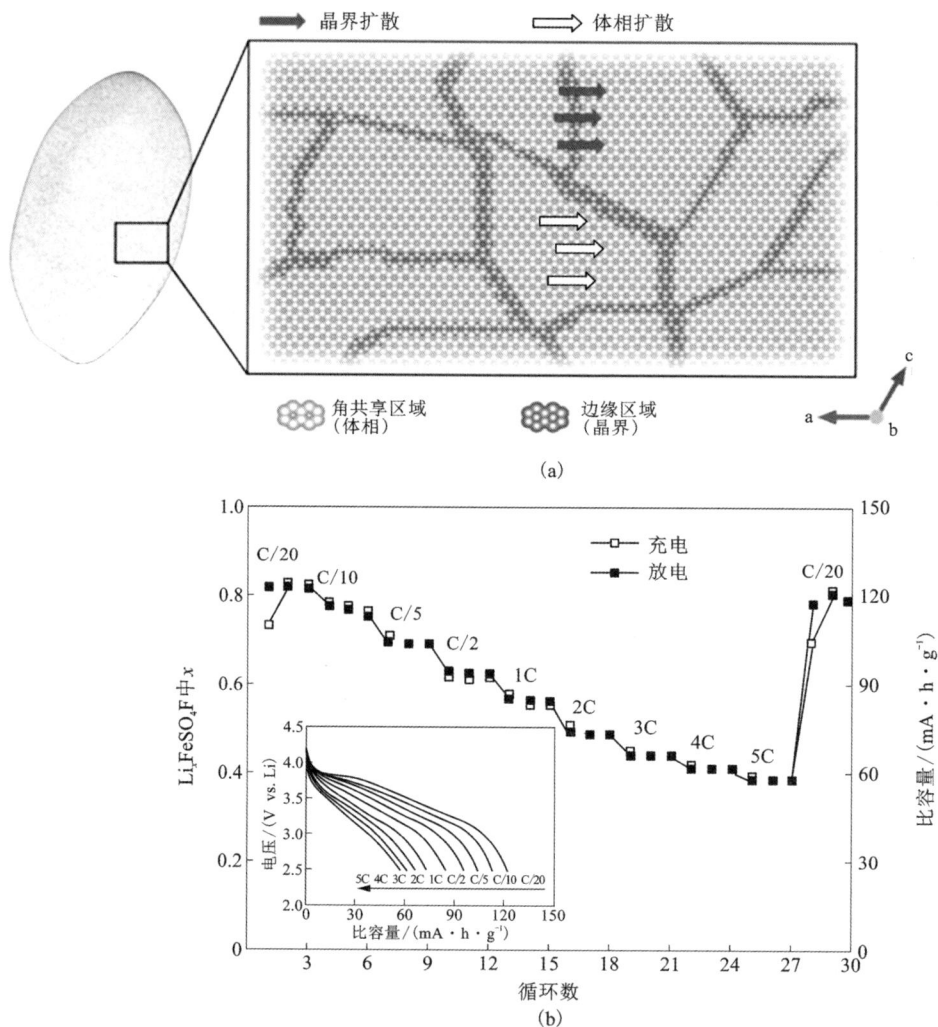

图 8-1　角边共享配置分布模型示意图(a)和 LiFeSO₄F 倍率性能(b)

8.2.2　改变锂的储存热力学性能

　　将电极的颗粒粒度减小到纳米级不仅会改变反应速率,还会改变电极的热力学性能。在纳米结构电极材料中,由于不可忽略的表面能的贡献,相对的相稳定性发生变化,这导致在嵌锂和脱锂过程中,电极材料表现出表观电压或涉及中间相的反应路径发生变化,可见表面结构在确定电极系统的热力学性质中的重要性。在这里,我们将讨论不同形态的电极表面是如何影响电压、溶解度极限和整体反应机制的。

　　(1)调整反应电压

　　不少研究都观察到了纳米电极电压变化的实例。在插层反应电极中,$LiCoO_2$ 材料在纳米化后,其电化学曲线的轮廓相对于传统的微米尺寸的颗粒发生了明显的改变,即随着纳米尺寸的不断减小,其电压平台逐渐消失,电压容量曲线的斜坡区域不断增大。转化反应电极材料中也存在着这样与纳米尺寸相关的电压的变化，但不同的是，转化反应电极材料通常涉及到电化学反应期间纳米颗粒相的形成，而这与电极材料的初始尺寸无关。Liu 等就曾报道了 Li/FeF_3 反应的实验电压偏离由块状电极材料的吉布斯自由能所预测的平衡电势。图 8-2 显示了基于 Fe^{3+}/Fe^{2+} 和 Fe^{2+}/Fe^0 的氧化还原反应的 Li/FeF_3 电池的前三个充放电循环。首次循环时放电电压远低于预期电压，这可能源于 LiF 基质中形成了纳米级的铁金属颗粒，其形成产生的能量影响了整个反应，进而导致了平衡电压偏离。

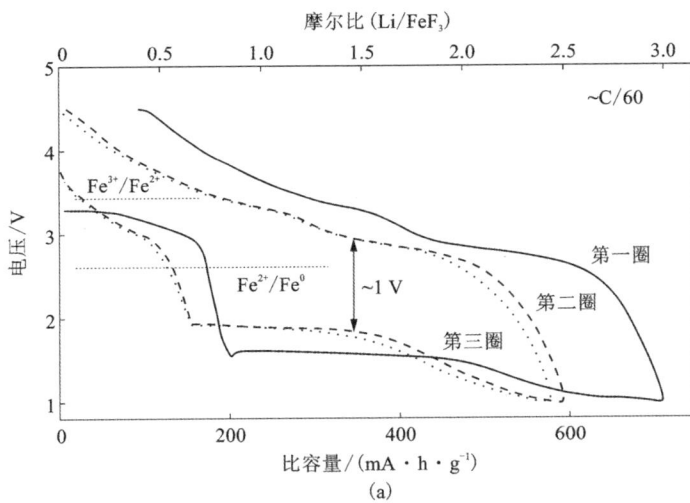

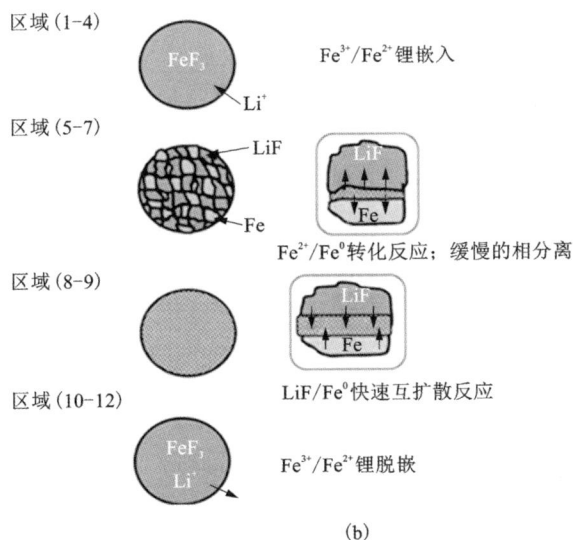

图 8-2　Li/FeF_3 电池的前三个充放电循环(a)和反应机理示意图(b)

（2）改变插层电极中的溶解度极限

关于电化学曲线，纳米电极材料在两相反应中通常表现出缩短的平台电压区域，部分原因是锂离子在主体中的溶解度提高了。橄榄石结构的 $LiFePO_4$ 是表观尺寸依赖的溶解度的代表性材料。微米尺寸的 LiFePO$_4$ 电极在电化学反应期间会经历两相反应，Li$_x$FePO$_4$ 中 x 在不同范围内会分别出现 α 相、β 相或是两相共存。当 LiFePO$_4$ 的颗粒粒径朝纳米级减小时，x 的范围会发生变化，两相共存的范围也会有所缩减。

（3）改变反应途径

纳米电极材料的固有锂化/脱锂化机理能否改变，取决于反应相的应变能和相之间的界面关系。尺寸相关的反应机制影响着电极材料的化学和形态演变，并且可能对电极的长期循环稳定性造成有利或不利的影响。例如，对于一些过渡金属硒化物材料（如 NbSe$_3$），就表现出了对颗粒尺寸依赖的反应机制。粒度约为 45 nm 的 NbSe$_3$ 纳米带进行了完全的转化反应，而约为 300 nm 的 NbSe$_3$ 纳米带则进行了插层反应，仅在表面发生了有限的转化反应。表面有限的转化反应主要是因为插层到转化转变过程中存在着较大的机械约束。因此，对于 NbSe$_3$ 来说，纳米化并不能获取更优异的电化学性能。

8.2.3 纳米材料的电化学性能与机械耦合

电极材料中的机械应力会影响离子传输、界面反应和相变热力学和动力学。前面我们从热力学的角度介绍了纳米尺寸的表面能在确定电极系统总的吉布斯自由能上的重要性，本小节将介绍应力与电化学过程的紧密耦合，并讨论如何将这种耦合关系应用到提高纳米结构材料的结构稳定性和电化学性能上。

（1）应力在材料反应动力学中的作用

表面应力是影响纳米材料锂化动力学的关键因素。在许多合金化反应体系中，锂化诱导应力导致的反应前沿的减缓和停止都已在显微镜下观察到。根据之前的研究，反应驱动力可以通过改变某些纳米结构（如空心纳米硅结构）的内外半径之比，对锂化诱导应力进行调节。在固体硅纳米线负极中，锂诱导应力对锂化反应产生了阻力，随着锂化前缘向内推进，该阻力单调增加，最终会使锂化反应的内在驱动力失去平衡，导致锂化前缘停止前进，锂化不完全，导致负极的充电容量降低［如图 8-3（a）］。相比之下，空心硅纳米线负极对锂化反应的应力相关电阻比同等体积的固体纳米线负极低。空心硅纳米线和固体硅纳米线在这种电阻上的差异在锂化反应的后期变得更加明显。有趣的是，当空心硅纳米线的内表面不受机械约束时，与应力相关的锂化反应电阻在中间锂化阶段达到峰值，然后下降。在锂化阶段的末期，空心硅纳米线中的锂化诱导应力甚至可以对锂化反应的驱动力做出有利贡献，即推动整个硅纳米线负极的锂化反应前沿的推进［如图 8-3（b）］。因此，空心硅纳米线负极比固体负极更容易被完全锂化。进一步研究应力调节的锂化反应驱动力的尺寸效应，发现内半径较大、内表面自由的空心纳米线具有较低的应力诱导锂化反应阻力，是较好的负极设计。

锂化引起的应力也可以改变反应驱动力的方向。Wang 等研究了外部弯曲对 GeNWs 中锂化动力学和变形形态的影响。研究发现，独立的 GeNWs 发生了各向同性的锂化。与 SiNWs 和 SiNPs 相类似，在独立的 GeNWs 中，由于反应前沿的不相容应变而产生的自生内应力导致了锂离子沉积的延迟。在锂化过程中，弯曲 GeNWs 破坏了其锂化的对称性，在径向和轴向上，拉伸侧的锂化率提高，而压缩侧的锂化率降低，表明了 GeNWs 中锂离子扩散和界面反应速率对应力的依赖性。

（2）纳米化在体积变化中的结构适应

锂离子插入电极通常涉及相变，有时伴随着大体积变化，在离子插入时电极材料会转

(a)

(b)

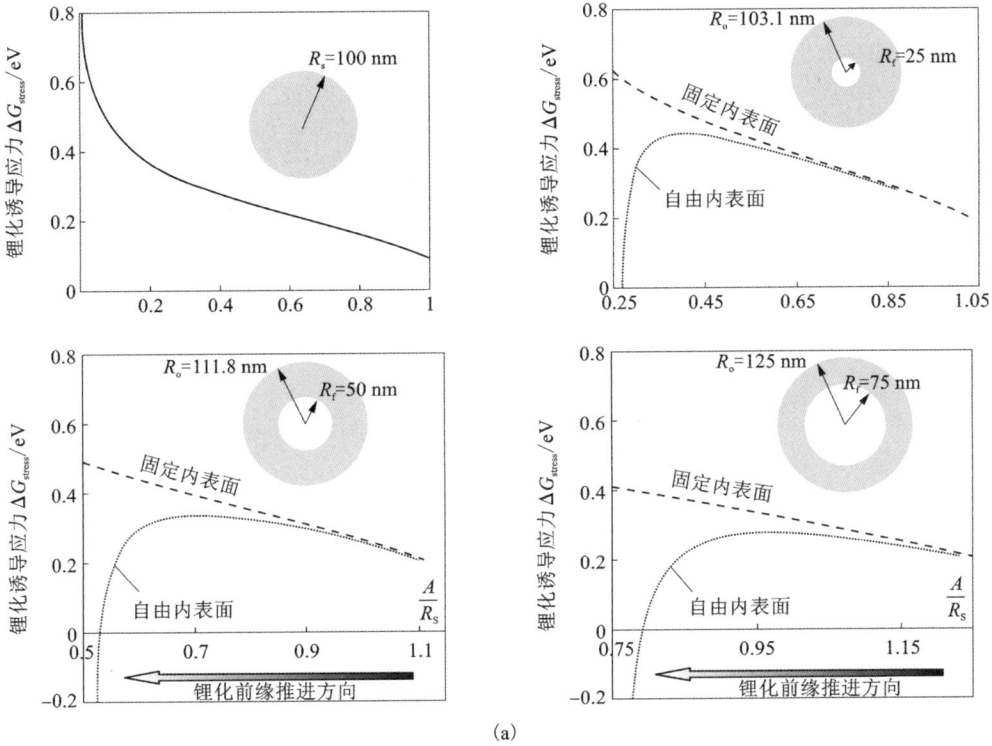

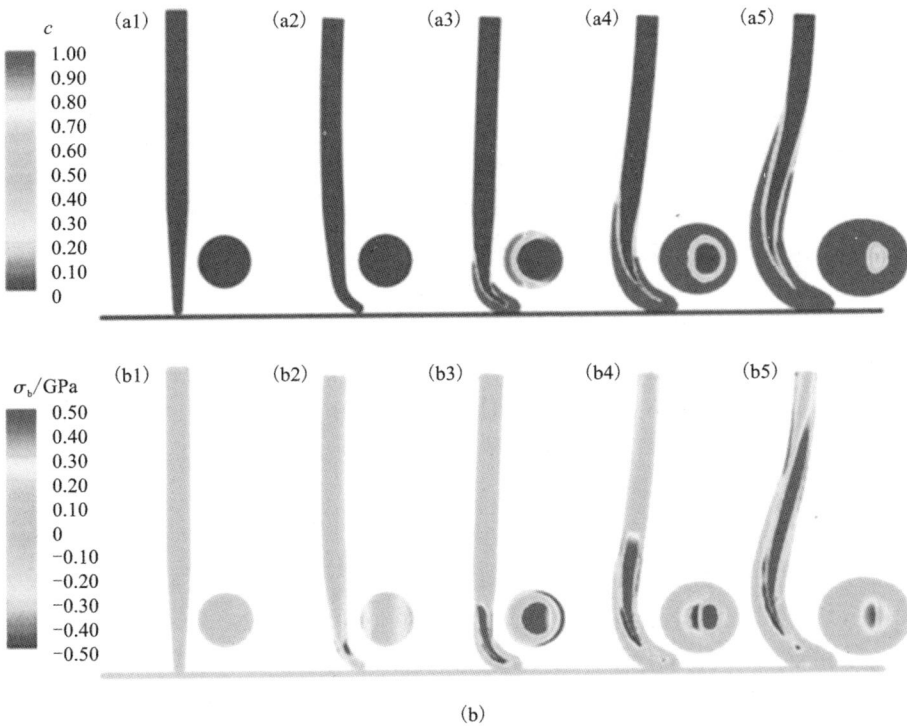

图 8-3　锂化诱导应力随纳米结构的变化(a)和锂化阶段的变化(b)

变，低弹性模量相而会发生断裂。在这种情况下，应变调节很重要，特别是对于经历了转化和合金化反应的电池负极，因为它们的转化相容易经历超过150%的体积膨胀，导致循环不稳定。提高电极在锂插入时对断裂的内在耐受性的一个有效方法就是减小电极的尺寸。

除了颗粒尺寸的影响，电极颗粒的形状也会影响电极断裂耐受性。根据前人的研究，空心的硅纳米球比尺寸相似的实心球具有更好的断裂耐受性。他们计算了两种结构的硅电极的环向应力（如图8-4），发现空心纳米球最大拉伸应力大约比具有相等体积的硅实心球的最大拉伸应力低5倍（分别为83.5 MPa和439.7 MPa）。空心球的独特优势及较低的应力值意味着空心球能够有效地承受锂化应力，不太容易发生断裂。结合材料的循环表现可以确认，硅纳米球空心化设计能显著增强电极的断裂耐受性，使材料在长期循环过程中依然能够保持结构的完整、稳定，获得优异的循环性能。

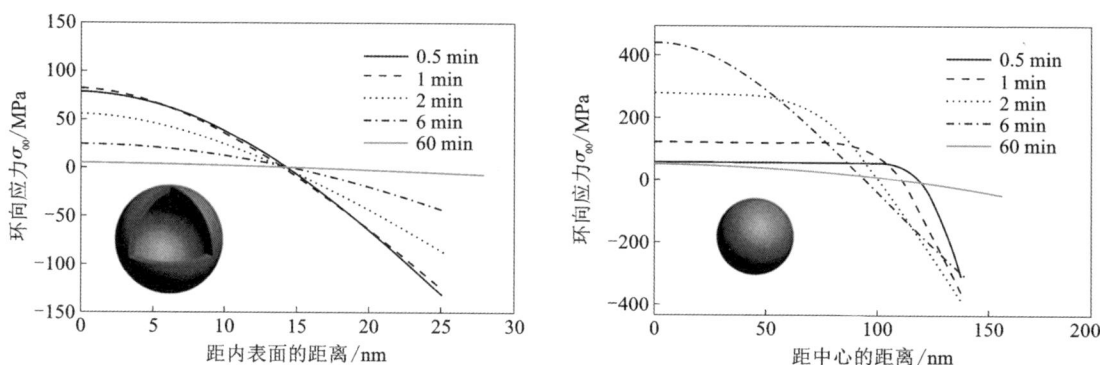

图8-4　硅纳米球电极的环向应力

8.3　纳米尺度的新化学：电极材料设计

8.3.1　纳米复合电极

近年来，为了促进具有高氧化还原电位的电池的实际应用，研究者广泛研究了包含锂化合物和零价金属的纳米复合电极，并模拟了转化电极的放电状态，从而使电极变为准备充电的状态。新报道的纳米复合材料显示出不同于传统转化反应的新反应机制，由于使用了具有高氧化还原电势的氧化过渡金属离子，其能够提供适合正极的更高氧化还原电位。

（1）模拟转化反应放电状态的纳米复合电极

对于具有高氧化还原电位和比容量，但在结构中不含锂的基于转化反应的电极材料，预锂化策略已被广泛应用，并物理模拟转化材料的放电状态。这种方法在金属氟化物中极为流行，其中，FeF_2和FeF_3因其低成本、高容量和高电压而受到极大关注。锂化过程中，FeF_2发生转化反应，FeF_3发生插层反应和转化反应，最终都形成了LiF/Fe复合材料。

研究者采用组合磁控溅射法将LiF和Fe制备成了$LiF_{1-x}/Fe_x(0<x<1)$纳米复合材料。他们在70℃下对电极材料的电化学活性进行了研究，LiF（非常小的x）和铁（非常大的x）正如预期一样，没有显示出电化学活性，但用LiF和Fe制成的LiF_{1-x}/Fe_x纳米复合材料却显示出了显著

的电化学活性。图 8-5(a)展示了 LiF_{1-x}/Fe_x 库仑理论和实验二次放电容量与 $n(LiF):n(Fe)$ 之间的关系。实线表示脱锂后产物为 FeF_3 时的理论容量,它在 $n(LiF):n(Fe)=3$ 时有最大值。实验测得的容量在 $n(LiF):n(Fe)=3$ 附近也显示了峰的存在,这也有力地证明了反应最终的产物为 FeF_3。当 $n(LiF):n(Fe)$ 的值小于或等于 3 时(Fe 含量高),观察到实验容量要高于理论值,而这额外的容量可能来自于新形成的 LiF/Fe 边界所储存的 Li。

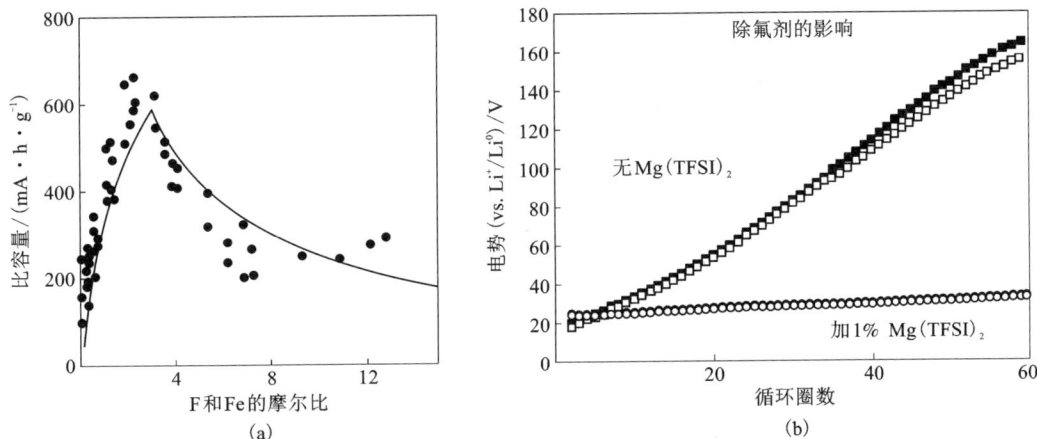

图 8-5　LiF_{1-x}/Fe_x 库仑理论和实验二次放电容量与 $n(LiF):n(Fe)$
之间的关系(a);F^- 对 MnO 的电化学活性的影响(b)

(2)表面转化反应

"表面转化"反应是最近在纳米复合电极中发现的储能机制之一,是一种伴随着过渡金属化合物表面可逆结构变化的反应,具体表现为阴离子掺入触发,而大部分过渡金属化合物仍保持其原始状态。

LiF-MnO 就是一种基于表面转化机制的纳米复合材料,Zhang 等对该纳米复合材料进行了研究,他们测试了有无 F^- 存在时 MnO 的电化学活性,在电解液中添加了 F^- 清除剂,如 $Mg(TFSI)_2$,在 F^- 存在的情况下,会导致 MgF_2 的形成,从而达到除去 F^- 的效果。如图 8-5(b)所示,在添加了 1% $Mg(TFSI)_2$ 添加剂的 $LiPF_6$ 电解液中,MnO 的循环性能在循环时几乎保持恒定的容量,并未表现出电化学活化行为,而在没有添加清除剂的电池中,第 1 个周期和第 60 个周期相比,MnO 的循环性能增加为之前的近数十倍。这一结果表明,在 F^- 存在的条件下,LiF-MnO 发生了表面转化反应。

与传统的插层材料不同,表面转换材料对碱金属离子种类不太敏感,因为反应依赖于过渡金属化合物表面附近的 F^- 的穿梭,而碱金属离子不插入结构中。也就是说,类似于 LiF-MnO 复合纳米电极,NaF-MnO、KF-MnO 同样具有表面转化反应,有可能用于其他电池系统。

(3)宿主形成反应

纳米复合电极中发现的另一种非常规电化学机制是"宿主形成"反应。复合材料的初始状态和充电过程类似于表面转化反应,其中碱金属化合物和过渡金属化合物在纳米尺寸上混合,充电过程包括碱金属化合物的分解。然而,不同之处在于过渡金属化合物会与碱金属化合物分解产生的阴离子发生化学反应，过渡金属化合物逐渐转化为碱金属离子的新插层主体。

LiF-FeF$_2$ 就是一种存在宿主形成反应行为的纳米复合材料电极。其宿主形成反应行为如图 8-6 所示，在第一次充电过程中，LiF 分解为锂离子和氟离子。氟离子立即与 FeF$_2$ 结合，将纳米复合材料中的 Fe^{2+} 氧化为 Fe^{3+}，形成类似 FeF$_3$ 的结构。在 LiF-FeF$_2$ 纳米复合材料中，有缺陷的 FeF$_3$ 的形成可归因于原位电化学合成的性质。充电时，新的类似 FeF$_3$ 宿主结构允许可逆的 Li 离子插层，从而提供了容量。

除了 LiF-FeF$_2$、LiF-FeSO$_4$、LiF-FeO 等氟化物基碱性化合物外，一些氧化物基碱性化学物纳米复合材料同样存在宿主形成反应，如 Na$_2$O$_2$-Mn$_3$O$_4$ 纳米复合材料用于钠离子正极材料时同样表现出宿主形成反应的特性。

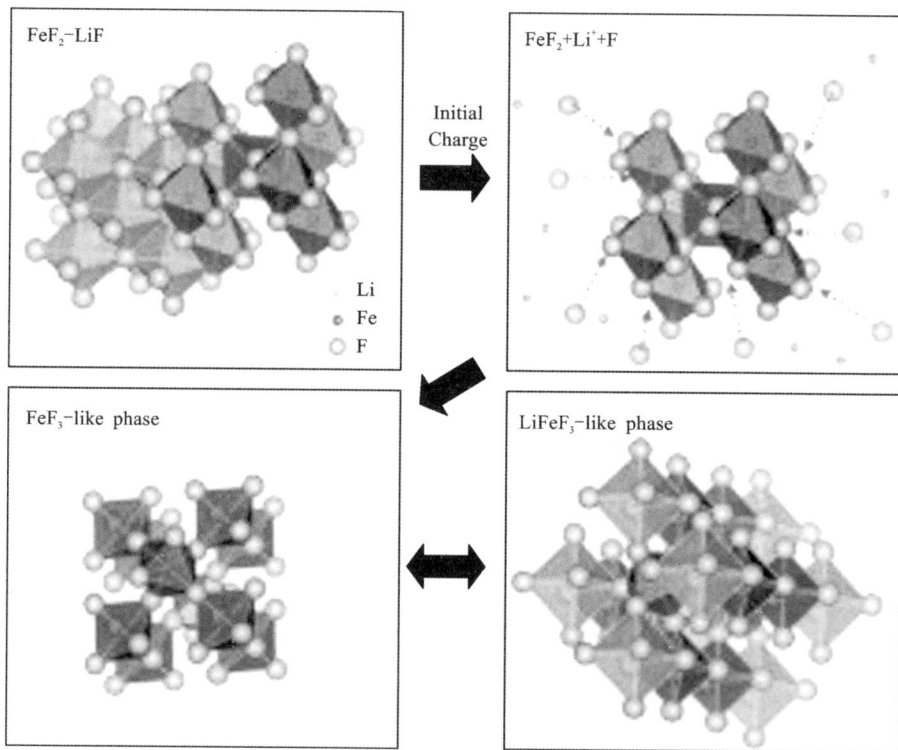

图 8-6　LiF-FeF$_2$ 的宿主形成反应行为

8.3.2　界面电荷存储

电极材料尺寸减小导致混合物表面积或界面显著增加。最近的研究表明，在纳米尺寸电极中，表面或界面上的电荷存储变得不可忽略，并且可以显著地提高总容量。本小节将介绍一些近年来所提出的发生在界面区域的能量存储机制：工作分担机制和赝电容机制。对于工作分担机制，阳离子和阴离子电荷存储发生在界面处的两种不同化合物中；而对于赝电容机制，阳离子嵌入发生在具有电容器和电池特性的活性材料表面。

（1）工作分担机制

一些材料可以将锂离子和电子储存在两种不同且分离的介质中，并可以用作电极。在这种机制中，一种物质储存离子，另一种物质在其共享界面储存电子。当离子液体导体 α 相（例如，Li^+ 离子的导体）和电子导体 β 相混合并在界面处产生异质结，该界面可以用作混合离子和电子导体。在这种情况下，Li^+ 可以迁移通过 α 相的空间电荷区，而电子可以通过 β 相传输。当这样的人工混合导体可以允许锂的化学计量数变化时，那么它们就可以作为锂离子的电化学主体，用于作电极。

图 8-7（a）为锂电池中 RuO_2 的放电曲线，表现出易于区分的五个分区。研究认为，区域 Ⅰ 、Ⅱ 和Ⅲ 中的反应与锂嵌入到 RuO_2 主体中有关，而区域Ⅳ 则代表着 RuO_2 在转化反应后形成 Li_2O/Ru 复合物。对于区域 Ⅴ 的反应，许多人认为是以工作分担机制进行的，Li_2O 和 Ru 之间存在着大的界面面积，形成了异质结，因此能够提供超出理论的额外容量。

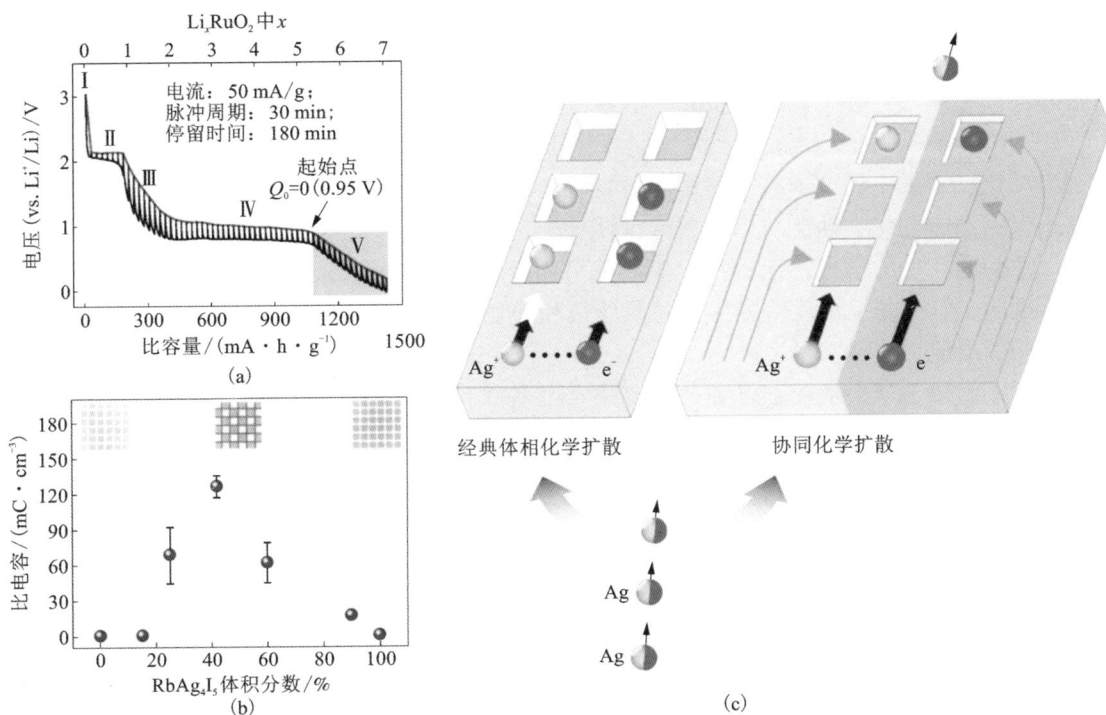

图 8-7　RuO_2 的放电曲线（a）；$RbAg_4I_5$/石墨纳米
复合材料的化学计量效应（b）及快速动力学示意图（c）

工作分担机制除了可以用于转移锂离子外，还可以进一步用于传输其他离子（如 H 和 Ag）的导体的设计。例如，曾有人报道了一种可作为快银离子导体的 $RbAg_4I_5$/石墨纳米复合材料。尽管 $RbAg_4I_5$ 和石墨材料分别是电子绝缘体和离子绝缘体，但当它们在纳米尺寸上进行混合时，所得到的材料是可以作为混合导体的。当以 $RbAg_4I_5$/石墨纳米复合材料为电极时，电池通电将 Ag 耗尽，会在 $RbAg_4I_5$ 和石墨中分别形成 Ag 空位和空穴。相反，当引入过量的 Ag 时，Ag 将进入到 $RbAg_4I_5$ 的间隙位置，并在石墨中产生过量的电子，$RbAg_4I_5$/石墨纳米复合材料之间的异质结引起了化学计量变化，Chen 等对这种化学计量效应进行了更深入的研究,如图 8-7(b)所示,化学计量效应随着两种材料之间的接触面积的增加而增加。石墨在 $RbAg_4I_5$ 中的分散和 $RbAg_4I_5$ 在石墨中的分散都会引起容量的增加,且当 $RbAg_4I_5$/石墨纳米复合材料中 $RbAg_4I_5$ 的体积分数为 40% 时,获得了最大容量。此外,该材料体系中的化学计量变化具有快速的动力学,实验观测到的和通过双极界面输运模型所导出的化学扩散系数超过了其他固体材料在室温条件下的数值,甚至比 NaCl 在水中的扩散率还要快 10 倍。图 8-7(c)对此进行了解释,受化学电阻和电容的影响,以及在体相协助的超电容模式(灰色箭头)下,导致了工作分担机制复合材料有异常高的化学扩散。

(2)赝电容机制

与通过非法拉第反应存储电荷的经典双电层电容器不同,赝电容在表面或近表面区域的能量存储过程中发生了法拉第反应。根据电荷存储机理,赝电容大致可分为插层赝电容和氧化还原赝电容。在氧化还原赝电容中,当施加偏压时,阳离子(H^+、Li^+、Na^+ 等)吸附在过渡金属化合物的表面,引发电极材料中氧化还原中心的氧化还原反应。这通常在纳米过渡金属化合物(如 RuO_2 和 MnO_2)的水电解质系统中观察到。另一方面,插层赝电容类似于电池电极,但不同之处在于电荷仅存储在电极表面或表面附近,这导致快速动力学。随着各种纳米材料的设计和加入,这些表面驱动的赝电容器在能量和功率密度方面都得到了显著改善。

(3)纳米材料中的亚稳态

当颗粒尺寸减小到纳米级时,其表面能增加,在总能量中不可忽略,稳定的亚稳相可能具有意想不到的电化学性能。已有研究证明,低表面能的亚稳态相可以在晶体生长期间借助纳米尺寸稳定在热力学最稳定的相上。尽管目前亚稳相材料的合成过程和相图之间的关系尚未完全阐明,但在非平衡反应期间,局部加热和剪切诱导反应的综合效应被认为会诱导纳米级亚稳相的形成。

在非平衡热力学合成路线和原理的背景下,各种纳米亚稳相已被研究为储锂的新化学。特别是无序岩盐相作为纳米材料的使用已被广泛重新审视。无序岩盐相具有许多优点,例如电极材料设计的灵活性,它允许各种多价过渡金属作为氧化还原储层在岩盐结构中进行结构结合,适合用作高能量密度电极材料。此外,无序岩盐相循环期间的晶格参数变化相对较小。然而无序岩盐材料传统上被认为不适合作为插层电极,因为结构中随机分布的阳离子堵塞了锂扩散通道。但是有研究发现,即使某些正极材料在循环后发生了层状结构到无序岩盐结构的转变,在锂过量环境中仍可形成渗流通道,无序材料可以实现快速的锂扩散。从那时起,人们多次尝试通过非平衡热力学反应作为纳米现象合成无序岩盐相。Freire 等曾对岩盐相的锰基材料进行了研究,发现 $Li_4Mn_2O_5$ 材料在纳米级尺寸下形成了具有特殊三维锂离子扩散通道的亚稳态相,其用于正极时获得了超高的放电容量(355 mA·h/g)。

8.4 纳米材料的局限性

纳米电极材料的发现不仅提供了寻找新电池化学物质的机会,而且还显著改善了它们的电化学性能。然而,纳米材料在实际电池系统中的应用也受到了限制(如图 8-8)。例如,高合成成本和低振实密度使得纳米材料难以应用在各种储能平台中。此外,纳米材料的大表面积加剧了副反应或表面氧化等问题。

由于颗粒内空间中固有的不均匀特性,如纳米材料中常见的成分、氧化状态和缺陷浓度不同，因此有必要全面了解纳米材料及其电化学性能之间的相关性。此外，深入了解纳米材料的表面反应性仍然具有挑战性，因为同时涉及多种因素，如晶体面特征、聚集状况和与电解质的复杂相互作用。本节将对目前纳米材料所面临的挑战进行介绍(如图8-8)。

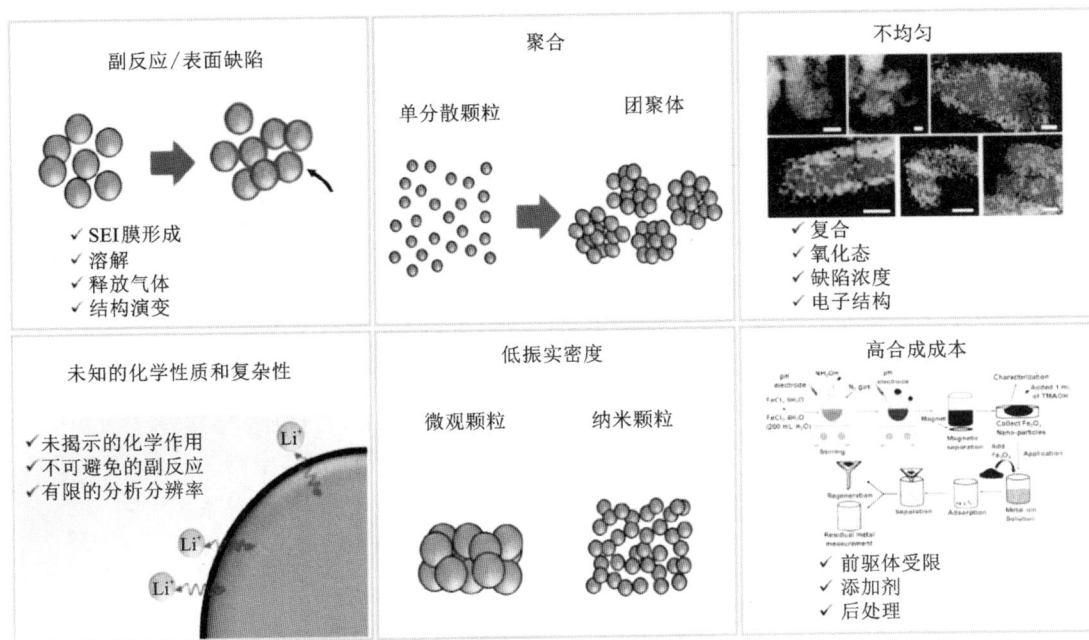

图 8-8　纳米材料所面临的挑战

8.4.1　表面反应性

电池系统电化学性能的恶化有时是由负极和正极侧电极表面发生的副反应或材料降解引起的，这通常是由于与电解质或外部条件接触的表面的脆弱性引发了电池的严重退化。这些问题对于纳米材料而言比微米材料更为关键，因为纳米材料的大表面积会促进这些副反应并加速材料的降解。

(1)副反应和表面降解

负极材料上 SEI 层的形成消耗了正极侧所提供的锂离子，导致了不可逆容量和低库仑效率。特别是对于纳米材料，由于具有更大的表面积，纳米材料中观察到的不可逆容量通常比在本体材料中高得多。对于电池的正极侧，倾向于发生一些表面驱动的副反应，如表面结构的变化、气体的析出和过渡金属溶解在电解质中等，这也是导致电池电化学性能下降的重要原因。此外，很多研究都表明，电极材料颗粒尺寸的减小可能会导致更加严重且更加快速的不利的结构演化，从而导致活性材料的电荷转移阻抗迅速增加。

电极表面上的气体(如 O_2 和 CO_2)的释放会导致材料结构的恶化，影响性能，甚至可能带来严重的安全问题。如图 5-11(d)所示，从电极表面产生的氧自由基可以重复诱导电解质消耗和分解。析出的 O_2 源自材料晶格，而大部分的 CO_2 是由与 O_2 相关的副反应所产生的，并从电解液中析出。此外，正极材料在合成后，材料表面不可避免地有残余锂、Li_2CO_3，这些也会促进电池工作过程中 CO_2 的析出。当材料颗粒缩小至纳米尺寸时，面对更大的表面积更加需要考虑材料表面的反应性能。

过渡金属溶解是发生在电极材料表面的另一个主要问题。溶解主要发生在材料表面，是与电解质相互作用和 HF 侵蚀的结果。研究显示，有害的 HF 可以通过质子从活性材料表面转移到电解质而形成，这表明具有能够吸附质子的大表面积的纳米材料很可能对电解质的稳定性起着至关重要的作用，纳米材料表面与电解质的接触稳定性决定其应用，也就是说纳米材料的表面工程是十分必要的。

（2）聚合

纳米粒子聚集会使得材料的实际表面积逐渐减小，从而导致活性表面积控制的电化学反应动力学显著降低。此外，聚集使得原始的颗粒尺寸和形态难以保持，这也就使得通过颗粒设计优化所获得的电极不再具备最佳性能。

聚集的驱动力通常被认为是纳米颗粒高表面积体积比的不稳定的自由能，在胶体科学领域，Derjaguin-Landau-Verwey-Overbeak（DLVO）理论已被用于影响聚集驱动力的详细的参数研究。纳米颗粒聚集行为原因还可以包括其他参数，如磁吸引、渗透排斥和空间排斥（XDLVO、扩展 DLVO 理论）。尽管 DVLO 和 XDLVO 理论描述了纳米颗粒的聚集行为，但由于颗粒大小、形态、组成不同以及电化学力之间不可分割的相关性，在解释电化学系统中的行为方面仍然存在许多挑战。

8.4.2 物理和化学不均匀性

纳米材料高的表面积体积比常常导致表面状态的物理/化学不均匀性。表面的电子结构和化学组成也倾向于不同于本体的电子结构或化学组成，存在最小化总表面自由能趋势。虽然表面的这些不同的物理或化学状态可以提供新的性质，但均匀性的丧失在控制电极化学性能方面提出了新的挑战。

以 $LiCoO_2$ 正极材料为例，$LiCoO_2$ 的平均电子自旋态是会随着颗粒的大小而改变的。一般来说，大颗粒材料中 Co 离子表现为低自旋态，随着颗粒尺寸在纳米尺寸下不断减小，低自旋态的 Co 离子减少，而中自旋或高自旋态的 Co 离子占比增加。平均自旋态的变化会改变材料的表面能，进而会影响到 $LiCoO_2$ 正极表面区域中锂离子的脱嵌电势。因此，当 $LiCoO_2$ 正极材料纳米化后，要想保证材料本身理化性质的稳定，就必须严格控制材料的纳米尺寸。而在实际的材料合成过程中，这往往很难实现。

8.4.3 低振实密度

当材料的颗粒尺寸减小到纳米尺寸时，会产生大量的颗粒间空隙，这会导致电极材料的振实密度较低。而低振实密度不可避免地造成了低的体积容量，要想实现与常规电极相当的填充水平，就需要增加电极的厚度。但是，电极厚度的增加又带来了一系列问题。随着电极厚度的增加，从对电极到该电极活性表面，以及从活性表面通过电极孔的锂离子扩散距离显著增加。其结果就是，增加的扩散距离导致大的电池极化，尽管单个纳米颗粒中预期具有快速的动力学，但电极难以实现锂离子的高速率扩散能力。此外，由于电子和客体离子之间的不平衡移动路径，严重的电流集中可能导致循环寿命差。

8.4.4　高材料成本

电池组件成本中，电极材料通常占电池组件总成本的一半以上。而当将电极材料纳米化时，其在生产、输运或是存储等方面往往更具难度，这也意味着材料成本将大幅度增加。

8.5　克服纳米材料局限性的策略和方法

纳米材料的局限性极大地限制了其实际应用。然而，最近众多研究已经确定了一些可以克服这些限制的重要方法，如：①纳米结构重新设计；②电极设计工程；③观察纳米材料相关电化学现象的新的先进技术。本节将对这几个方法进行相关的介绍。

8.5.1　纳米形态的原子级重新设计

（1）纳米结构的尺寸分类

纳米材料通常按其结构维度分为：0D（团簇和小颗粒）、1D（纳米管和纳米线）、2D（纳米板和层）和 3D（分级纳米结构）纳米结构材料。不同维度的纳米结构材料将经历不同的锂离子扩散模式、活性表面比和锂离子存储特性。控制它们的纳米结构是改善活性材料电化学性能的潜在有用方法。

0D 纳米结构材料（如团簇），能有效缩短锂离子在各个方向的扩散路径，已经被研究应用于解决材料内部锂离子和电子传导普遍较差的问题中。此外，具有大表面能的纳米粒子可以通过非平衡相变触发反应路径。然而，0D 纳米结构材料通常具有与电解质接触的大表面积，这通常会降低其稳定性并引发副反应。

1D 纳米结构具有沿径向的短的锂离子扩散、沿 1D 方向的快速电子传导以及结构多样性（例如纳米管或纳米线），对锂离子电池而言，是颇具吸引力的形态。

与 0D 或 1D 纳米结构材料相比，2D 纳米结构材料可以提供更明确的 Li 存储位点，通常在各种纳米结构中显示出最高的能量密度。纳米板或纳米片状结构有助于锂离子从电解质的电荷转移，显著增加能量和功率密度。然而，由于电解液的消耗或结构变形，2D 材料的大表面积也会在循环期间引起电化学不可逆性。

3D 纳米结构材料通常由 0D、1D 或 2D 纳米结构材料组装而成，以便努力避免每种纳米结构所存在的主要问题。然而，3D 架构有时需要重新组装单个的 0D、1D 和 2D 纳米结构材料的额外过程，也就导致了成本效益的降低。

（2）纳米结构的表面依赖性

尽管纳米材料具有潜在的优势，但包括其表面反应性、团聚和不均匀性在内的内在障碍限制了其应用，进而阻碍了其在电池系统中的实际应用。这些性质是由表面性质决定的，包括优选的晶面、表面原子结构和重构。因此，重新设计纳米材料的形貌可以有效抑制纳米材料应用于电池系统时的局限性。一些研究表明，某些特定纳米材料的形态可以有效地减轻与表面反应性有关的副反应。在受控纳米形态中特定表面的生长可以提供最小化的与电解质的副反应性，以及优化的电池性能。以尖晶石型的 $LiMn_2O_4$ 材料为例，该材料在循环过程中经历着严重的 Mn 的溶解，导致材料的循环稳定性大大降低。大量的研究发现，Mn 的溶解主要取决于与电解质接触的材料表面的晶格取向,当接触的晶面为(110)面时,溶解更容易发生。因此,一种被截断的八面体纳米形貌的 $LiMn_2O_4$ 纳米材料被设计出来,截断的反应表面导致了 Mn 的溶解显著减少,同时保持了纳米 $LiMn_2O_4$ 材料的循环性能及倍率性能。

考虑到电极材料的各向异性,不同晶面上的热力学信息也可用于为特定结构和热性能定制纳米电极材料。例如,$LiCoO_2$ 正极材料在高温应用中存在着晶格氧逸出的热失控的安全问题,而这一问题随着纳米尺寸的减小而急剧增加。但值得注意的是,$LiCoO_2$ 材料的(001)面对晶格氧的释放表现出更强的抵抗力,相比之下,氧的释放在(012)和(104)晶面上要相对容易许多。因此,了解不同晶面上氧的释放反应,有助于通过纳米材料的形貌设计来最小化 $LiCoO_2$ 材料的热失控行为。此外,关于高温下纳米颗粒聚集或者粗化的问题,一些研究表明,在某些系统中通过热力学方法可以抑制纳米结构多晶颗粒生长的问题。

8.5.2　电极层面的考虑

纳米活性电极材料的一些局限性可以通过优化其电极层工程得到有效解决。例如,通过在电极表面上形成物理保护层,可以减轻从较大表面积加速的过渡金属溶解程度。此外,纳米粒子的聚集和大的粒子间电阻可以通过在电极中采用导电碳结构来解决。在这一部分,所讨论的方法涉及电极层面的考虑,修饰单个电极组件的功能/形状,如黏结剂和导电剂,或修改填料的方法以缓解纳米材料的缺点。其中的一些电化学方法在其他电化学装置中也得到了广泛研究,如能量收集和水分解等,因此有许多相关的综述论文"纳米策略"提供了有用的观点。

(1)提高电极稳定的表面改性

对于由表面反应性引起的副反应,最广泛采用的解决方案是使用涂层或形成物理保护层来提高表面的电化学/化学稳定性。这种表面改性通常是通过特定的合成工艺在活性材料上直接涂覆非均质材料,或者通过电化学工艺在电解质中使用添加剂来引发特殊 SEI 层的形成,以避免电极表面直接暴露于电解液中。这两种方法都已经被证明在提高化学稳定性方面是有效的。

一般的,用于表面涂覆或改性的材料应满足以下条件:

①材料及其尺寸应允许合理快速的锂离子和电子传导。

②表面涂层材料应与电池中使用的活性材料和电解质化学相容,并在循环电压范围内具有良好的稳定性。

③涂层材料还必须与电极材料表现出机械相容性。

④最后应满足成本竞争力、生态友好性和大规模综合性等工业方面的要求。

用于纳米颗粒表面改性的最广泛使用的材料包括碳基材料(无定形碳、石墨碳、石墨烯)、2D 材料(氮化硼)和无机材料(Al_2O_3、MgO、ZrO_2 或玻璃材料)。碳材料由于其低成本、高导电性和良好的机械性能而被广泛用于正极和负极材料。不同碳物种的独特性质和加工技术的可用性使碳材料成为纳米电极材料最合适的涂层/封装剂之一。

虽然表面改性可以提供一种可行的方法来减少副反应,但它也损害了一些有益的纳米现象,特别是那些依赖于表面电化学的纳米现象。界面处或伪电容材料中的电荷存储机制可能会因为涂层材料的存在而钝化。因此,这种方法不能普遍应用,其使用仅限于某些类别的纳米材料。

（2）电极内部的动力学优化

纳米材料的电化学滞后不仅是由热力学效应引起的，也是由源于材料纳米特性的动力学因素引起的。在理想情况下，对于含有纳米材料的电极，应获得具有高效率的往返恒电流曲线，因为活性表面积大，锂离子扩散的路径相对较短。然而，由于各种实际的问题，例如每个纳米颗粒的电连接或界面电阻的增加，有时难以充分利用纳米电极中快速动力学的优点。此外，具有有限孔连通性的纳米结构的结构复杂性可严重拉长客体离子的扩散路径并阻碍电荷转移。因此，一些纳米颗粒的电化学响应难以实现，最终导致电化学性能劣化，具有更高的迟滞、更低的功率密度或更低的循环保持率。

通常，为了增强大量纳米颗粒之间的电连接，用导电材料涂覆每个颗粒可以提供更高的接触概率和低的界面电阻。虽然涂层明显缓解了单个颗粒的电连接问题，但它仍然对通过颗粒到颗粒表面的细长电子传输路径提出了挑战，如图 8-9（a）和（b）所示。沿着纳米颗粒表面的电子路径比到集流体的直线路径长得多，这导致电池的 IR 降更大。因此需要采取一些方法来缩短电极中的整体电子路径。

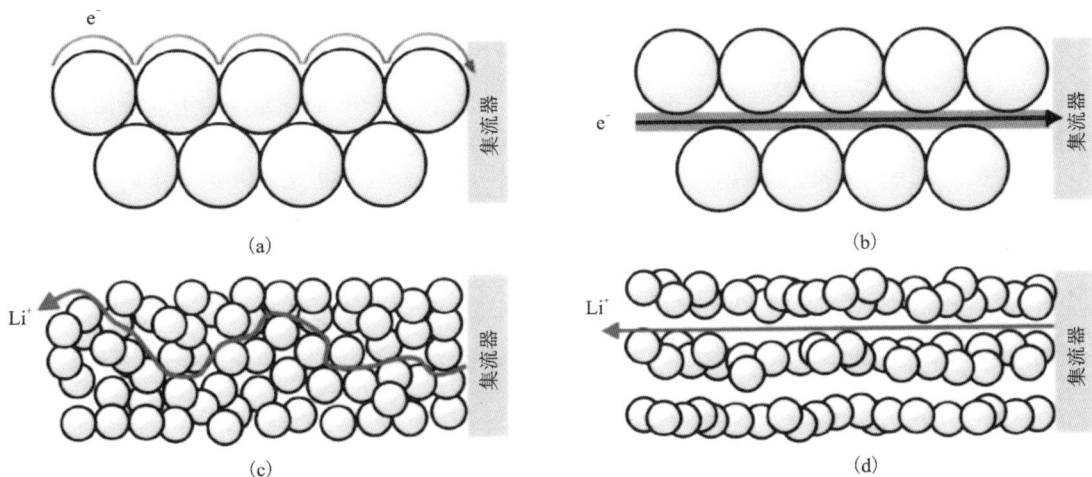

图 8-9　电极中电子、离子传输路径

纳米材料通常表现出低振实密度，这需要使用厚电极以获得所需的能量密度。如果纳米颗粒过于密集地堆积在电极上，则电极内部仅含有纳米级孔，最终一些颗粒对电解质的接触有限，如图 8-9（c）所示。因此，离子的总扩散路径比具有微孔的电极的扩散路径更长，导致了较低的电化学动力学。如果使用化学或机械方法使纳米颗粒有序排列，则可以在一定程度上改善离子扩散性。然而，在使用分散方法时，应同时考虑体积能量密度和负载密度，如8-9（d）所示。例如，可以通过组装分级结构使纳米材料排列一致，这可以同时确保材料的微孔和更高的堆积密度。

电极动力学因素的优化可以改善电化学反应的均匀性，这对纳米材料的功率密度、充放电效率和循环寿命具有积极影响。然而，值得注意的是，这些方法通常导致需要过量的导电剂或基质来覆盖大的纳米颗粒表面，从而降低了实际的比能量密度和体积能量密度。因此，开发满足上述要求的先进电极制造方法对于商业化应用是必要的。

（3）高振实密度的材料

许多研究表明，纳米材料的低振实密度缺陷可以通过先进的纳米颗粒堆积和电极制备工艺来克服，主要方法之一包括通过组装纳米级初级粒子和形成微米级次级粒子来制造次级结构。在不补偿比能量密度的情况下，可以获得比原始状态高得多的振实密度。Liu等提出了一种使用微乳液微滴方法制备的分级结构Si纳米颗粒。类似石榴的微尺度二次粒子的设计使得每个纳米颗粒分别被薄碳层包裹，具有用于适应体积变化的空隙空间［如图5-15（a）］。包覆的纳米颗粒被组装成由厚碳层包裹的二次颗粒，这防止了一次颗粒的进一步机械分离。采用石榴状结构，电极密度可显著提高250%。

纳米材料的低振实密度的改善也可以在其他电极部件的帮助下实现。例如，可以使用石墨烯/乙基纤维素复合物形成含有纳米锰酸锂粒子的浆料混合物，通过加热该混合物去除乙基纤维素，在乙基纤维素分解过程中，石墨烯薄片相互强烈压缩，形成一层薄的无黏合剂电极膜，大大提高了电极的堆积密度。

纳米颗粒的低振实密度是一个可以通过在电极水平上调节纳米颗粒的堆叠来克服的问题。然而，此处使用的工艺需要扩大到商业化水平，同时必须满足成本效益要求。此外，在考虑纳米材料的表面特性的同时开发电极制造工艺将是克服低振实密度问题的关键。

（4）纳米材料的多功能黏合剂

聚偏二氟乙烯（PVDF）、聚丙烯酸（PAA）和羧甲基纤维素（CMC）是商业化电池的典型黏结剂，在实际电压范围内不具有电化学活性，而电极通常包含质量比为1%~5%的黏结剂。纳米尺寸的电极材料通常需要大量的导电剂，并且表现出较大的体积重量，因此需要比非纳米材料更多的黏结剂。目前，许多研究都在尝试通过在黏结剂中加入多种功能黏合剂来解决纳米材料的这一问题。例如重新设计黏结剂的聚合物链，保持其导电性，同时改善电极的离子导电性。此外，也有研究尝试通过使用多孔黏合剂将纳米颗粒固定到3D支架聚合物黏合剂上来适应纳米电极材料的体积变化。已有研究表明，黏合剂的分子设计可以成为电极重新设计过程的重要部分，包括纳米尺寸的电极材料。

8.5.3 探索纳米化学的新技术

在过去的二十年里，电池研究领域一直在积极开展对电化学反应中微/纳米结构变化的研究。然而，在实际研究过程中，存在着一些挑战。

（1）真实电池行为监测。为了准确监测纳米材料的行为，应在实际电化学条件下或至少在相应环境中进行观察。然而，观察设备中使用的电池系统受到设备特性的显著限制。

（2）高空间分辨率。纳米尺寸下的电化学反应的研究需要具有较高的空间分辨率和特定的反应信息检测的仪器，如同时发生微妙的晶格变化或氧化还原中心氧化态变化的检测。

（3）时间分辨信息。尽管整个电池容量与时间和施加电压/电流成正比，但纳米颗粒的电化学反应通常在每个区域不均匀地发生。因此，某一局部区域在高电流密度下最有可能发生剧烈反应。此外，纳米电极材料表现出显著增加的速率能力和快速松弛行为，以达到平衡状态。因此，在非常短的时间内收集信息对于进一步识别纳米材料的快速动力学至关重要。

近年来，一些先进的技术被用于纳米材料的研究中，如高分辨率的先进透射电子显微镜、相干成像的X光衍射仪、扫描透射X射线显微镜和X射线叠层成像仪等，为纳米材料的研究提供了许多有价值的研究手段。

8.6　纳米化现象的展望

在过去的二十年中，纳米技术作为外部解决方案已广泛应用于能源电池研究领域，以克服电池反应中电极材料的物理限制和化学限制。这一新的研究途径不仅在可充电电池方面取得了突破，而且拓展了我们对材料的认识理解。在本章中，从动力学、热力学和力学角度讲述了电化学反应中的一般纳米现象和电池的整体性能，从多个方面分析了纳米材料的优势与缺点，并介绍了一些基于纳米化的电极材料的改善方法。

我们相信，本章内容为纳米电极材料存在的特殊现象提供新的解释，并阐述了其背后包含的反应机制和原理，为未来深入研究储能材料纳米技术提供指导。我们也相信，作为读者的你在学习本章内容之后，对电池中的纳米现象有自己独特的见解。

思考与讨论

1. 电池中的纳米现象有哪些？这些纳米现象给电池、电极材料带来了何种改变？又实现了什么效果？

2. 电极材料在纳米化过程中有何新的发现？你认为纳米尺寸下电池技术该如何发展？

3. 请简要阐述纳米电极材料的局限性。对于这些局限性你有什么解决方法、策略？试从不同的方面、不同的角度谈谈自己的看法。

4. 谈谈你对锂离子电池中的纳米化现象的展望。

引申阅读

第 9 章　纳米电极材料的原位表征技术

9.1　原位表征技术简介

PPT

　　一直以来，非原位表征技术被广泛应用于电池、生物、医学等基础科学研究之中，并不断促进基础科学的进步。但经过多年的研究发现，技术的进步需要获得更多、更全面、更准确、更深刻的材料信息，而传统的非原位表征技术，其技术特点和后处理注定了其信息的有限性、局限性，难以在更深入的研究中进一步发挥作用。比如对于材料动力学的研究，对电池材料在电化学过程中界面反应等的研究，非原位表征技术都难以完全地反映材料真实发生的情况。而原位表征技术就能很好地解决这一问题。

　　简单来说，原位表征就是在反应进行的条件下进行材料表征，即一边反应，一边监测。因此，利用原位表征技术，可以获取许多相比于非原位表征技术更有价值的信息，如实时跟踪电极的变化，获取完整的反应行为，了解过程中结构的演化等。

　　近些年来，原位表征技术也在不断地发展，许多非原位表征技术，如 X 射线衍射（XRD）、原子力显微镜（AFM）、拉曼测试（Raman）和透射电子显微镜（TEM）等，都已经发展出了相应的原位检测技术，并用于锂离子电池的实际研究中，极大地加深了人们对电池内在机制及电池失效等的理解。

9.2　原位 X 射线衍射

9.2.1　X 射线衍射和原位 X 射线衍射

　　X 射线衍射，即 XRD，是一种利用 X 射线对材料进行衍射，通过分析得到的衍射图谱，获取材料成分、材料内部原子或分子结构及形态等信息的表征技术。传统的非原位 XRD 只能用于检测样品材料在某一特定状态下的晶体结构的信息，难以获得关于样品材料在完整的转变过程中的相关信息。原位 XRD 很大程度上解决了非原位 XRD 所面临的一系列问题。从检测操作来看，原位 XRD 能够很好地避免由于不同极片之间的物理差异、电池拆解、极片洗涤以及转移等操作过程所带来的对检测结果的影响，这也使得原位 XRD 能够更好地还原、展现出电池材料在电池充放电过程中的真实情况。原位 XRD 技术的使用与发展，对锂离子电池的研究具有重要意义。

　　（1）原位 XRD 表征技术在检测上具有连续性。原位 XRD 能够检测出材料在整个连续的反应过程中结构实时的变化信息，可以帮助研究者深入认识材料在充放电过程中的反应行为，对材料的反应机理和结构演变进行进一步的研究,对后续材料的改进优化具有重要的指导意义。

(2)原位 XRD 在信息获取上具有极高的可对比性。原位 XRD 测试可以在较短的时间内完成对材料样品的检测,反映的完全是一个材料位点上不同时间点的材料信息,具有极高的信息可对比性。通过信息的对比,也就可以得出材料实时的结构变化信息。

原位 XRD 技术根据所使用的 X 射线光源的不同,大致可分为普通原位 XRD 技术和同步辐射原位 XRD 技术。普通原位 XRD 测试采用反射模式,该测试技术可以在传统的非原位 XRD 技术下改造实现,通过对实验室中的衍射仪进行一定的改造即可实现原位监测,操作简单、方便。不同于普通原位 XRD 技术所采用的反射模式,同步辐射原位 XRD 技术采用了透射模式。这一测试模式对光源有较高的要求,光源须具有较高的能量,因此同步辐射光源被选作为 X 射线的衍射源。此外,由于同步辐射光源的亮度极高,单色性好,因此同步辐射原位 XRD 技术可以缩短材料的检测时间,获得的结果质量也要更高。

9.2.2　原位表征的关键技术

许多原位表征技术可以由非原位技术改造实现。对于一般的实验室而言,利用现有的非原位表征技术改造出更为先进的原位表征技术至关重要。而对于这些原位表征技术而言,原位电池又是重中之重。

目前所使用的原位电池主要由三个部分组成,即不锈钢电池体、X 射线透明窗口以及工作电极。除了以上三个部分外,原位电池还需要其他的一些组件,如隔膜、护套(聚四氟乙烯)、弹簧、垫片等。对于原位 XRD 测试来说,原位电池中的 X 射线窗口是整个电池中最为重要的部分。X 射线窗口在设计、制造和选择时,应满足以下几点要求:

(1)X 射线窗口材料应具有极好的 X 射线穿透性,使得 X 射线容易到达电池电极。

(2)X 射线窗口材料应具有较好的稳定性,保证原位电池在原位测试过程中不受干扰,以免影响测试结果。这就要求窗口材料与氧气、水分等不发生反应,同时还不能够与原位电池的其他组件发生反应。

目前针对不同体系的电池,结合不同材料的特点,已经发展出了许多窗口材料,如铍(Be)、聚酯薄膜、石英或铝(Al)等,其中铍窗在原位电池中使用得最多。除了上述的一些制备、装置的要点外,实验操作同样会影响原位 XRD 测试的结果。一般来说,在进行原位表征时,不要采用太高的循环倍率。

尽管从使用的设备上看,原位 XRD 和非原位 XRD 并没有太大的区别,但是经非原位技术改造而来的原位 XRD 确实提供了许多更为重要、更加真实准确的材料信息。原位 XRD 测试的仪器容易获得,表征操作也相对简单,但想要获得一个较精准的结果,需要从原位电池的部件选择,到实际测试中的 X 射线的调控都能够与测试样品相匹配,而这也是一个经验积累的过程。

9.2.3　原位 XRD 的应用

二次电池,如锂离子电池的使用就是对电池进行充电、放电的反复循环的过程。在这样的循环过程中,电极材料将发生一系列的反应,并伴随着一定的结构变化。这些反应、变化关系着电池的寿命、性能等。因此了解不同电极材料工作时所经历的反应、变化等,对于辨识材料差异,选择、研发优异的电极材料十分重要。前面已经介绍,原位 XRD 表征技术能够在电池的充放电过程中观测到材料结构上的变化，从而揭示材料中反应的发生、演化等行为。因此在锂离子电池的相关研究中，原位 XRD 表征技术是重要的了解材料变化行为的材料分析手段。

为了探究 NCM 三元正极材料中镍含量的提高是否会改变材料在充放电过程中的变化行为，研究人员对不同镍含量材料进行了原位 XRD 测试，发现 NCM111 和 NCM811 的原位 XRD 结果有明显的差异[如（003）峰]，在 NCM811 材料中其对应的图谱存在着明显的小峰凸起，表明 NCM811 发生了不同于 NCM111 材料的结构变化。进一步分析得出，NCM 三元正极材料中镍含量的增加会对材料充放电过程中发生的反应、结构变化造成影响，主要表现在高镍 NCM 正极材料中大量的锂脱出易导致材料晶格的急剧收缩甚至坍塌，造成材料严重的结构变化，即发生了 H2-H3 相变。

除了用于了解电极材料在充放电过程中的结构变化，原位 XRD 表征技术还可进一步用于分析材料具体的反应路径、类型。在过去几十年的研究中，研究人员利用原位 XRD 表征技术检测了成千上万的材料，并对结构进行了大量的比较分析，将材料在充放电过程中所经历的反应划分为不同的类型，其中单相反应、相变反应、转化反应以及合金化反应是电极材料中最为经典且常见的四种反应类型。

9.2.3.1　单相反应

单相反应，又称为均相反应，其主要特点是在整个反应过程中反应物系仅呈现出一个相，而不出现其他相，包括气相、液相和固相均相反应过程，而在电池中，主要为固相反应过程。

单相反应在原位 XRD 图谱中最明显的特征就是峰位的连续性，只有峰偏，而没有新的峰形成。如图 9-1（a）~（d）所示，为电极材料在前两个循环周期的原位 XRD 图谱，材料的峰位大致呈现出 W 型的偏移趋势，材料发生了从贫锂态的 $K_6Nb_{10.8}O_{30}$ 到富锂态 $Li_{22}K_6Nb_{10.8}O_{30}$ 的相转变，过程中所经历的中间态为 $Li_3K_6Nb_{10.8}O_{30}$。从图 9-1（a）和（c）可以看出，电极材料的（410）峰在开始阶段出现了峰位的不连续（29°左右），表明材料在开始的短暂阶段出现了不明显的两相反应。除此之外的过程中，各个峰位都显示出了极好的连续变化特征，只出现了有规律的峰位偏移，而没有新的峰位产生。由此可以认为，该电极材料在整个循环过程中发生了典型的单相反应。图 9-1（e）和（f）所展示的为正极材料充电过程的原位 XRD 图谱，正极材料发生了 H1 相到 H2 相再到 H3 相的转变。图 9-1（e）的正极材料为 $LiNi_{0.8}Co_{0.1}Mn_{0.1}O_2$，可以看到，（003）峰、（101）峰、（108）峰、（110）峰在整个过程中都显示出了连续的变化特征，基本观察不到峰位的断连，说明该正极材料在充电过程中所发生的 H1、H2、H3 三相的转变是按照单相反应机制进行的。

在研究分析中，我们认为，在材料只发生活性颗粒的脱嵌反应的情况下，材料原位 XRD 图谱中出现的峰位的断连、新峰的生成等情况，都揭示了材料在该变化过程中经历了相变反应。

9.2.3.2　两相反应

图 9-1（f）为正极材料 $LiNi_{0.94}Co_{0.06}O_2$ 的脱锂过程的 XRD 图谱，该图谱揭示了该正极材料发生了相变反应，具体为两相反应。在 H1 相向 H2 相转变的过程中，观察到（101）峰位在高的荷电状态下原有的峰位逐渐消失，并在较高的 2θ 处出现了新的峰位。相类似的变化也出现在 H2 相到 H3 相的转变过程中。从（003）峰的变化可以看出，原有的（003）H2 峰逐渐消失，在较高的 2θ 值处产生了新的（003）H3 峰。这些特征峰的变化情况都有力地说明了 $LiNi_{0.94}Co_{0.06}O_2$ 材料并没有像 $LiNi_{0.8}Co_{0.1}Mn_{0.1}O_2$ 材料按照单相反应机制进行相转变，而是走

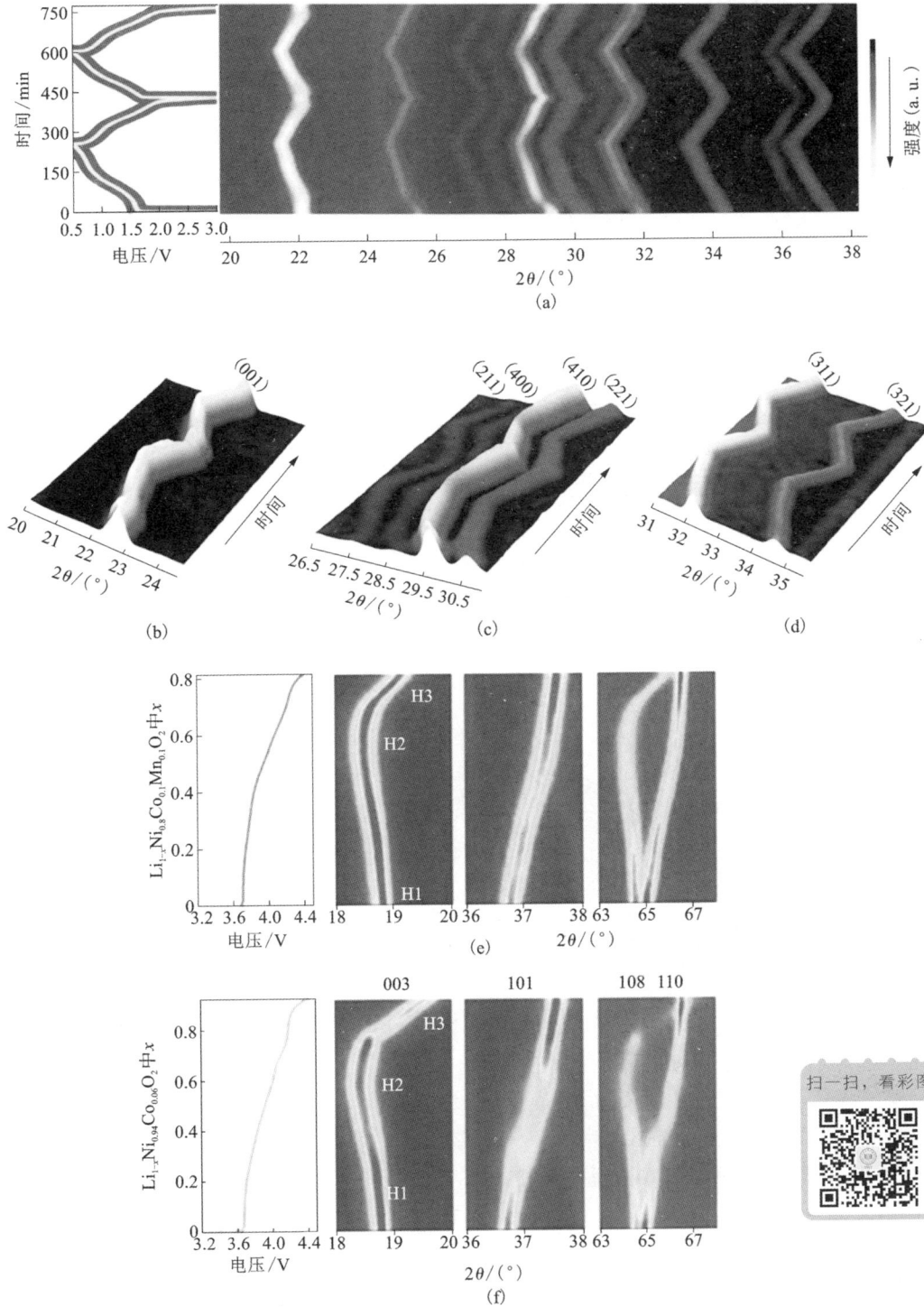

图 9-1　不同材料的原位 XRD 测试结果

127

储能材料纳米技术与应用

两相反应机制路径。这也说明了 $LiNi_{0.94}Co_{0.06}O_2$ 材料经受了更加复杂的结构变化，这将导致材料在一定的电化学循环后结晶度混乱，结构破坏，最后导致材料颗粒的破碎。

图 9-2 也显示出了较明显的两相反应行为。当放电过程进行到电压为 2.6 V 时，$\alpha(100)$ 峰强度减弱，并在 14.5° 处形成了 $\beta(100)$ 峰，在 26.7° 形成了 $\beta(-111)$ 峰，且两峰强度不断增加，材料由 α 相向 β 相转变。当放电继续进行至 $Li_{3.5}$ 态，已经无法检测到 α 相所对应的峰，说明放电过程由 α 相向 β 相转变的两相反应过程已经完成。再看电池材料的充电过程，峰值的演化与放电过程相反，但同样显示出明显的两相反应行为。

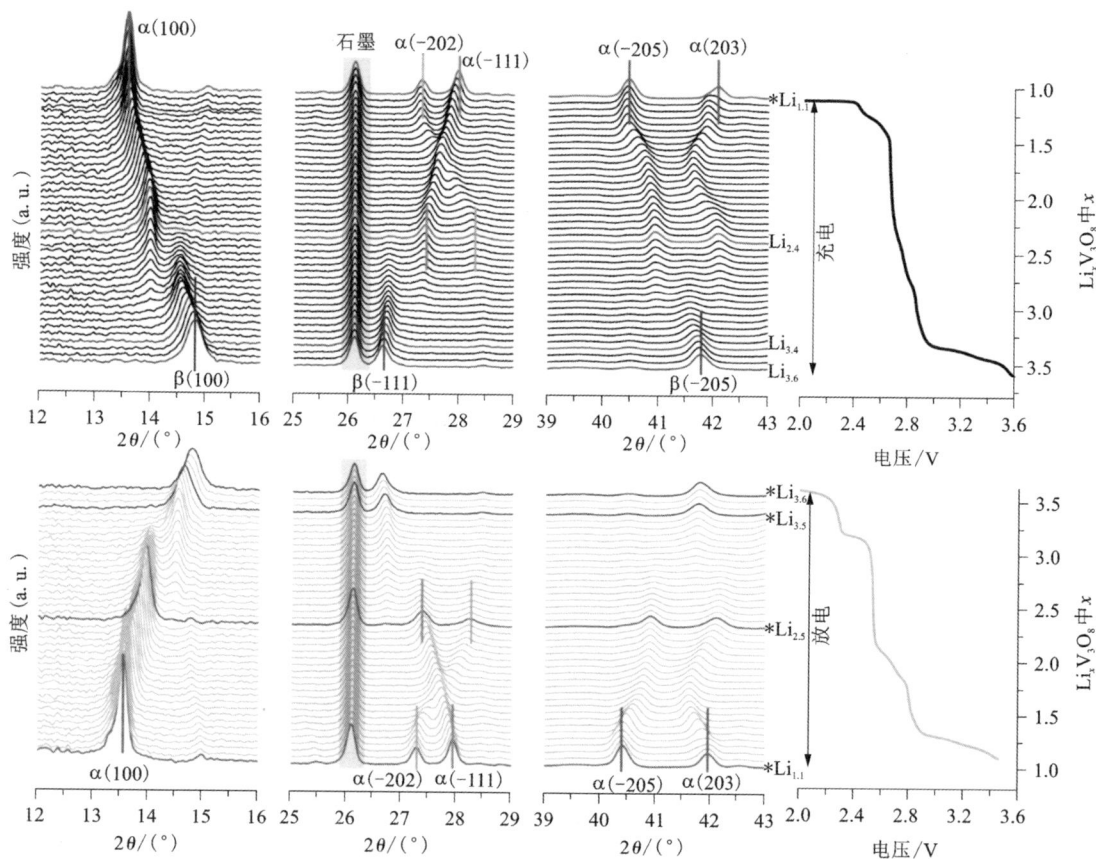

图 9-2　存在两相行为的原位 XRD 图谱

9.2.3.3　转化反应和合金化反应

对于转化反应，在离子插层过程中，一相消失，而新相形成。转化型机制在原位 XRD 图谱上表现为充放电过程中，相随着新相的形成而消失，最后再不完全返回的行为特征，过程中材料发生了改变。图 9-3 为一种用于钠离子电池阳极的 MoP 复合材料在第一次充放电过程(电压范围为 0.01~3.0 V)中的原位 XRD 图谱，绿色曲线和红色曲线分别代表着充电和放电过程。从图中可以清楚地看到，在第一次放电过程中，原始相随着新相的生成而消失，具体表现为 27.9°、32.1°、43.1° 处对应的 MoP 特征峰随着放电的进行逐渐消失，同时在 20.1°、28.9°、36°、37° 和 41.7° 处置形成了 Na_3P 的特征峰，在 40° 附近还出现了 Mo 的特

128

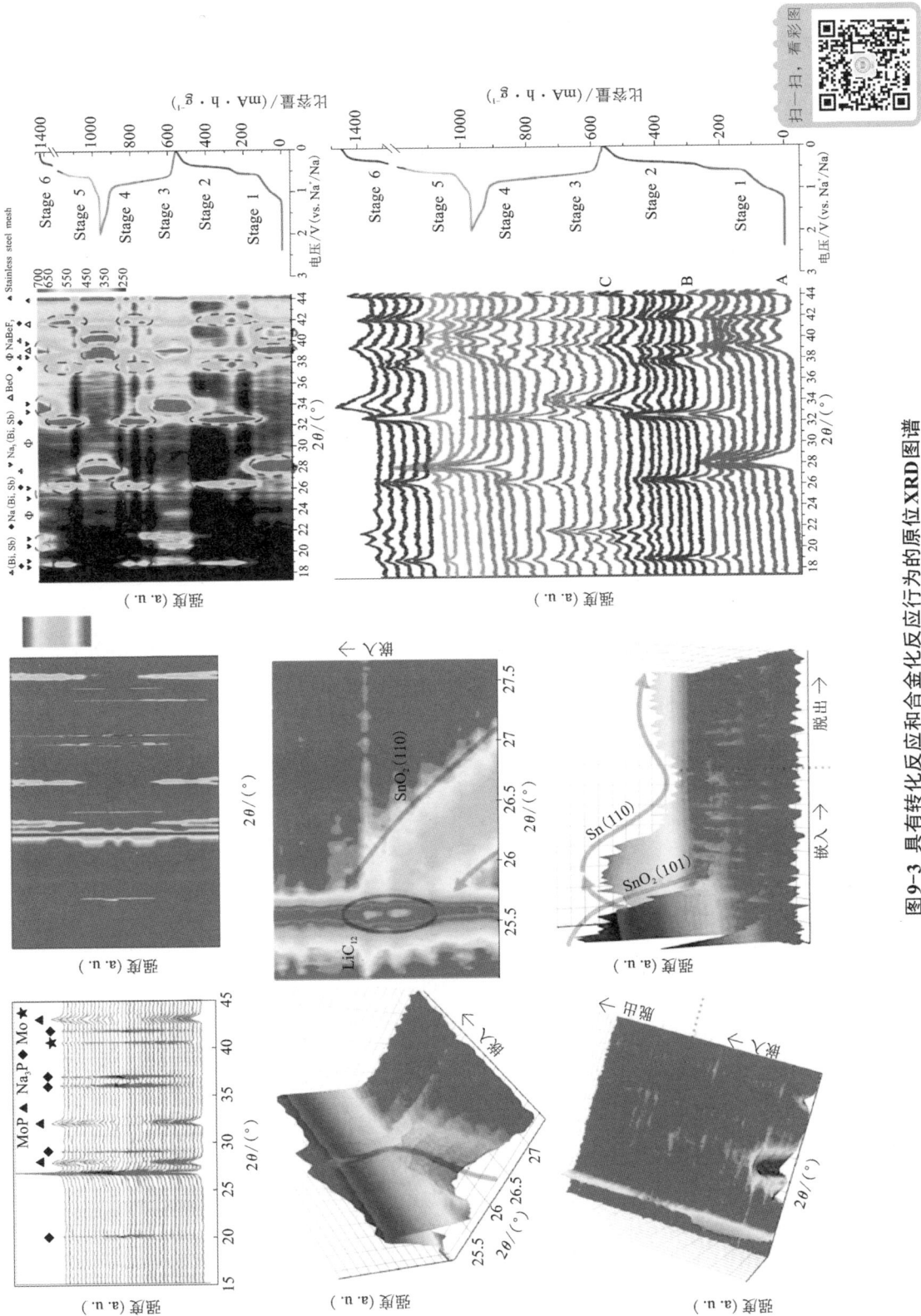

图 9-3　具有转化反应和合金化反应行为的原位 XRD 图谱

征峰，即 MoP 材料转变为了 Na_3P 和 Mo。而在充电过程中，Na_3P 和 Mo 的特征峰开始逐渐衰减，MoP 的特征峰逐渐增强，在充电结束时，材料重新转化回了 MoP 材料。

合金化反应与转化反应密切相连，且只针对锡（Sn）、铋（Bi）、锑（Sb）、锗（Ge）和其他类似的元素，反应过程中，金属离子会与电极材料发生反应，但不会置换其组分。图 9-3 为一种 $\alpha-Fe_2O_3$ 纳米管/SnO_2 纳米棒/还原氧化石墨烯（FNT/S/RGO）材料在 $0.01 \sim 3.0$ V 电压范围内进行充放电循环的原位 XRD 图谱，显示出了材料所发生的初始转化和随后的合金化反应过程。可以看到，在插入过程中，SnO_2 的（110）峰逐渐向 LiC_{12} 偏移，并在 $25.5°$ 处消失，LiC_{12} 的峰强在该处有所增强；SnO_2 的（101）衍射峰在该过程中逐渐消失，Sn 的（110）衍射峰出现并不断增强，说明在插入过程中，SnO_2 先转化为 Sn，随后 Sn 与 Li 金属发生合金化反应，形成 Li-Sn 合金。图 9-3 的原位 XRD 图谱很好地揭示了 np 结-Bi-Sn 合金在充放电过程中的反应机制，显示了材料在放电过程中的两步合金化反应行为，即由（Bi，Sn）合金化形成 Na（Bi，Sn），进一步合金化形成 Na_3（Bi，Sn），充电过程则是与之相反的脱合金化过程。

9.3 原位原子力显微镜

作为扫描探针显微镜技术之一，原子力显微镜（AFM）可以用来观察、研究包括绝缘体在内的固体材料的表面结构。AFM 具有不同的操作模式，如接触式、非接触式和轻敲式等。不同的工作模式各有优缺，应根据样品特点进行合理的选择。

目前，扫描探针显微镜技术已经相对完善，如导电原子力显微镜（C-AFM）可以用来检测材料表面的导电性；电化学原子力显微镜（EC-AFM）和电化学扫描隧道显微镜（EC-STM）可以用来监测原位充放电条件下表面的结构变化；定量纳米力学原子力显微镜（QNM-AFM）主要用于材料表面力学性能的测量；电化学应力原子力显微镜（ESM）可以用于锂离子迁移引起的结构变化的测量。

9.3.1 在锂离子电池中的应用

在锂离子电池中，AFM 被广泛用于关键科学问题的研究，如阐明负极/电解质界面膜（SEI）的形成机制，了解其物理、化学性质；分析充放电过程中电极界面的应力变化情况，掌握锂离子具体的传输机制等。

Huang 等利用原位 AFM 对 SEI 膜的生长行为进行了研究。图 9-4 为以 0.1 mol/L LiBOB 和 0.9 mol/L $LiPF_6$ [n（EC）：n（DMC）$= 1:1$]为电解液的 HOPG 电极在循环过程中的原位 AFM 图像，黑色箭头显示探针扫描的方向，与电压的变化相对应。当电压降至 1.8 V 时，出现了大量的沉积颗粒，将整个电极表面覆盖。此后电压继续下降，电极形貌再次保持稳定，说明在电压低于 1.8 V 的较小电压范围内，LiBOB 分解促进了良好的 SEI 膜的快速形成，阻止了电极进一步与 EC 反应和电解质的继续分解。

他们还研究对比了不同条件下 HOPG 电极表面生成的 SEI 膜的差异。图 9-5（a）和（b）分别显示了第一次循环后，采用不同添加剂、不同添加比例的电解质时，HOPG 电极形成的 SEI 膜的 AFM 图像，以及在刮擦 SEI 膜后重新进行接触式扫描的 HOPG 电极的 AFM 图像；图 9-5（c）则显示了图 9-5（b）中直线标记位点的高度变化情况。可以看到，采用以 LiDFOB 为添加剂的电解液时，HOPG 电极表面生成的颗粒明显小于添加 LiBOB 的电解液中电极上沉

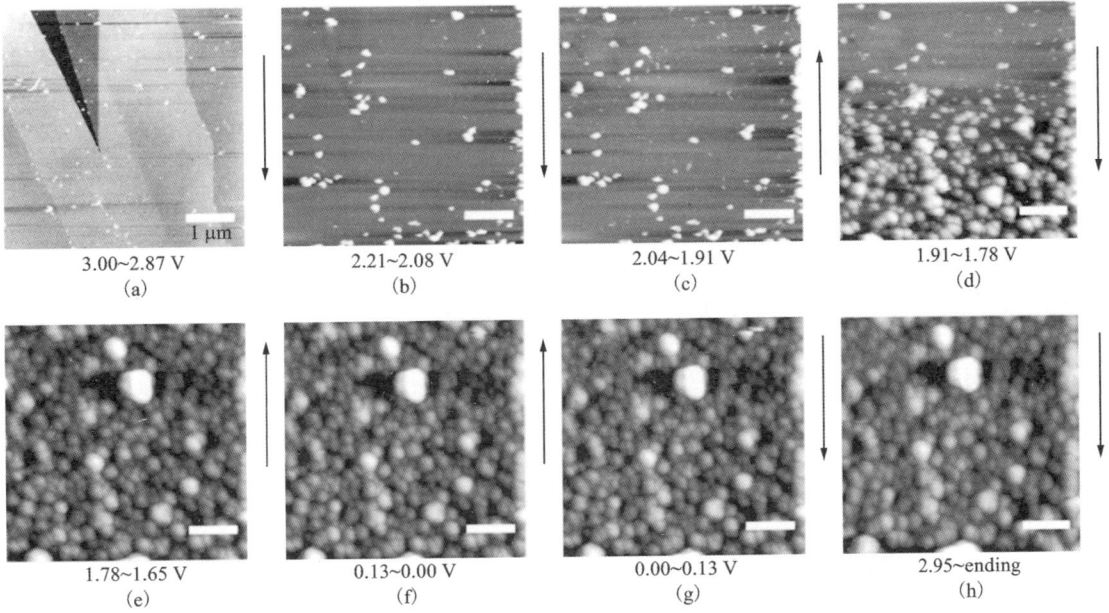

图 9-4　HOPG 电极在循环过程中的原位 AFM 图像

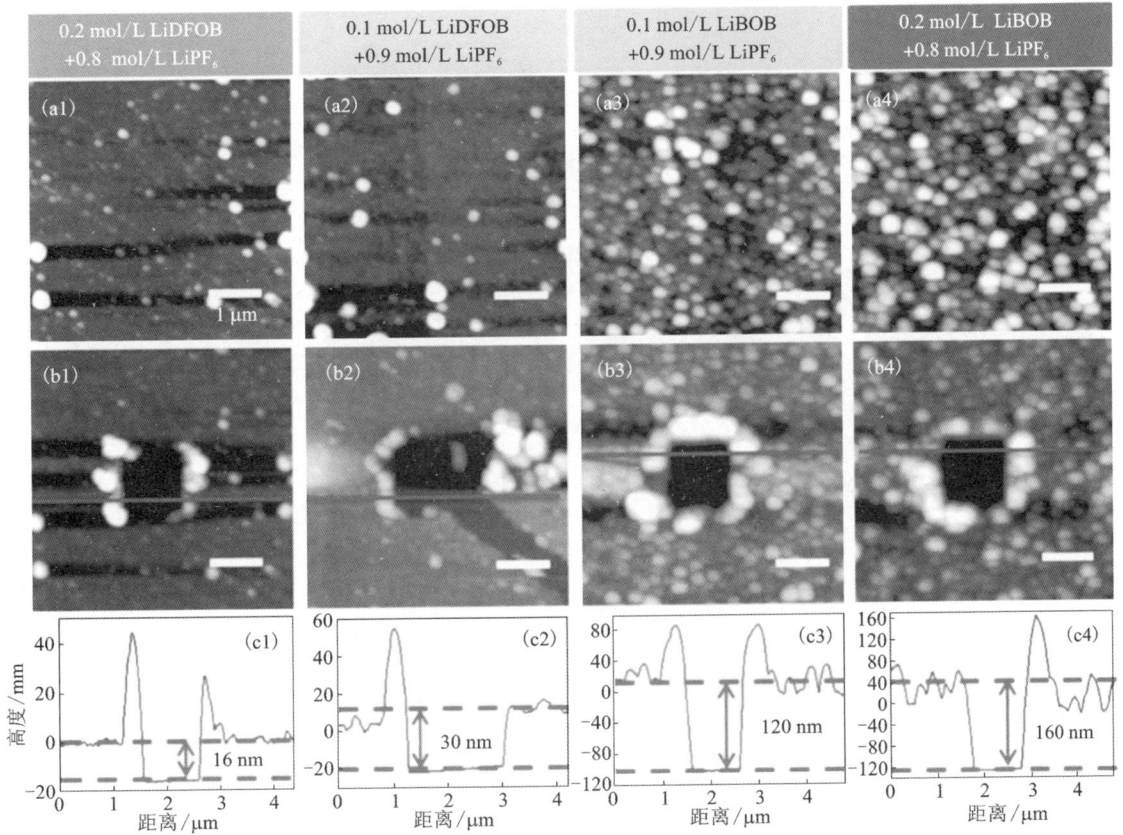

图 9-5　HOPG 电极形成的 SEI 膜的 AFM 图像

积的颗粒。高度变化分析展示了生成的 SEI 膜的厚度，表明 LiBOB 作为电解质添加剂可以促进更厚的 SEI 膜的生成。除此之外，还可以初步得出电解质添加剂的添加量同样会影响 SEI 的生成，添加量较大时，其促进生成的 SEI 膜更厚。

9.3.2　在锂硫电池中的应用

相比于锂离子电池，锂硫电池具有更高的能量密度，更好的理论稳定性，在近几年也越来越受关注。硫正极的研究是锂硫电池发展的关键，利用 AFM 技术有助于加深人们对于硫正极的化学性质、物理性质的理解。

Lang 等利用原位 AFM 对锂硫电池的硫/电解质的界面过程进行了研究。图 9-6 展示了固体反应产物在不同电压条件下的分解情况。电压为 2.6 V 时，可以注意到底部区域开始出现了分解；电压为 2.8 V 时，界面的形貌已完全改变，出现了纳米颗粒和高定向热解石墨的台阶边缘。这一演化结果对阐明纳米颗粒和层状物质的物理化学性质具有重要的意义。

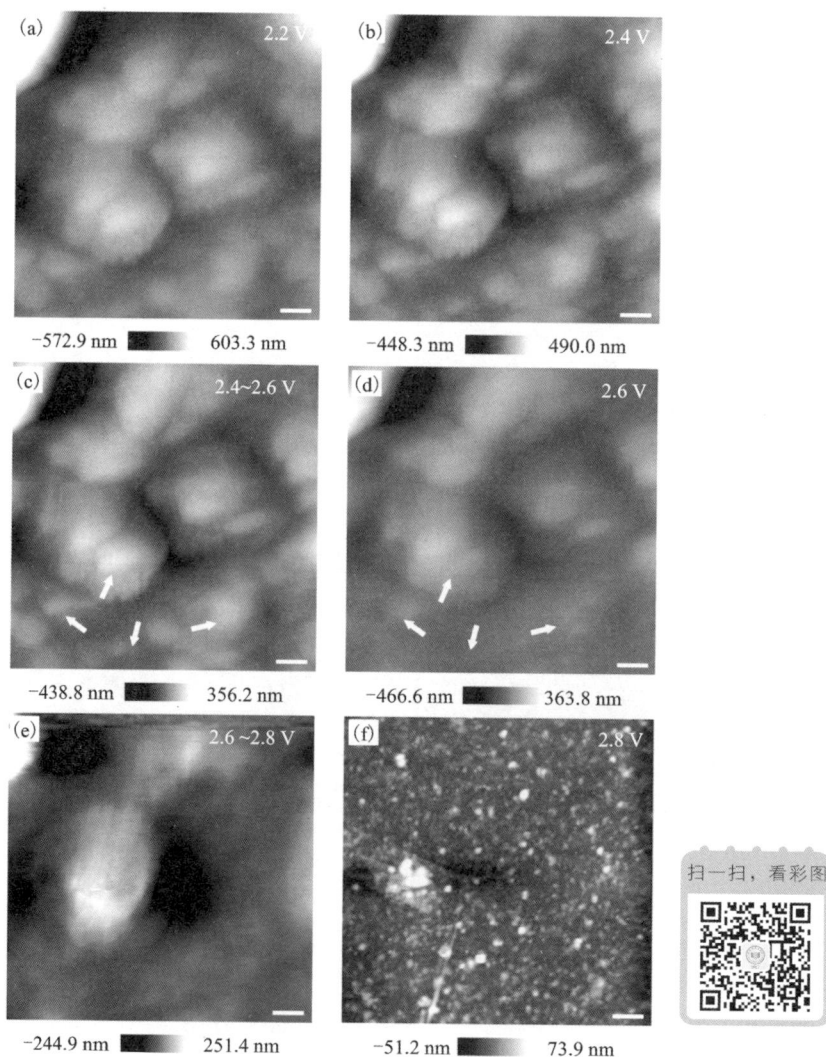

图 9-6　锂硫电池的硫/电解质的界面固体反应产物的分解情况

9.3.3　在锂空气电池中的应用

近年来，AFM 和原位 AFM 技术的发展，为锂空气电池反应机理的探究提供了极大的帮助。研究人员利用电化学 AFM（EC-AFM）观察了 ORR/OER 反应期间高定向热解石墨上所发生的具体反应行为，发现 ORR 的典型产物在石墨上是以层状的结构进行生长的。研究人员一起分析了以 DMSO-LiClO₄ 为电解质时，Au 电极上面的 ORR 反应的沉积产物的演化情况，同样使用 EC-AFM 进行观察，结果与其他人的研究结果存在差异，并没有观察到 Li_2O_2 的层状薄膜的生产方式，而是以棒状的形式生长沉积，为此他们进行了更进一步的研究。EC-AFM 证明 Li_2O_2 颗粒的沉积形状与水浓度密切相关，但不论浓度如何，这些 ORR 反应的沉积产物的分解电位都极高。在加入四噻富乙烯（TTF）后，原位 AFM 结果显示，反应过程中会有 TTF^+ 生成，TTF^+ 直接控制了 Li_2O_2 颗粒的溶解反应，使得 Li_2O_2 完全地、均匀地溶解去除，大大增强了电极上 ORR/OER 反应的可逆性。

9.4　原位光谱技术

原位光谱技术是一个非常庞大的技术家族，包括了原位电化学拉曼光谱、红外光谱、X 射线吸收光谱等在内的众多表征技术。原位光谱技术在电池研究中的应用非常广泛，根据研究的特点，大致可以分成两大研究应用，即用于电极物相变化研究和电池反应动力学研究。

（1）电极物相变化研究。原位光谱可以获得原料和反应产物的特征峰，利用这些特征峰的信息，可以用来确定电极所发生的反应，确定其具体的反应机理。进一步分析这些特征峰的信息，如特征峰强度的起始变化点、随着反应条件改变及强度的变化等，根据这些信息我们还可以掌握电极充放电过程的快慢。

（2）反应动力学研究。反应物、产物的特征峰信息不仅仅能用于电极物相变化研究，还可以用于分析电极的反应动力学。根据获得的吸收峰的强度或频率随着时间或者温度的变化规律，可以进一步处理得到电池的反应速率、中间过渡态物种以及反应活化能等诸多信息，合理地分析使用这些信息，并建立模型，还可以进一步认识反应的规律，结合这些规律反过来对反应的条件进行控制或者改进。

9.4.1　原位拉曼光谱

拉曼效应源于单色探测光和材料相互作用时的非弹性散射，典型的拉曼光谱是散射光强度与入射探测光的频率差（拉曼位移）的函数关系图。不像 XRD 那样，拉曼光谱对样品材料的要求很低，它不要求材料晶体结构上的长程有序，也就是说拉曼光谱可以用于结晶度差的电极材料，甚至是非晶态的电极材料的分析。原位拉曼光谱则可以在无破坏的条件下，研究电极、电解液或是电极/电解液界面在电化学循环过程中的结构、机械和化学变化。

（1）原位拉曼光谱

研究人员利用原位拉曼光谱和循环伏安法对锂硫电池中硫的还原机理进行了研究。原位拉曼光谱显示了多硫化物的形成与转变。如图 9-7 所示，显示了三个不同的原位拉曼光谱区域对于电极电位的依赖情况。可以看到，长链多硫化物峰的消失以及新峰的形成，说明长链多硫化物在放电过程中被还原为了不同短链的多硫化物。图 9-7（d）更直观地显示了放电过程中多硫化物的转变。S_8 的峰在放电过程中的第一个还原峰附近开始降低，同时 S_4^{2-}、S_4^-、S_3^-、$S_2O_4^{2-}$ 这些多硫化物开始形成。当放电进行至第二个还原峰处，S_8 的峰强降至了 0，而 S_4^{2-}、S_4^-、S_3^-、$S_2O_4^{2-}$ 的峰则在还原峰附近的 2.1 V 电位处同时达到了最大值，表明长链多硫化物在该电位下消失，完全转化为多种短链多硫化物。当放电继续进行，短链多硫化物的峰强降低，S_4^{2-}、S_4^-、S_3^-、$S_2O_4^{2-}$ 发生了分解，并在 1.8 V 时已基本完全分解为其他的硫化物。

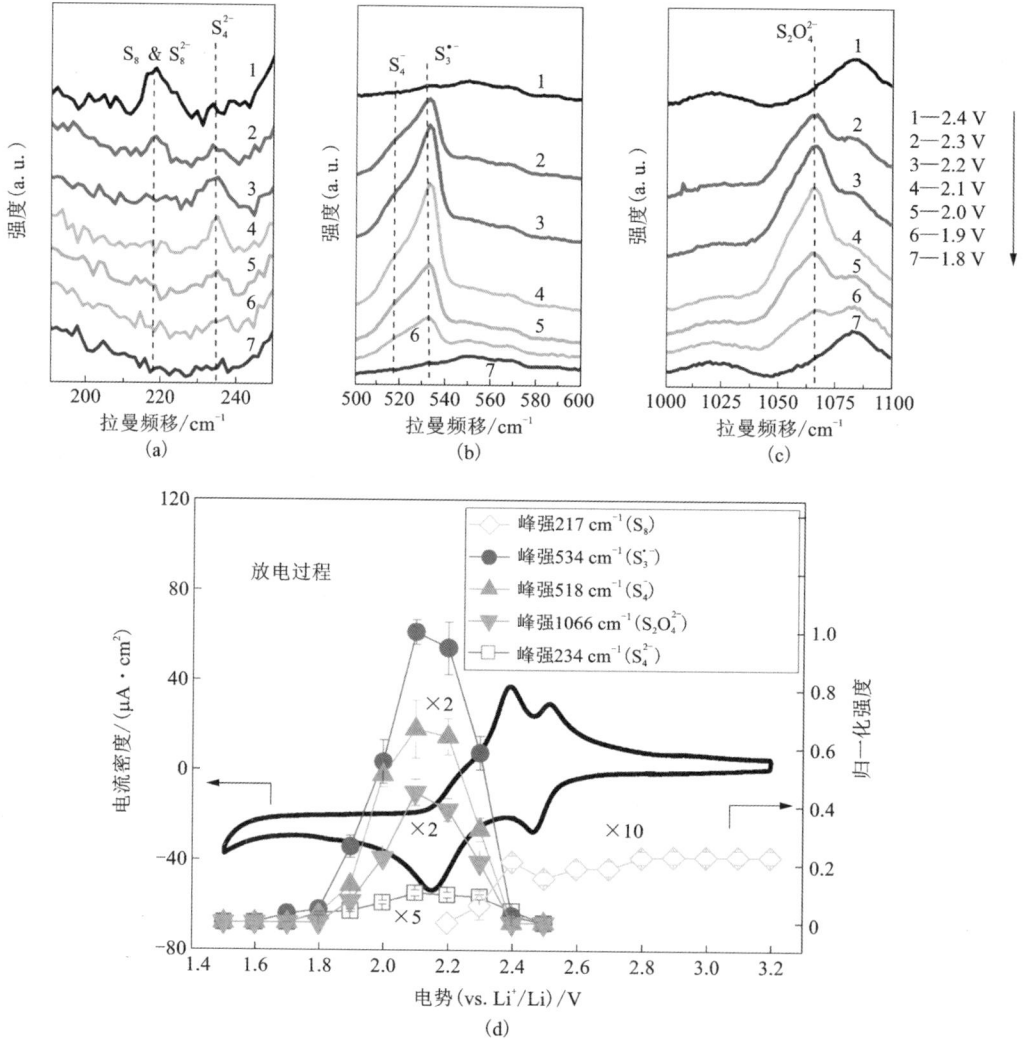

图 9-7　多硫化物形成与转变的原位拉曼光谱

（2）原位表面增强拉曼光谱

　　表面增强拉曼散射（SERS）是指当一些分子被吸附到某些粗糙的金属表面上时，样品表面或者近表面的电磁场增强等导致吸附分子的拉曼散射信号比普通拉曼散射（NRS）信号大大增强的现象。相比于传统的拉曼光谱，表面增强拉曼光谱具有更低的灵敏度的要求，可以获得更多不易得到的结构信息，被广泛用于表面、界面研究。

目前，原位 SERS 技术已被用于不同电池体系的阴极表面产物或反应中间体的检测，被证明是观察电极表面固体电解质界面（SEI）生长的强有力工具，对确定电池的电化学性能等至关重要。研究者利用 SERS 技术研究了锂离子电池中 SEI 的形成。电池负极采用硅负极，具体为 SiO_2 包覆的 Au 纳米颗粒。通过原位 SERS 直接观察在含有和不含有电解液添加剂碳酸乙烯酯（VC）时的 SEI 的形成。根据 SERS 光谱结果，在含有 VC 的电池中观察到了在碳酸亚乙酯分解之前，先在电极的表面出现了 VC 相关的还原产物，这促进了性能更好的 SEI 的生成。除此之外，SERS 结果还显示，不含 VC 的电池和含有 VC 的电池分别在 0.9 V 和 1.5 V 时出现了较大程度的峰强度下降，说明即使所使用的硅颗粒是纳米级的，其锂化从表面到内部仍然是不均匀的，电极材料表面的锂化过程会以更快的速度发生。

9.4.2　原位红外光谱

红外光谱是分子吸收光谱的一种，常用于鉴别分子的结构。目前研究中所用到的红外光谱大都是进行傅里叶变换的，因此红外光谱多指傅里叶变换红外光谱（FTIR）。

一直以来，界面电化学研究都是材料相关研究的重难点。原位电化学红外光谱将红外光谱与电化学结合起来，实现了对界面反应过程的敏感检测，成为界面研究的有力方法。然而，在将 FTIR 用于固/液界面研究时存在一些障碍，限制了对信噪比的提高，例如：①红外光束容易被溶液电解质中的物质强烈吸收；②在电极表面，红外光谱的能量在反射时会部分损失；③电极表面（亚）单层吸附物（通常为 10^{15} 分子每厘米）的红外信号非常微弱。除了通过使用高反射电极来提高原位 FTIR 的信噪比外，确保最佳入射角的红外反射附件和电化学 IR 电池是成功进行原位 FTIR 研究的关键。目前，针对上述原位 FTIR 反射模式下存在的一些问题，已经开发出了两种原位 FTIR 光谱电池的主要设计方法，即内反射和外反射两种。

（1）差减归一化红外光谱（SNIFTIR）

在外反射配置中，电极与光导棱镜是紧密接触的，并形成一层厚度为 1~10 mm 的电解质薄层（如图 9-8），以确保通过液体短的路径长度和电极的最大红外照明。该技术主要用于界面研究，可以同时测定电化学反应中所涉及的吸附质和溶液物种。

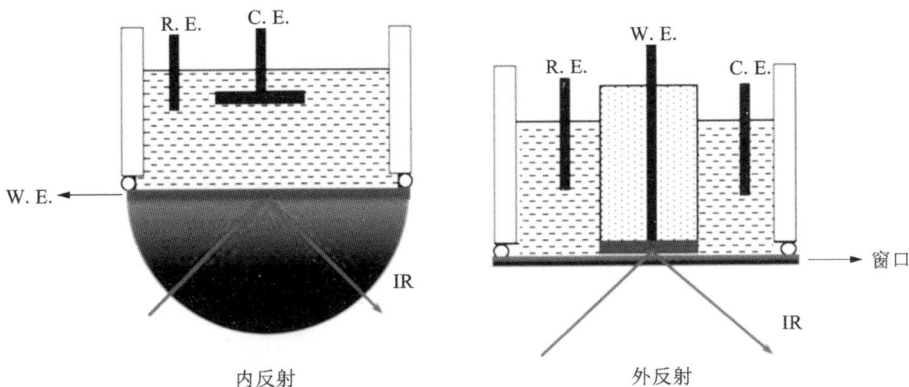

图 9-8　内反射和外反射的原位 FTIR

电解质溶液的稳定性是影响锂离子电池性能的最重要的因素之一，并且与电池的循环寿命密切相关。Llave 和他的同事们为了深入了解 glyme 基电解质的电化学稳定性，进行了原位红外光谱实验，并结合对二甘醇二甲醚（DG）和四乙醇二甲醚（TEGDME）的电化学表征，探讨了锂离子的有无、含水量和溶解氧对电解质稳定性的影响，并研究了抗衡离子性质、$CF_3SO_3^-$ 和 $TFSI^-$ 的影响。首先，他们对在 2300 cm^{-1} 附近的区域的 CO_2 的形成峰进行了分析，发现在高电位下，在 2337 cm^{-1} 处出现了负峰。SNIFTIRS 中负峰的出现说明阴离子被吸引到了工作电极的表面，造成了局部浓度的提高。因此该处观察到的负峰表明电极表面吸附了 CO_2。值得注意的是，在有氧和无氧的情况下，LiTFSI-TEGDME 的 SNIFTIRS 在高电位下都检测到了该负峰的存在（如图 9-9），说明 TEGDME 本质上是不稳定的，高电位下会发生分解产生 CO_2。他们进一步研究了 CO_2 峰面积作为施加电势的函数的依赖性，发现 CO_2 在电位大于 3.6V 时发生分解，而在 O_2 饱和的电解液中，则检测到了更高的 CO_2 释放量，这说明了 O_2 的存在能够促进溶剂的分解。

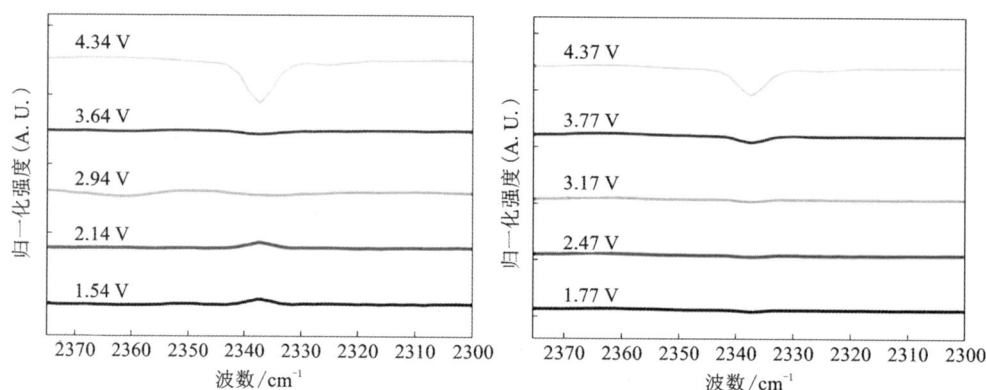

图 9-9　有氧和无氧时不同电压下 LiTFSI-TEGDME 的 SNIFTIRS

尽管 SNIFTIRS 能够为我们提供很多有关工作电极界面上吸附物的信息，但是 SNIFTIRS 在设计上仍不能避免红外光束穿过薄溶液层时被电解质吸收而导致红外信号减弱、信息质量下降的问题。此外，在薄层和本体溶液之间的薄层结构中，质量传输可能受到严重的限制。所以，为了进一步提高信噪比，需要采用 ATR 模式。

（2）衰减全反射红外光谱（ATR-FTIR）

在内反射结构中，用于原位 FTIR 研究的通常是衰减全反射（ATR）模式。在 ATR 模式中，可以使用厚的溶液层，而且还能保证高的灵敏度。近几年来，在各类电化学研究中，ATR 模式的原位 FTIR 被广泛应用。

Hardwick 和他的同事们首先将原位衰减全反射表面增强红外吸收光谱（ATR-SEIRAS）技术应用于 $Li-O_2$ 电池系统。他们采用 ZnSe 棱镜和金薄膜电极对 $Li-O_2$ 电池中丙烯碳酸酯（PC）的分解路径进行了研究。在不同的外加电位下获得的 SEIRAS 表明，电解质中的阳离子盐在 PC 溶剂的降解中起到了重要作用。在四乙基高氯酸铵（$TEAClO_4$）盐电解质体系中，在含氧或脱氧的环境中，都没有检测到明显的 PC 分解。而当阳离子的种类为碱金属阳离子（即 Li^+）时，SEIRAS 结果则表明，PC 溶剂在氧气气氛中经历了开环反应并且形成了开环的碳酸盐 ROCO₂Li。这主要是因为 Li⁺ 会与羰基发生配位,从而促进 PC 溶剂被超氧化物所降解。而 TEA⁺ 体积庞大,存在空间位阻,阻止了其与 PC 溶剂的羰基配位,因此醚碳也难以被超氧化物降解。

ATR-FTIRS 是表征反应中间体或产物和研究反应路径的强大的工具。Wang 等通过 ATR-FTIR 技术,明确了不同类型改性的氧化还原电解质的氧还原中间体。在基于四甲基对苯醌(DQ)的电解液中,ORR 中间体(DQ-Li-O₂ 配合物)得到了明确验证,而在甲基紫精(EV)电解质或具有 DQ 和 EV 的双氧化还原介质中并没检测到类似的 ORR 中间体。这是因为 EV 溶剂对还原氧物种的亲和力低,消除了可溶性的 DQ-Li-O₂ 配合物。通过原位 FTIR 光谱研究,他们最终得出结论,在双氧化还原电解质系统中,ORR 过程可以通过抑制可溶性的超氧化物来调节,同时能够保持良好的反应动力学。

9.4.3　原位 X 射线吸收光谱

在许多的可再生能源系统中,如燃料电池、金属空气电池等,由于材料、反应原理、使用条件等的限制,都存在反应动力学问题,需要使用合适的催化剂对反应进行催化。近十几年来,随着纳米技术的发展,纳米电催化材料由于具有良好的活性和稳定性,受到了广泛的关注。然而,关于纳米电催化的研究尚存在许多问题。一方面,催化剂本身是一个动态系统的概念,它通过对反应条件进行主动的转化和响应来实现催化,因而催化剂的研究往往需要了解其在反应条件下的组成、结构和动力学。另一方面,催化剂通常是由多物种组成的复杂系统,表现出非均相、无序的系统特征,其在催化过程中的实际活性位点目前并不明晰,且可能存在着在不同的反应步骤、阶段中具有多个位点的合作效应。而对于纳米电催化,其还面临着纳米材料所带来的尺寸效应,极小尺寸的纳米颗粒具有更高的比表面积、更复杂的表面形貌以及更多的表面终止状态,这使得纳米电催化材料在反应过程中更容易发生重组。

在催化剂的研究中,XAS 可以提供关于给定样品的各种信息,通过对 XAS 特征的深入分析,可以获得各种相互作用下的微小的键长变化信息,探究材料形貌纳米级下的变化以及晶体结构的宏观演变。而在原位条件下,XAS 还可以提供有关活性成分在具体的反应条件下的活化/失活、反应中间体和优先反应机制以及反应环境的作用等关键信息。原位 X 射线吸收光谱的应用包括以下几个方面。

(1)氧化状态的研究

催化活性物质的氧化状态是决定催化剂活性的重要参数之一,也是在反应过程中最常发生变化的参数之一。X 射线吸收光谱,尤其是原位 X 射线吸收光谱,能够很容易在真实反应条件下探测出选定元素的氧化状态和局部结构。通常,在 XAS 检测中,较高的氧化状态是与吸收边向较大能量的移动相关的,因此元素有关的氧化状态的信息可以很容易通过检测具体的吸收边的位置来获取。但需要注意的是,吸收边缘位置并非都表征了标称氧化状态,在某些情况下,吸收边的位置实际上所表征的是所谓的配位电荷,这也很好地解释了由于化学键所引起的电荷的重新分布。

作为电催化剂氧化状态的常用表征符号、边缘位置在各类催化研究中被广泛使用。Sasaki 等使用 Pt 的 L₃ 边的原位 XAS 研究了铂纳米粒子电催化剂的氧化过程。在所研究的 XANES 光谱中(如图 9-10),催化剂铂的氧化状态的变化可以通过 L₃ 边的吸收特征峰(白线)的强度的变化来反映。随着电位的增加,白线的强度增加,吸附峰移向更高的强度,说明形成了铂氧化物而耗尽了铂的 d 带。通过 $\Delta\mu$ 方法放大分析，还观察到了电位下降期间白线强度下降的滞后现象，说明该过程中氧化物还原的电位要低于氧化物的形成电位。

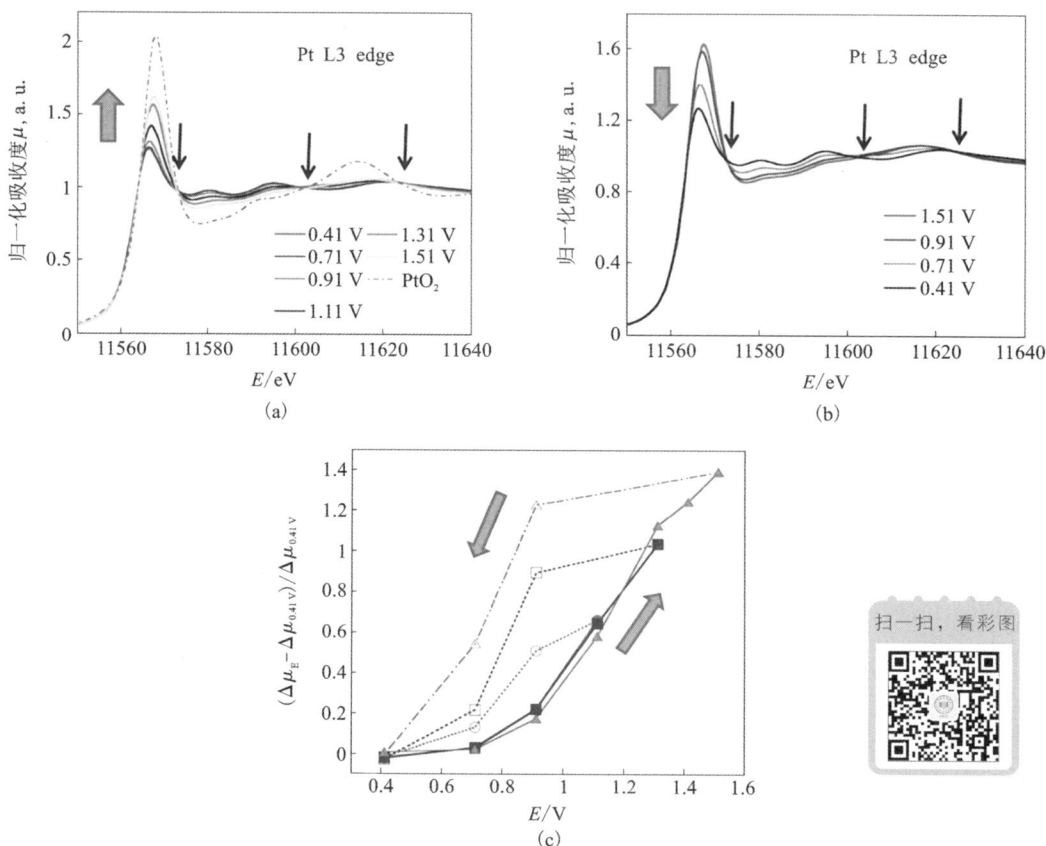

图 9-10　Pt 的 L₃ 边的原位 XAS

除了通过监测边缘位置来跟踪催化活性物质的氧化状态的变化，还可以通过分析 EXAFS 来获得。尽管 EXAFS 主要用于探测材料的原子结构，但由于键长的收缩通常与氧化状态的增加有关，因此可以从 EXAFS 中提取原子间距离的信息，进而监测样品中氧化状态的变化。在某些条件下，这种方法是十分有效的。例如，Sn^0 和 Sn^{2+} 两种物质的光谱相似，在 Sn 的 K 边缘的 XANES 数据分析可能会得到一个不明确的结果，因此，Sn^{2+} 的检测结果可能存在着问题。然而，在 SnO 中 Sn—O 的键长要明显长于 SnO_2 中 Sn—O 键的键长，因此基于 EXAFS 数据的分析，通过键长的不同可以明显地区分出 2+价态和 4+价态两种物质。

（2）原子占位的研究

与贵金属催化剂相比，纳米金属氧化物作为电催化剂越来越受欢迎，如钙钛矿、尖晶石等，然而这些金属氧化物可能具有较复杂的晶体结构或是包含着多种晶型，元素在晶格中可能存在多种占位，而元素的不同占位可能导致材料催化性能的不同。因此，在研究这类催化剂时，元素在晶体结构中的占位是了解催化性能的重要参数。尽管 XRD 可以用来研究材料的晶体结构，但对于元素占位这种局部或短程信息，很难通过 XRD 方法获取。在这种情况下，基于 EXAFS 数据分析的方法则发挥了作用。

在一项研究中，Wei 等就利用 EXAFS 方法和基于模型结构细化的分析方法研究了不同纳米级过渡金属尖晶石材料 $MNCo_2O_4$ 中 Mn 原子在四面体(Td)位和八面体(Oh)位上的占据情况。在 EXAFS 光谱中，特征 Oh 峰(约2.5 Å)和特征 Td 峰(约3 Å)的位置是不同的，在区别 Mn 原子的不同占位的同时，还可以进一步估计出 Mn 在两个位点中的含量。该研究对 Co 和 Mn 的 EXAFS 进行了共同细化，保证了 Oh 和 Td 位原子占位估计的准确性。

(3)纳米颗粒形貌的研究

催化剂颗粒的形状往往影响其催化性能和纳米颗粒的热力学性质。不同形状的纳米颗粒所暴露出的晶面不同，不同面上催化剂与吸附质和反应中间体的相互作用存在差异，进而造成催化选择性、催化效果上的不同。许多选定纳米颗粒形状的研究都表明，具有不同形状的小纳米颗粒在 XAS 表征中确实表现出不同的光谱。

XAS 数据获取平均纳米颗粒的形状通常是基于配位数分析得来的。然而，对于不同形状的颗粒，其配位数和颗粒粒径之间的关系是不同的，因此在利用 XAS 区分颗粒的不同形状时，其前提是所研究的样品是由大小和形状选定的颗粒组成。目前，常见的方法是依赖于不同大小和形状颗粒的大型团簇模型库，然后计算出前几个配位壳中的配位数，再选出与实验数据配位数匹配的最佳模型。值得注意的是，纳米颗粒的几何形状仅对粒径小于 $4\sim5~\mu m$ 的小颗粒产生影响，用该方法进行形状研究需要限制颗粒的尺寸。而且在没有任何额外信息的情况下，要想从 XAS 中获得更加可靠的颗粒形状信息，样品颗粒的粒径要小于 $1\sim2~\mu m$。

(4)原子分散催化剂结构的研究

相比于传统的催化剂，纳米催化剂具有更好的催化效果，这很大程度上得益于其大的比表面积。在纳米催化剂的基础上，原子分散的单原子催化剂将把比表面积提升至新的高度，这大大增加了催化反应的活性位点，改善催化性能。一些研究已经证明单原子催化剂是许多电化学反应颇具希望的候选催化剂，然而，单原子催化剂的质量电荷极低，且这些材料往往都是非晶态的，对现阶段大多数的表征技术来说，要获取这些原子分散催化剂的结构信息以及在催化反应过程中相关催化剂的重组信息仍是一个巨大的挑战。

XAS 的荧光模式非常适合于研究稀释或者低浓度的样品，而 XAS 中 EXAFS 的分辨率可达亚埃级，这使得 XAS 成为研究单原子催化剂的独特探针。近年来，研究人员们利用 operando XAS 对电化学反应中的单原子催化剂进行了广泛的研究。在前人的一项工作中，采用了 operando XAS 表征技术来研究电化学二氧化碳还原反应(CRR)过程中高法拉第效率(97.4%)和乙酸选择性以及 N 配位单原子或多原子 Fe 物系之间的联系。如图9-11所示，将记录下的-0.5 V(vs. RHE)下的光谱与 Fe(Ⅲ)和 Fe(0)两个组分的光谱进行拟合。负的边缘前残余强度(蓝线)表明 Fe(Ⅱ)区域边缘的下移，而正的残余强度表明金属的贡献被高估。图9-11(a)和(b)中，Fe/N-C 的 EXAFS 光谱在-0.5 V(Vs RHE)下则显示了 Fe-(O, OH)键长具有典型的双峰分布，这可以解释为 Fe(Ⅲ)部分还原为 Fe(Ⅱ)。这项工作最终的研究结果表明，单原子或多原子形式的 N 配位 Fe(Ⅱ)位点的形成对 CRR 中，-0.5 V(vs. RHE)下的乙酸的活性是至关重要的。除了电化学反应，operando XAS 还能够帮助深入了解在单原子催化剂上催化的 CO 氧化反应中原子分散的活性位点的性质。例如，可以采用 operando XAS 技术探究 CO 氧化反应中原子分散的 Pd 位点的性质，以及氧化铝上 La 和 Pd 间的结构关系。如图9-11(c)和(d)所示，Pd/氧化铝的 Pd-O 峰强度随着反应温度的升高而降低，同时

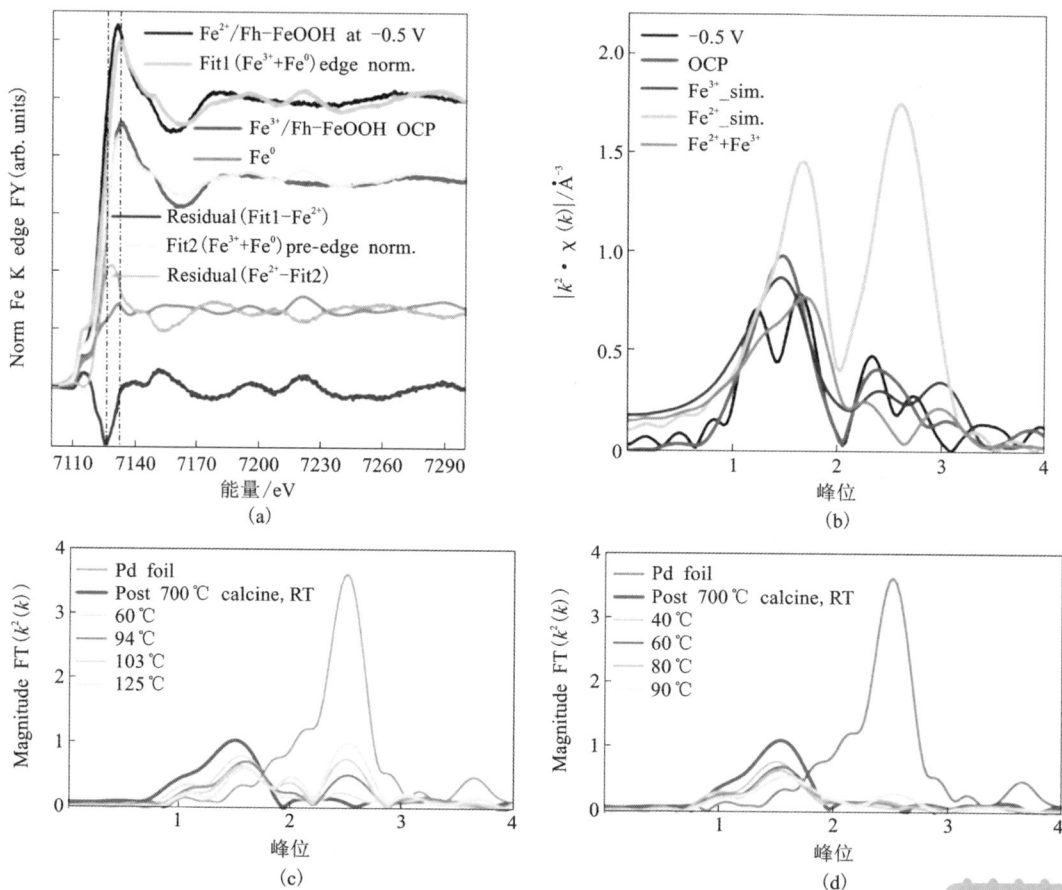

Pd-金属峰强度则随着反应温度的升高而增大。然而，对于 Pd/La-氧化铝，在 90 ℃ 之前都没有观察到 Pd-金属峰。这些结果表明，原子分散的 La^{3+} 可能是稳定氧化铝表面原子分散的 Pd 的关键。此外，Pd-O 峰的降低导致平均 Pd-O 的配位数明显小于 4，表明在反应过程中，Pd/La-氧化铝中的 Pd(Pd^{1+})存在着第三种化学状态，而这也被认为是 CO 氧化的活性中心。

图 9-11 operando XAS 对电化学反应中的单原子催化剂的研究

扫一扫，看彩图

XAS 作为一种了解局部配位环境、电子结构和选定元素氧化状态等的有用技术，在与原位技术相结合后，可以用于表征真实的反应条件下材料的局部结构、元素价态，确定反应的活性位点等。目前，XAS 技术已广泛应用于各种研究中，尤其在电催化剂的设计、开发中。上面仅仅介绍了 XAS 的一些具体应用，其更多的用途还可查找资料进一步了解。

除了前面所介绍的几种原位光谱技术外，其他的光谱技术，如原位紫外可见光谱、电子顺磁共振光谱等，同样在能源环境科学等众多研究领域中发挥着重要作用。然而，每种光谱技术都有一定的局限性，仅使用一种或一类光谱技术对任一电化学体系的反应机制等进行全面和系统的研究是远远不够的。所以，在实际的研究中往往需要对各种原位电化学光谱技术进行整合使用。

9.5　原位透射电子显微镜

相比于扫描电子显微镜(SEM)，透射电子显微镜(TEM)具有更高的分辨率、更大的放大倍数，可实现对纳米材料或微米材料原子级表征，因此被广泛应用在能源材料领域，尤其是纳米材料的研究。为了扩大 TEM 的实际应用，研究人员将原位引入 TEM 中。凭借着高空间分辨率和高时间分辨率的技术优势，原位 TEM 实现了对电极材料纳米结构实时演变的直接观察，成为材料基础科学研究的强大工具。目前，原位 TEM 已广泛应用于锂离子电池、燃料电池、光电材料等研究体系，解决材料在电化学过程中所面临的相变、结构变化、材料失效、降解等一系列问题。

9.5.1　原位透射电子显微镜的应用

(1)插层反应机理

插层反应是锂离子电池的重要反应机制，研究电极材料的嵌锂/脱锂行为，掌握材料在充放电过程中的结构变化、表面重建等结构、化学演化，对于锂离子电池的研究发展至关重要。

原位 TEM 表征是研究电极材料插层反应的重要工具。例如，可以利用原位 TEM 技术研究 $LiFePO_4$(LFP)纳米线的电极动力学，获得 LFP 锂化过程中固溶区(SSZ)的信息。图 9-12 分别显示了施加电压前和脱锂过程中同一选区的晶格结构放大图，可以看到原本清晰有序的晶格结构在脱锂过程中发生了紊乱，表明原本晶格有序的 LFP 形成了亚晶格无序的固溶体。图 9-12 显示了固溶区的形成和传播发展过程。基于 TEM 的观察结果，锂亚晶格无序的固溶体在尖锐的 LFP 和 $FePO_4$(FP)界面快速形成。由于材料表面与电解质直接接触，固溶区倾向于从材料的表面开始形成，并随着锂离子的脱出，固溶体区将以相对快的速度向前

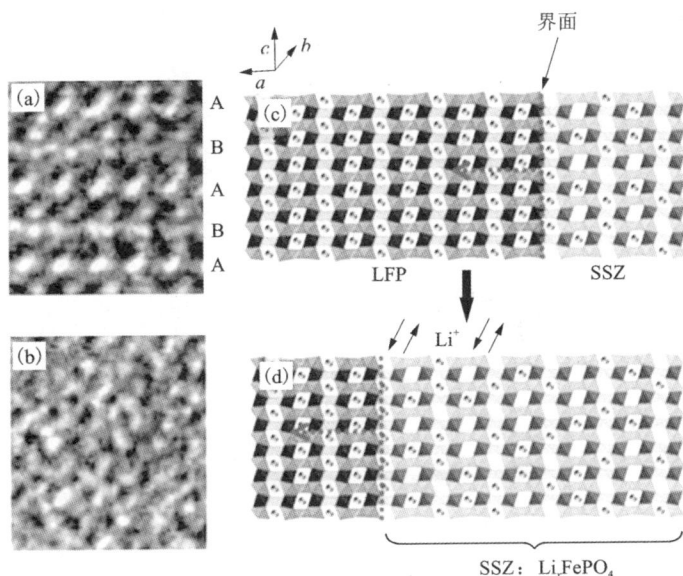

图 9-12　施加电压前和脱锂过程中同一选区的晶格结构放大图

扩展，在尺寸上可达(10~25 nm×20)~40 nm。该研究充分发挥了原位 TEM 在动态条件下的优势，观察到了锂亚晶格无序固溶体区的存在，帮助我们更加准确地理解和控制固溶体区，为研究提高正极材料的电化学性能提供了新的可能。

（1）合金化反应机理

相比于传统的插层型电极材料，基于合金/脱合金化反应机制的电池材料表现出了绝对的容量优势，吸引了研究人员的广泛关注。合金型材料通过与碱原子形成合金来存储碱原子，遵循着一到几个不同相组成的反应路径，伴随着晶体结构、颗粒形状和体积的显著变化，这导致材料的不可逆容量大，电池的循环寿命差。因此，基于合金化反应机制的电极材料还需要进行更深入、更广泛的研究。

硅材料是目前研究最为广泛的合金型负极材料。例如，利用原位 TEM 观察不同粒径的硅纳米颗粒在电化学锂化过程中的结构演化。图 9-13 监测了粒径为 80 nm 和 40 nm 的硅纳米颗粒的锂化行为。随着锂化的进行，硅纳米颗粒的体积不断膨胀，但并未观察到颗粒发生开裂。相比之下，粒径为 620 nm 的硅颗粒则观察到了锂化过程中颗粒的开裂或粉碎。研究人员对不同粒径的硅纳米颗粒进行了全面的研究，发现当硅纳米颗粒的粒径小于 150 nm 时，材料具有强大的性能，并且在锂化过程中也没有出现颗粒的开裂或粉碎。图 9-13(d) 则显示了随着锂离子从表面扩散至核心，α-Li$_x$Si 壳出现各向异性膨胀，厚度也随着逐渐变化，然后在完全锂化时得到 Li$_{15}$Si$_4$ 纳米结构。与大颗粒不同，小颗粒的纳米硅所产生的环向拉伸应力很小，不会导致锂化的硅颗粒开裂或粉碎。然而，快速的反应会导致短时间内形成大的环向拉伸应力，小的硅纳米颗粒也会出现开裂或粉碎，这是因为硅纳米颗粒没有足够的时间来释放 α-Li$_x$Si 表面上大的环向拉伸应力。

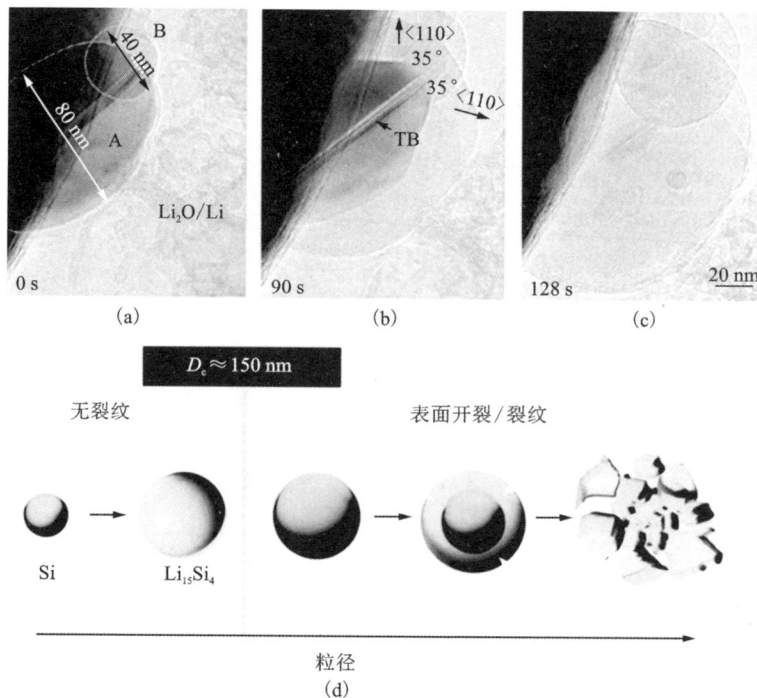

图 9-13 纳米硅的相关研究

（2）转化反应机理

除了合金型电极材料，转换型材料也被认为是商业上占主导地位的插层型可充电锂离子电池电极潜在的高能量密度替代品。与合金型材料一样，转化型电极材料同样面临着巨大体积变化的问题。金属氧化物是最常见的转化型电极材料，金属氧化物的碱储存机制相当复杂，准确认识金属氧化物的反应机制是提高其电化学性能的关键。

CuO 是一种直接转化型负极材料，其具有较高的理论容量（670 mA·h/g），成本低且环境友好，引起了众多研究人员的兴趣。Su 等通过原位 TEM 研究了 CuO/石墨烯作为电池负极的动态电化学转化过程，并进一步研究了电极的微观转化行为与其宏观性能之间的关系。图 9-14 显示了锂化 CuO 纳米颗粒的形貌和微观结构的详细信息。图中可以明显看到在石墨烯和 CuO 纳米颗粒的表面和边缘被薄壳层所包裹，ED 分析确定了这一薄层为 Li_2O。在锂化的高倍 TEM 中测量出条纹间距为 2 Å，与立方 Cu 的（111）面相吻合，证明了 Cu 纳米颗粒的形成。Cu 纳米颗粒在 HRTEM 图像中的暗点在 Li_2O 基质中形成了连通的网络，而 ED 结果也显示了 Cu 和 Li_2O 混合相的存在，这都表明锂化反应涉及 CuO 向 Cu 纳米颗粒的转化以及 Li_2O 的形成。新形成的 Cu 网络结构可以作为电子传输到 CuO 纳米颗粒中的有效途径，而 Li_2O 则为锂离子的传输提供了相似的途径。值得注意的是，在材料脱锂后，TEM 和 ED 都观察到了 Cu_2O 而不是 CuO，表明脱锂过程中发生的转化反应为 Cu 转化为 Cu_2O。在后续的嵌锂/脱锂的循环过程中，原位 TEM 都观察到了 Cu 纳米晶粒和 Cu_2O 纳米晶粒之间的稳定转化。这项基于原位 TEM 表征的研究表明，CuO 电极在首次循环后发生了更加可逆的微观结构的转变，这有利于稳定材料的电化学性能。

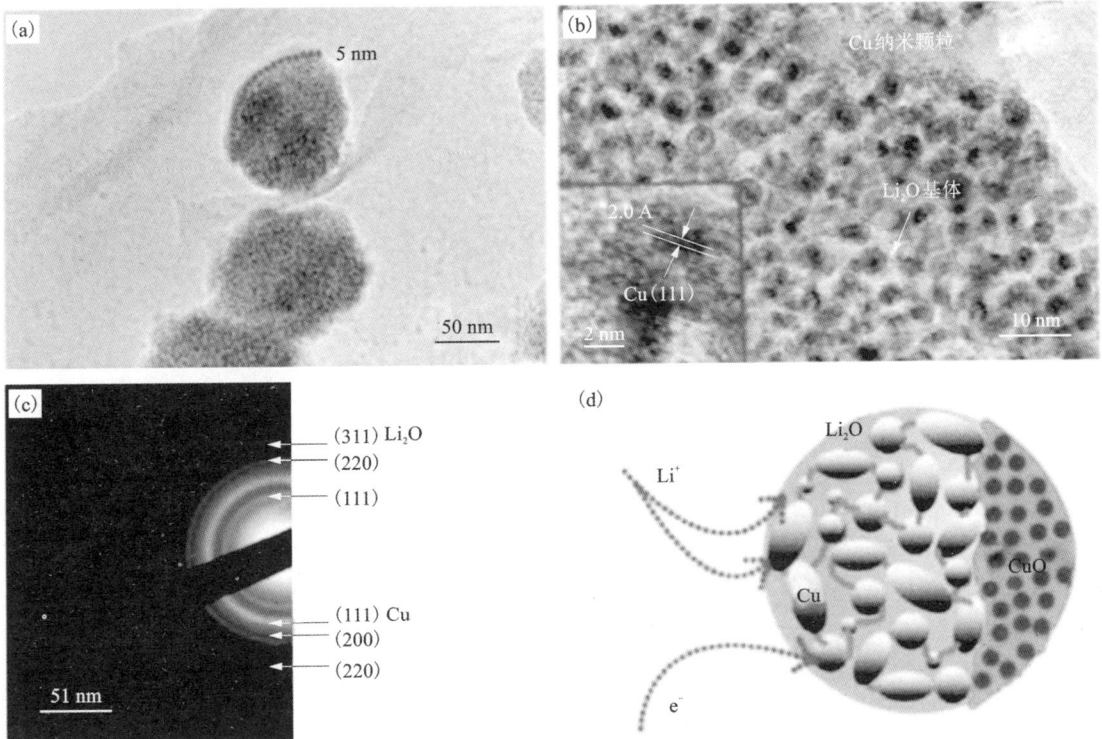

图 9-14　锂化 CuO 纳米颗粒的形貌和微观结构

不同于 CuO，Fe_3O_4 是一种插层-转化型金属氧化物。曾有人深入讨论了锂化过程中 Fe_3O_4 在高空间分辨率下的实时相演化，如图 9-15 的 BF-STEM 结果所示。图中红色代表原始的 Fe_3O_4，蓝色代表插锂的 $Li_xFe_3O_4$，而绿色则代表转化后的 Fe 和 Li_2O 复合物。相演化行为证明了 Fe_3O_4 在锂化过程中遵循着两步反应途径：①插层，锂离子插入尖晶石晶格的四方 8a 位点，并将铁离子从四面体 8a 位排斥到八面体 16d 位，导致了尖晶石 Fe_3O_4 向岩盐 $Li_xFe_3O_4$ 的相变；②转化，岩盐 $Li_xFe_3O_4$ 进一步分解为 Li_2O 和 Fe。尽管从热力学角度看，转化反应在插层反应完成后发生，然而，图 9-15 中的原位 STEM 则显示，插层反应和转化反应在时间尺度上具有重叠性，转化在初始插层后便立即发生。

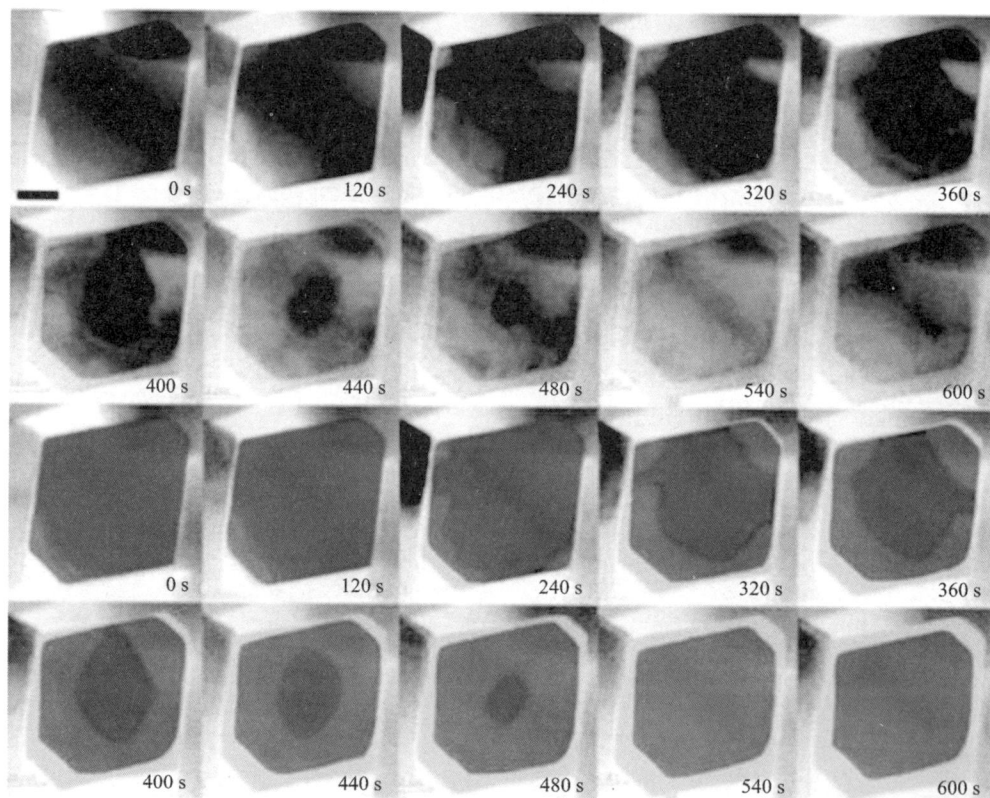

图 9-15　锂化过程中 Fe_3O_4 在高空间分辨率下的实时相演化

（3）电极结构构建

除了电极材料本身的特性外，电极材料的结构也是影响电池性能的重要因素。原位 TEM 原子分辨级的信息获取能力，成为电极材料结构设计的强大工具。研究人员曾报道了一种优越的负极材料：多孔石墨烯笼 SnO_2 纳米颗粒（$SnO_2@GCs$）。他们进行了电探针原位 TEM 实验。在锂化过程中，$SnO_2@GCs$ 样品中的 SnO_2 纳米颗粒逐渐膨胀填充了石墨烯笼，表明锂化过程中空隙空间得到了充分的利用，同时又有效避免了 SnO_2 巨大体积变化所带来的结构的破坏。通过原位 TEM，他们了解了不同样品的笼容量以及活性材料体积膨胀情况，最终确认了理想的笼状模板和纳米颗粒的尺寸。这项研究利用原位 TEM 对锂化过程进行监测，以审查所合成的材料，通过重新设计和优化合成，重新观察确认，最终设计出了最合适的材料结构。因此，这项研究成为利用原位 TEM 进行电极结构设计的典型示例。

9.5.2　透射电子显微镜的发展

近年来，相机(不仅是电荷耦合器件，还有先进的互补的金属氧化物半导体，以及直接电子探测器)、具有更高能量分辨率的电子枪(冷场发射枪和单色器)、大面积多能量色散 X 射线探测器、数据处理算法和软件、新型光谱仪等的发展同样也极大地推动了 TEM 技术的发展，不仅提高了 TEM 的精度、准确度，还扩大了 TEM 的应用范围。

(1)球差校正透射电子显微镜

电磁透镜的磁场分布特点导致其并非理想透镜，会对成像产生影响，即形成像差。像差有很多种，其中对电镜成像及分辨率影响较大的是"色差"和"球差"。相比于色差，球差对 TEM 分辨率的影响更大。在光学镜组中，凸透镜和凹透镜的组合能够有效地减小球差，然而电磁透镜却只有凸透镜而没有凹透镜，因此球差也成为影响 TEM 分辨率最主要和最难校正的因素。

球差主要对高分辨原子像产生影响：HRTEM 受物镜球差影响，HRSTEM 受聚光镜球差影响。因此，物镜球差的校正通过在物镜下方安装球差校正器实现，而对聚光镜球差的校正通过在三级聚光镜的下方安装球差校正器实现。我们平常提到的"双球差"是指在一台电镜上同时安装了物镜球差校正器和聚光镜球差校正器，而"单球差"则需要明确是物镜球差还是聚光镜球差校正电镜，并根据实验需求(HRTEM 或 HRSTEM)选择对应的仪器。

球差校正透射电镜的应用对材料学科的发展起到了巨大的推动作用。对 TEM 模式而言，物镜球差校正的优势主要体现在三个方面：①分辨率的提升；②离域效应的抑制；③低压条件下成像。对 STEM 模式而言，聚光镜球差校正通过获得亚原子尺度的电子探针来实现亚埃级的分辨率。

尽管球差校正透射电镜有很大的优势，但要利用好球差校正透射电镜，有几个问题需要格外关注，一是测试样品的厚度，二是样品的结晶性，三是用好电子衍射。球差校正透射电镜并不仅仅是拍原子像的工具，它可以结合谱学探测，在获取形貌和微结构信息的同时，得到元素、价态和配位等信息。此外，球差校正透射电镜还可以与三维重构相结合，获取原子尺度的投影，为原子尺度的三维重构提供了前提条件。

(2)冷冻电镜

冷冻电镜技术也被称为低温电镜技术，是指低温下使用透射电子显微镜观察试验样品的显微技术，它与 X 射线晶体学、核磁共振一起构成了高分辨率结构生物学研究的基础。冷冻电镜技术大幅度提升了生物分子成像的质量，实现了对于任意不规则蛋白复合体原子级分辨率的三维结构的解析，将生物化学研究带入了一个新纪元。

冷冻电镜在其他某些领域的研究中同样具有明显优势。例如在材料科学领域，冷冻电镜技术在材料表征方面具有三个突出的优点。一是样品可以快速冷冻，从而保持在生理状态或中间状态，这也可以视为反应期间的原位观察；二是样品在液氮中冷冻，然后在低温下转移，这可以阻止它们接触空气；三是低剂量电子束辐照可应用于冷冻电镜，这可以显著降低材料的辐照损伤。冷冻电镜的这些优点使其成为表征电子束敏感或空气敏感材料的有效的工具。

目前，不少研究人员也成功将冷冻电镜技术应用于纳米新能源材料的研究中。

电极、电解质以及 SEI 膜等与电池的性能密切相关，然而这些材料对电子束很敏感，在常规透射电镜下难以保持原始的化学反应状态，无法实现真正的原位观测。崔屹教授课题组基于冷冻电镜技术实现了对电池材料和界面原子结构的真实观测。低倍电镜的延时图像显示，锂枝晶样品表面光滑，而且在电子辐射下相当稳定，照射 10 min，也没有被破坏。他们发现，在碳酸盐类电解质中，枝晶会优先沿着<111>、<110>或<211>方向生长为具有明确晶面的单晶纳米线，且在<111>方向最优先生长。此外，他们还观察到枝晶生长过程中可能拐弯，出现拐角，而且拐角处不存在缺陷，如图 9-16（a）~（d）所示。这与其他类型的单晶纳米线生长略有不同。尽管锂枝晶出现了弯折，但电镜显示其依然为单晶。锂枝晶弯折的原因可能是枝晶在生长过程中 SEI 成分或结构发生了变化。为了进一步确认 SEI 膜的结构和组成，

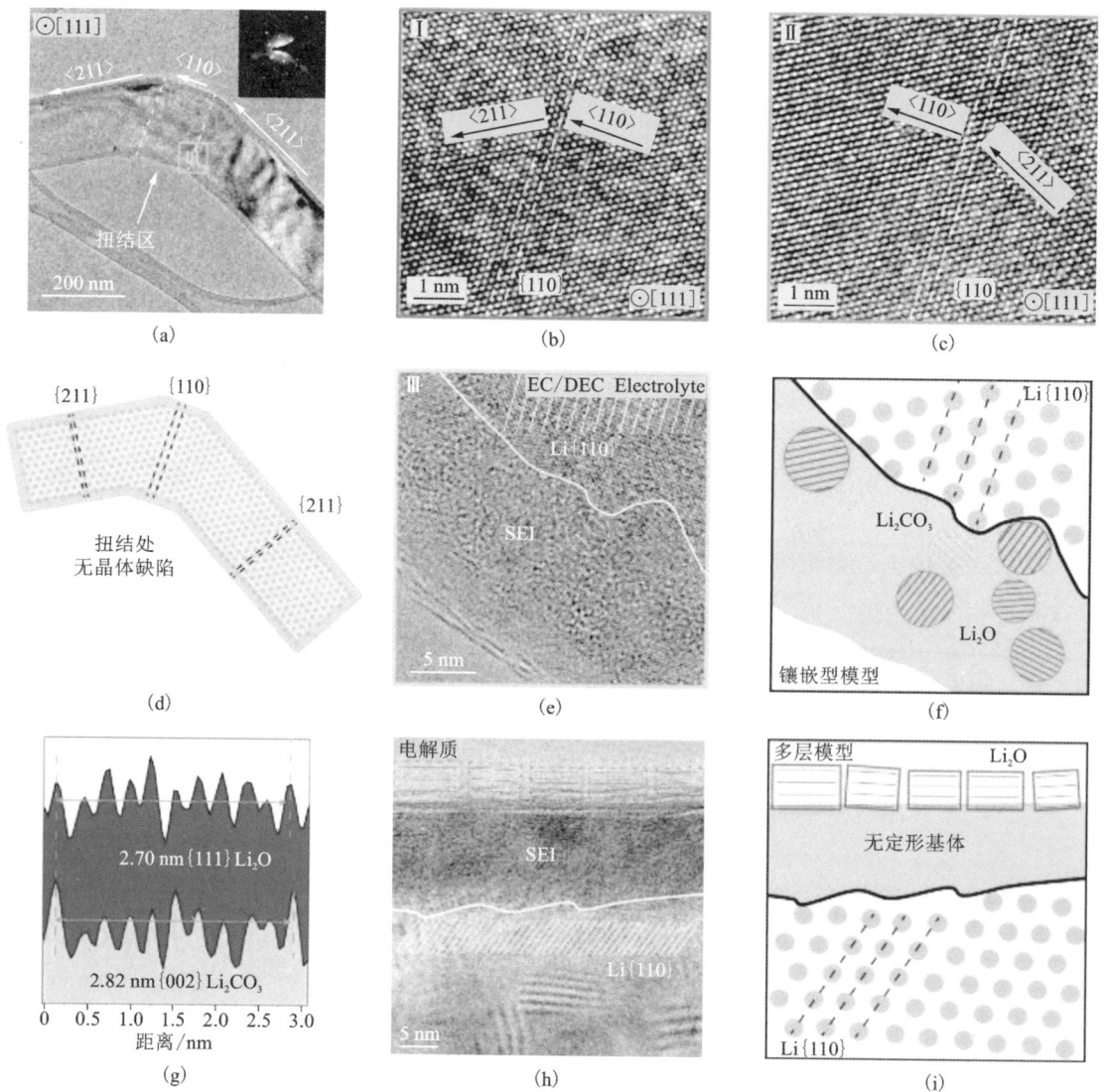

图 9-16　基于冷冻电镜技术实现了对电池材料和界面原子结构的真实观测

他们对在标准碳酸盐电解质和改性碳酸盐电解质中形成的 SEI 进行了监测。他们发现，在 EC-DEC 标准电解质中形成的 SEI 类似于镶嵌结构，即有机组分和无机组分的非均匀分布，如图 9-16(e) 和 (f) 所示。而在含有体积分数为 10% 氟代碳酸乙烯酯(FEC)的改性电解质中，则观察到了一种完全不同的 SEI 层结构，如图 9-16(h) 和 (i) 所示，有机组分和无机组分不再是随机分布，而是形成了更为有序的多层结构，内层为多晶态聚合物基体，而外层为大颗粒的锂氧化物，具有清晰的晶格条纹。值得注意的是，尽管一直以来 LiF 被认为是电池性能增强的原因，但是这里并没有检测到 LiF 的晶格。这一研究有助于揭示改性电解质锂电池性能提升的机理。

冷冻电镜技术对于大多数基础研究都有积极的、启发性的意义。近年来，冷冻电镜技术不断被应用于各个领域的基础研究中，探寻更深层的科学本质，并取得了一定的成效。相信随着冷冻电镜技术的进一步发展，其研究应用会越来越广泛。

思考与讨论

1. 原位表征技术有何特点？试分析原位表征技术和非原位表征技术的联系与区别。

2. 你知道哪些原位表征技术？这些技术主要用于什么方面的研究？这些原位表征技术在纳米电极材料中有哪些应用？请举例说明。

3. 为了更好地发展纳米材料，请你结合自己对纳米材料和原位表征技术的了解，谈谈自己对原位表征技术未来发展的看法。

引申阅读

第 10 章　纳米材料在其他领域的应用

10.1　纳米碳点材料的应用

PPT

10.1.1　碳点材料

碳点（carbon dots，CD）凭借超小尺寸（<10 nm）、超高比表面积、丰富的官能团、优异的电子转移性能、荧光及化学稳定性、生物相容性和无毒性等物理化学性质，被誉为继富勒烯之后又一划时代的碳基纳米材料。另外，碳点在多个领域中的影响（如图 10-1）非常巨大，其中包括传感器、储能、药物输送、生物成像、催化和发光二极管（LED）等领域。

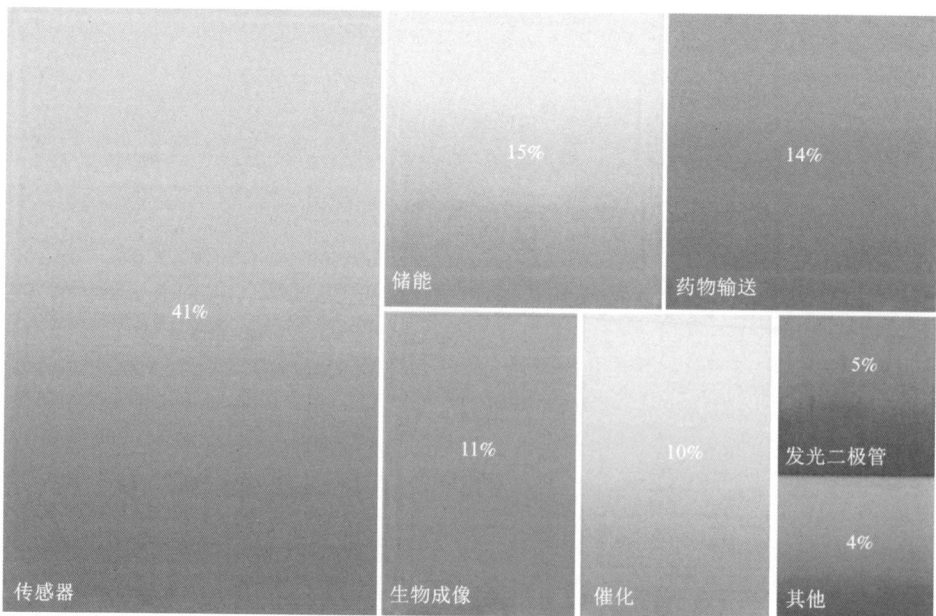

图 10-1　碳量子点在不同应用领域中出版物的比例

我们建议根据碳核的多样性，将"碳点"分为如下五类：①石墨烯量子点；②石墨氮化碳量子点；③碳量子点；④碳纳米点；⑤碳化聚合物点（如图 10-2）。

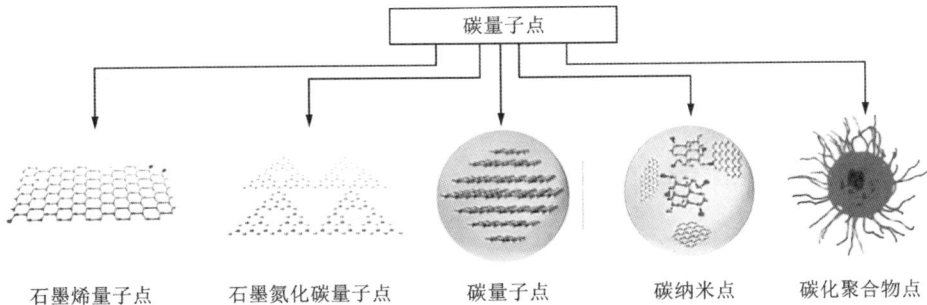

图 10-2　各种结构的碳量子点示意图

石墨烯量子点(GQDs)是指直径小于 10 nm 的单层石墨烯。然而，在实践中，GQDs 由于其非理想的制备条件，在边缘或内层缺陷上存在一些含有官能团的原子层。GQDs 的厚度可以显著改变自身的物理化学性质(例如吸光度)。此外，作为石墨碎片，GQDs 保留了石墨结构，并且具有与块状石墨相似的石墨面内晶格间距(0.18~0.24 nm，对应于不同的衍射平面)和石墨层间距(0.334 nm)，如图 10-3 所示。此外，GQDs 的边缘位置贡献了它们的主要特性，并且对其性能具有不可忽视的作用，即"边缘效应"。

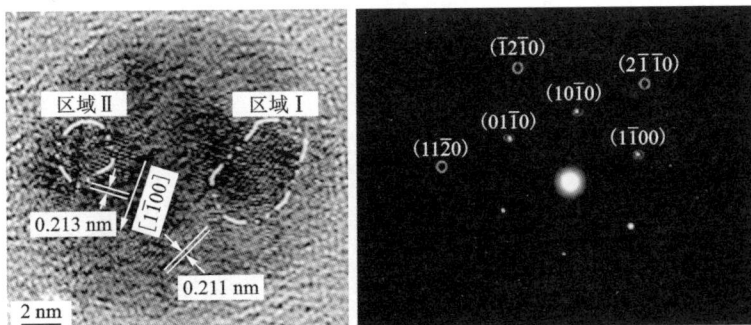

图 10-3　GQDs 的 TEM 图像(左)和相应的 SAED 图像(右)

具有类石墨烯二维结构的石墨氮化碳量子点(g-CNQD)通常被视为 GQD 的类似物。碳氮化物有几种同素异形体——甚至有关于 C_3N_4 量子点的报道——但石墨碳氮化物(g-C_3N_4)由于其在周围环境中更稳定的纳米结构而出类拔萃。与二维 g-C_3N_4 片层类似，g-CNQD 由氨基桥接的三均三嗪单元组成，其晶格中具有周期性空位。独特的"聚(三均三嗪)"框架在终止边缘具有高度缺陷和丰富的胺基(-NH 或-NH_2)，赋予 g-CNQD 优异的催化性能和其他特性。Zhang 等制备了结晶度高、晶格参数为 0.34 nm 的 g-CNQDs。迄今为止，关于 g-CNQDs 制备和应用的报道少于 GQDs，但 CNQDs 由于其良好的性质，未来前景良好。

碳量子点(CQD)，主流观点认为其是准球形碳纳米粒子，具有基于 sp^2 和 sp^3 碳的混合物的结晶核，在相邻位置之间具有不均匀晶格条纹($d100=0.21$ nm)的 supra(碳纳米点)。拉曼光谱进一步表明了高碳晶格结构含量，其中 D 带和 G 带的相对强度(ID/IG)为 0.87。此外，它们的高比表面积也是吸引研究人员关注的一个特点。例如，如图 10-4 所示的新型空心碳点（HCD），其表面积为 16.4 m^2/g，孔体积为 $1.73×10^{-2}$ cm^3/g。

碳纳米点（CND）是指准球形碳纳米粒子，它与 CQD 不同，主要由无定形结构核心组成。尽管迄今为止探索得很少，但发光特性和相对较低的成本使 CND 可在未来得到应用。

碳化聚合物点（CPDs）源自线性聚合物或单体的聚集或交联的碳纳米粒子，这与上述碳点有很大不同。与传统聚合物点相比，它们的碳化核心贡献了 CPDs 的主要特性（例如，增强的荧光）。

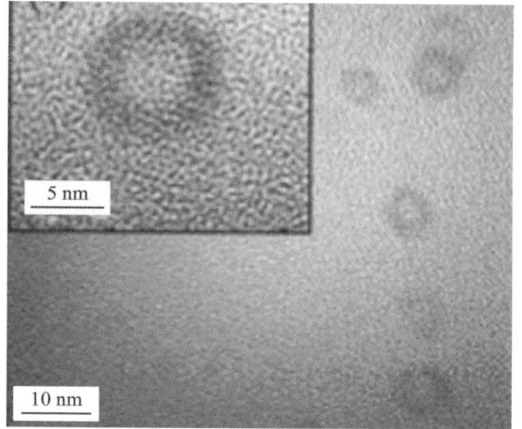

图 10-4 空心 CQD 的 TEM 及其放大图像

Yang 等认为 CPDs 的碳核包括几个子类：完全碳化核、由具有聚合物骨架的微小碳簇组成的准晶碳结构，以及高度脱水交联和卷曲的聚合物骨架。CPDs 的碳化程度高度依赖于反应参数和前体的性质。例如，可以制备出基于马来酸（MA）和乙二胺（EDA）的新型 CPDs，缩聚物进一步交联，产生具有网络结构的内部聚合物核（如图 10-5）。同样，许多研究表明，基于有机分子（例如丙酮、乙醛、聚噻吩苯基丙酸）聚合的 PD 也可以生成具有紧密聚合物结构核的 CPDs。另外，CPDs 也可以通过用聚合物分子修饰其他 CD 来获得。由于其交联结构，CPDs 通常对 pH、离子强度和紫外线照射具有高度稳定性，显示出其可作为各种应用的材料的巨大潜力，特别是用于体内药物/基因/蛋白质递送系统。

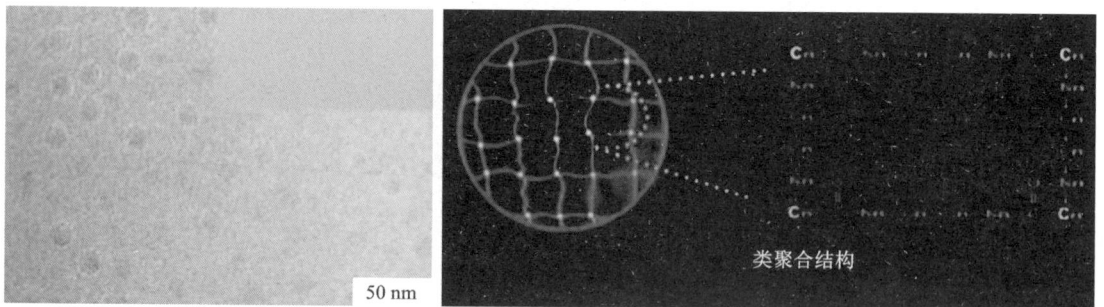

图 10-5 CPDs 的 TEM 图像（左）和描绘其碳核的示意图

10.1.2 碳点材料在能源领域的应用

大量研究表明，CDs 可以显著提高各种能量存储设备的能量转换和存储效率，包括发光二极管（LED）、太阳能电池（SCs）、可充电离子/金属电池、超级电容器等。CDs 可以在不同类型的太阳能电池中发挥各种有益作用（例如，光敏剂电荷传输介质和活性层添加剂），包括半导体太阳能电池、钙钛矿太阳能电池和染料敏化太阳能电池。例如，在太阳能电池中引入

CDs 作为无金属光敏剂(如图 10-6),在一个太阳光照(AM 1.5)下的概念验证研究中,功率转换效率为 0.13%。

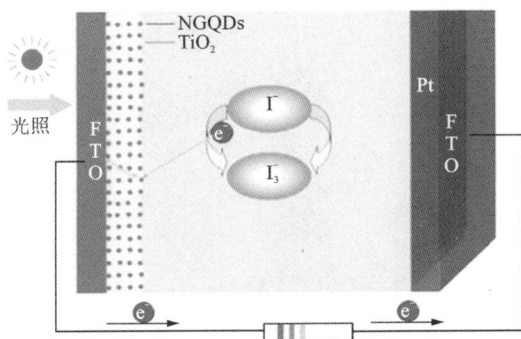

图 10-6　CDs 敏化 TiO$_2$ 太阳能电池器件结构示意图

　　CDs 在可充电离子/金属电池和超级电容器中的使用主要包括三种类型:直接使用 CDs、基于 CDs 的纳米复化物和 CDs 驱动材料。有报道称 CDs 可直接用作电极材料。

　　然而,由于其高成本和不令人满意的电化学性能,它可能不是一个理想的方法。为了实现 CDs 的高效利用,CDs 最近被用作电解质添加剂(如图 10-7),被誉为电解质的“维生素”,其含量一般低于 5%。相比之下,CDs-纳米复化物是该应用中最流行的利用 CDs 的方式,其中 CDs 的有益作用是促进离子/电荷转移(如图 10-8)和稳定纳米复合物等。此外,一系列具有优异电化学性能的电极材料可以衍生自碳点及其纳米杂化物。

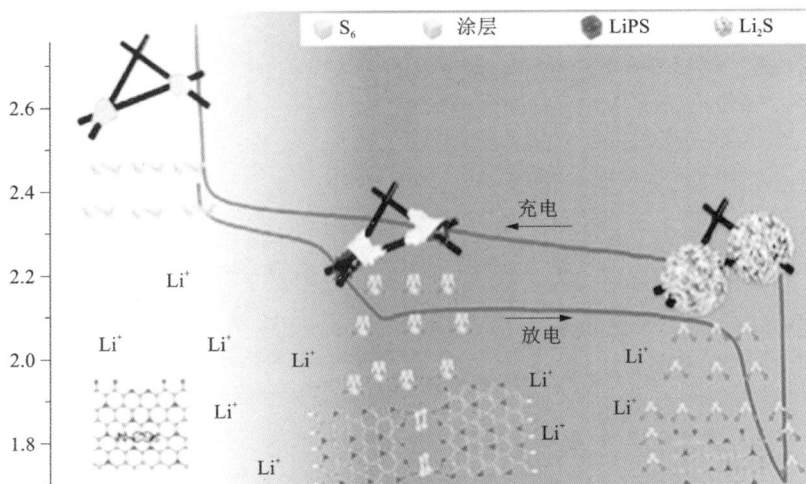

图 10-7　CDs 作为电解质添加剂对阻断锂硫电池中多硫化锂的穿梭效应的影响

　　在热处理过程中,来自 CDs 的碳原子将重组并自组装成一维碳纤维(CF)、二维大尺寸碳纳米片或三维多孔碳框架。例如,Hou 团队利用基于 CDs 的胶束为锂离子电池生成空心碳负极,其中 CDs 同时充当模板和成孔剂的多种角色(如图 10-9)。

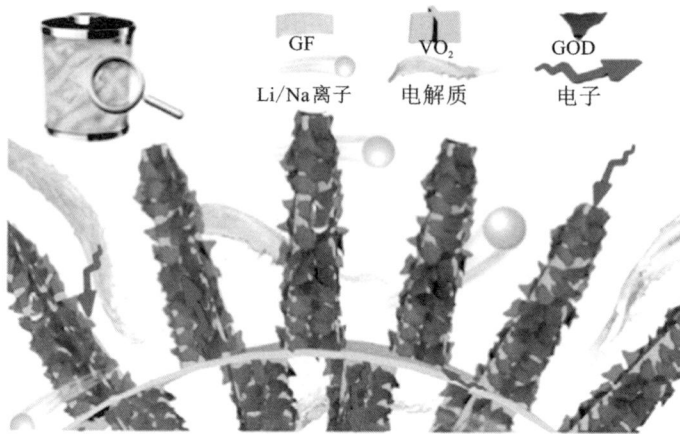

图 10-8　CDs 对锂/钠离子电池中电荷转移的有益影响

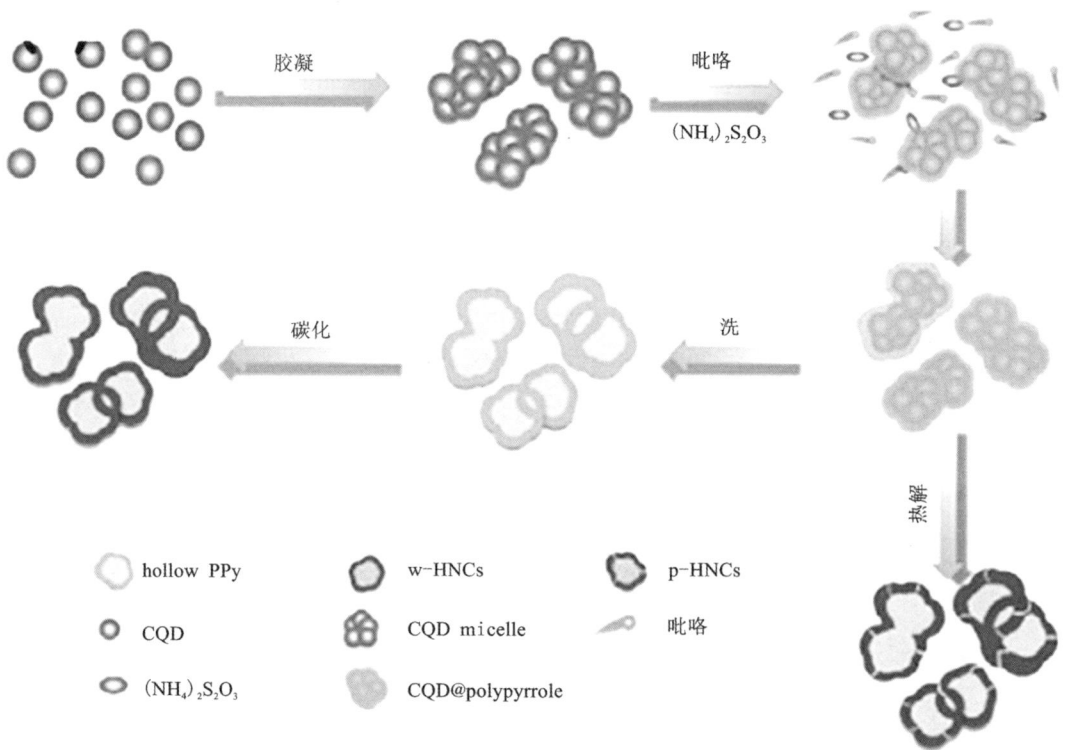

图 10-9　CDs 驱动的中空 N 掺杂碳的合成过程示意图

10.2　纳米技术在环境保护中的应用

10.2.1　纳米技术在治理有害气体方面的应用

大气污染一直是各国政府需要解决的难题,空气中超标的二氧化硫(SO_2)、一氧化碳(CO)和氮氧化物(NO_x)一直是影响人类身体健康的有害气体,纳米材料和纳米技术的应用能够以更低的成本、更少的能源和更高的效率监测解决产生这些气体的污染源问题。

10.2.1.1　用作石油脱硫催化剂

工业生产中使用的燃料(如汽油、柴油等)由于其含有硫的化合物,在燃烧时会产生 SO_2 气体,这是 SO_2 的最大污染源,所以在石油提炼工业中有一道脱硫工艺,以降低硫的含量。纳米钛酸钴($CoTiO_3$)是一种非常好的石油脱硫催化剂。以 55~70 nm 的钛酸钴作为催化载体或 Al_2O_3 陶瓷作为载体的催化剂时,其催化效率极高,经它催化的石油中硫的质量分数小于 0.01%,达到国际标准。

10.2.1.2　用作汽车尾气净化催化剂

最新研究成果表明,复合稀土化合物的纳米级粉体有极强的氧化还原性能,这是其他任何净化催化剂所不能比拟的。它的应用可以在很大程度上解决汽车尾气中一氧化碳(CO)、氮氧化物(NO_x)和 PM2.5 的污染问题。

以活性炭为载体、纳米 $Zr_{0.5}Ce_{0.5}O_2$ 粉体为催化活性体的汽车尾气净化催化剂,由于其表面存在 Zr^{4+}/Zr^{3+} 及 Cr^{4+}/Cr^{3+},电子可以在其三价和四价离子之间传递,因此具有极强的电子得失能力和氧化还原性,再加上纳米材料比表面积大、吸附能力强,因此其在氧化为 CO 的同时可还原氮氧化物,使它们转化为对人体和环境无害的气体——二氧化碳和氮气。更新一代的纳米催化剂,将在汽车发动机汽缸里发挥催化作用,使汽油在燃烧时就不产生 CO 和 NO_x,无需进行尾气净化处理;在汽油中直接添加"稀土-铝"纳米复合氧化物催化剂的思路,充分发挥了稀土元素在燃烧过程中可提高汽油活性、降低燃点、提高燃料利用率的特点;利用纳米氧化铝在汽油中的催化助燃作用,有效降低尾气中污染物的排放,真正从燃烧源头上削减 PM2.5 的产生。

10.2.1.3　用于空气过滤

通过机械手段进行空气过滤,通常使用高效微粒空气(HEPA)过滤器,炉式 HEPA 过滤器用于封闭系统。HEPA 过滤器能够彻底去除空气中小于规定尺寸的颗粒。然而,HEPA 过滤器已经显示并预测在高相对湿度条件下和当空气污染物具有吸湿性时,会出现堵塞,因此过滤效率受到负面影响。纳米技术为克服这一问题提供了一个解决方案。由于许多纳米过滤器是通过吸附机制工作的,因此堵塞的问题通常被最小化。它们还通过减小纤维尺寸来提高过滤性能。研究人员制备了一种由聚丙烯和聚苯乙烯纳米颗粒组成的新型纳米纤维膜,并将其用于空气过滤,提高了过滤效率。这可归因于过滤阻力降低和孔径减小;效率、孔径和渗透率也随着聚苯乙烯负载量的变化而变化,最佳聚苯乙烯负载量为 5%。人们可以通过过滤器的效率来确定令人满意的聚苯乙烯负载量,从而提出一个可行的解决方案。

10.2.1.4 去除温室气体

向大气中排放 CO_2 等气体会导致全球气温长期升高，这种效应被称为温室效应，而造成这种效应的气体称为温室气体，包括甲烷、水蒸气、氧化亚氮和氟化物气体等。预计到 21 世纪末，全球气温将上升近 2 ℃，这种现象被称为气候变化或全球变暖。CO_2 占世界温室气体的 75% 以上，甲烷占 10%。温室气体的排放与交通和工业等人类日常需求直接相关，因此，在开发更清洁技术的同时，减少或消除向大气中排放温室气体就显得尤为重要。

镍是 CO_2 转化为 CH_4 最常用的催化剂，因为它价格低廉。虽然镍纳米颗粒本身具有可观的选择性和活性，但通常需要增强才能使该工艺实用。镍纳米催化剂的有效性在很大程度上取决于用于支撑催化剂的材料。SiO_2、Al_2O_3 和其他氧化物是最常用的载体，因为它们促进了催化剂和载体之间的相互作用。当 Ni 纳米粒子被负载在有缺陷的石墨烯上时，Ni 纳米粒子形成 NiO，生成 NiO/Ni 纳米粒子。在缺陷石墨烯上负载的 NiO/Ni 纳米颗粒表现出令人鼓舞的 CH_4 产率，并显示出在连续条件下运行的能力。结果表明，NiO/Ni 纳米颗粒的性能优于 SiO_2 或 Al_2O_3 负载的 Ni 纳米颗粒。在加热条件下，由于水分子的形成会对催化活性产生负面影响，因此性能不佳。

10.2.2 纳米技术在污水处理方面的应用

10.2.2.1 水污染修复

纳米吸附剂是一种纳米材料，具有将污染水中的杂质/污染物吸附到其表面的能力。由于其比表面积高、孔隙度大、吸附物扩散距离小、能够用于修复不同大小的污染物，并且由于其表面具有大量的空活性位点，因此它们的吸附效果更好。纳米吸附剂也可以通过修饰（通过功能化）来提高材料的吸附能力和特异性，然后将其性能拟合到现有的吸附等温线（如 Freundlich、Langmuir 和 Sips 等温线），并将最佳拟合用作预测其在各种情况下的吸附能力的模型。

10.2.2.2 抗菌与消毒

Ag 纳米粒子表现出广泛的活性：它们对革兰氏阳性和革兰氏阴性细菌都有效。Ag 纳米粒子具有很强的细胞毒性，并通过与蛋白质结构中的巯基结合并阻断细胞复制来改变被攻击微生物的细胞膜结构和通透性。从褐藻中获得的 Ag 和 Au 纳米粒子被发现具有很高的抗菌倾向。从叶子提取物（prosopis cineraria）中提取的 Ag 和 Cu 纳米粒子复合物被发现比单个 Ag 或 Au 纳米粒子具有更强的抗菌活性。Ag 纳米离子还可与醋酸纤维素纤维结合形成抗菌纤维。

10.2.2.3 污染物和微生物检测传感器

Ag 纳米粒子通常用于传感器。从一种褐藻中获得的 AgCl 纳米颗粒能够检测浓度低至 $10^{-6} \sim 10^{-4}$ mol/L 的双酚 A，检测限仅为 45 nm。Psidiumguajava 水提物形成 Ag-rGO 复合物，可检测浓度为 10^{-8} mol/L 的亚甲基蓝，富集因子为 4.6×10^5。另一种 Ag-GO-Peptide 复合物用于检测浓度为 $0.02 \sim 10$ mmol/L 的水中 H_2O_2，检出限为 0.13 μm。传感器也由 Ag 和醋酸纤维素的复合材料制成。

10.2.3　纳米技术在土壤修复方面的应用

污染物通常通过污水、废物、意外排放或从生产各种产品中释放出来的副产品和残留物的方式进入土壤。这种土壤污染可能导致其物理、化学和生物特性发生不良变化，所有这些都可能导致土壤肥力和生产力水平的改变。因此，土壤修复被认为是防止土壤污染的最佳途径之一。土壤修复技术的主要目标污染物包括锌、铅、砷、铬等重金属，和农药、多氯联苯、多环芳烃等有机化合物以及多种复合污染物。

不幸的是，土壤-水界面的异质性和复杂性给污染土壤的修复带来了诸多技术和经济上的挑战。具体来说，在原位修复中，土壤修复专业人员很难实现目标污染物与修复剂之间的有效混合和有效反应。除了这些挑战，许多最近开发的技术，如封存、固定化和生物修复，既费时又耗能，经济性差或环境不友好，限制了它们在土壤修复中的应用。相比之下，纳米材料和纳米技术通常与小尺寸、高比表面积和适当的反应活性和多功能性有关。由于这些技术的内在优势，研究人员发现，将纳米材料结合到传统的原位技术中，可以同时清除多种污染物，增强联合土壤修复方法。因此，纳米材料是去除复杂环境介质（如土壤）中顽固污染物的理想材料。

其中，最广泛的修复应用包括固定化或吸附过程。当使用纳米颗粒作为修正剂时，应满足两个基本要求：①它们必须可以被输送到污染区；②当消除外部注入压力时，输送的纳米颗粒应保持在封闭的领域内（即在自然地下水条件下），而此时纳米颗粒将发挥捕捉可溶性金属的作用。在消除土壤中的金属污染物中，这种修复技术最显著的优点是高效率、低成本和环境友好。用于固定土壤污染物的纳米材料包括碳纳米材料（如 CNT）、金属氧化物纳米材料［如氧化铁（Fe_3O_4）和钛氧化物（TiO_2）］以及各种纳米复合材料。例如，Fe_3O_4 纳米材料具有从不同介质样品中吸附和固定重金属（如镉和砷）的能力。光催化降解土壤污染物的过程中，纳米光催化剂与紫外线（UV）光源（如太阳光）结合使用，可促进有机物质（包括多环芳烃、多氯联苯和农药）的降解。这种土壤修复方法的有效性主要取决于被污染土壤样品的内在性质和酸性水平，以及是否存在有机物。TiO_2 是光催化降解过程中最常见的纳米材料之一，经过 5 h 的处理，污染降解率高达 78%。

尽管纳米材料在土壤修复应用中具有明显的优势，但某些环境健康和安全方面的担忧仍应予以考虑。比如可溶性固体磷酸盐被证明对重金属原位稳定非常有效，但向地下添加大量高度可溶的磷酸或磷酸盐，不仅受到材料成本的限制，而且磷酸盐的高溶解度，可能导致受影响地区的地下水和地表水被过度营养输入（富营养化），而产生二次污染问题。

10.2.4　纳米技术在碳捕集与封存中的应用

碳捕获与封存（CCS）是从一个过程中捕获二氧化碳（CO_2），以减少向外部大气排放的过程。大气中的 CO_2 主要是由工业生产过程和汽车燃烧化石燃料产生的。捕获的 CO_2 经高压储存在岩石层中，以防止其排放到大气中。世界总能源需求的近 80% 是由化石燃料满足的，并且与 CO_2 的产生直接相关。CO_2 是一种重要的温室气体，是造成全球变暖现象的原因之一，因此减少全球温室气体排放是避免全球变暖灾难性后果的当务之急。CO_2 分离是 CCS 中最昂贵、最耗时的一步，并带来了无数的技术挑战。碳捕获过程主要有三种类型：燃烧前捕获、燃烧后捕获和含氧燃料捕获。

聚丙烯碳酸酯已被证明通过扩散可吸收 CO_2，尽管传质低，因此塔高和资本支出大。研究表明，TiO_2 纳米粒子的加入显著提高了传质系数，从而提高了吸收效率。研究还发现，吸收效率与 TiO_2 的负载量和粒径有关，TiO_2 负载量低于最佳值时，吸收效率下降，超过最佳值后，吸收效率增加。镍纳米颗粒(NiNPs)已被证明可以通过与 K_2CO_3 一起发挥催化作用来增强 CO_2 的水化作用，这是 CO_2 吸收的一个重要过程。由于其磁性、热稳定性和催化性质随 pH 降低而得到改善，镍纳米颗粒也表现出卓越的重复使用性能。在 273~303 K 的温度范围内，pH 低于8，在50%的 K_2CO_3 溶液存在下，镍纳米颗粒的效率最高。去离子水(DI 水)与二氧化硅纳米颗粒和表面活性剂结合形成的纳米流体降低了表面张力，其 CO_2 捕获能力提高了 13% 以上。SiO_2 纳米颗粒的最佳浓度为体积比 0.01%，表面活性剂被确定为改善了 CO_2 捕获。CO_2 捕获的增强归因于纳米流体表面泡沫形成的最小化。$Ca(OH)_2$ 纳米粒子悬浮液与 $Ca(OH)_2$ 微粒子悬浮液相比，CO_2 效率显著提高了约8倍。这种改善是由于比表面积的增加和 CO_2 被纳米颗粒保留的时间的延长。$Ca(OH)_2$ 纳米颗粒还具有去除 NO_x 和 SO_x 等其他气体的潜力。由于使用植物基聚合物羧基甲基纤维素制备 $Ca(OH)_2$ 纳米颗粒是相对廉价的方法，大规模应用前景也被证明是可能的。

10.3 纳米材料在燃料电池中的应用

燃料电池(FC)是将合适燃料和氧化剂(通常是指大气中的 O_2)的化学能转化为电能和热能的电化学装置。它们可用作汽车、便携式或固定设备的电源。此外，与热机相比，燃料电池的效率不受卡诺循环的限制，具有更高的理论和实践效率(85%左右)。单个燃料电池单元由正极和负极端子(称为阴极和阳极)组成，由电解质(离子导体)物理分隔。在运行过程中，燃料不断地供给负极，而氧化剂则供给正极。作为燃料，有多种可能性，从气体(H_2、NH_3、CO 等)到液体(低分子量醇，如甲醇和乙醇、甘油、肼等)。与气体燃料相比，使用液体燃料有很多优势，因为它们可以使用当前的汽油基础设施轻松处理、运输和储存，几乎不需要修改。此外，一些液体燃料的能量密度甚至可与汽油相媲美。事实上，自2000年以来，燃料电池(所谓的直接酒精燃料电池 DAFC)的发展引起了越来越多的研究人员的兴趣，特别是那些以甲醇为燃料的燃料电池(可应用于电动汽车)，此外乙醇、1-丙醇、2-丙醇、甘油和任何其他液体也可用于燃料电池。

FC 系统性能的改进需要使用活性强和稳定好的催化剂，这些催化剂要能达到最大化反应速率和选择性。铂(Pt)和 Pt 合金被认为是几种负极和正极反应中最活跃的催化剂，例如氢的电化学氧化(氢氧化反应，HOR)和分子氧的还原(氧还原反应，ORR)。最先进的催化剂由负载在高表面积碳(即 Pt/C 和 PtM/C，其中 M 通常是过渡金属)上的 Pt 纳米颗粒或 Pt 合金(直径约5 nm)组成。尽管被广泛使用，但碳负载的 Pt 纳米粒子仍然需要解决一些问题：①质子交换膜燃料电池(PEMFC)运行期间的化学和电化学稳定性；②团聚和损失的敏感性活性表面积；③碳载体的溶解和腐蚀。

提高 Pt 基材料催化活性和稳定性的一种方法是改变电催化剂的结构和形态特征，因为电化学性能极度依赖于晶粒和粒径、纹理(即优先取向)等因素。电化学活性对这种结构和形态特征的显著依赖性依赖于这样一个事实,即 FC 中发生的大多数反应都对催化剂表面的特征极为敏感。因此,表面平面的类型、数量和大小,以及缺陷(如吸附原子、边缘、扭结等)或团聚的存在,都会改变反应速率及其选择性。因此,正在生产具有新型形态的高性能纳米结构催化剂,以满足 PEMFC 的特定需求。小(零维)纳米粒子(最常见的形态)具有许多低配位原子(LCA)和表面缺陷,导致严重的聚集和奥斯特瓦尔德熟化,这被认为是 FC 性能降低的主要原因。或者,一维(1D)纳米线(NW)形态允许优先暴露具有较少晶格边界的低能晶面和晶格平面,有利于这些结构比零维 NP 更具催化活性。此外,这些结构还具有细长的单晶链段和光滑的晶面,可以最大限度地减少不良 LCA 缺陷的数量,使这些缺陷更容易受到氧化和溶解。

10.3.1　用作正极材料的纳米线

正极反应,如 ORR,具有复杂的机制,并且以其缓慢的动力学而闻名,因此已经做出了一些努力来提高较低过电势下的反应速率。此外,除了缓慢的动力学外,反应在相对较高的电极电位和腐蚀性环境下进行,导致催化剂的稳定性问题,限制了它们在燃料电池中的长期应用。因此,使用纳米线可能有助于克服部分稳定性问题。

研究人员通过静电纺丝法合成了直径为 (30 ± 10) nm、长度为几十微米的高度分散的纯铂纳米线(Pt NWs)网络结构,并装饰有 Pt 纳米颗粒,将其作为正极研究 ORR(如图 10-10)。将该结构催化剂与商业 Pt/C E-TEK 催化剂进行比较,在 70 ℃工作温度下使用纯 H_2 和 O_2 气体(分别为负极和正极)进行测量。制备了负载在碳上的 Pt NW 和由分散在 Pt NW 层上的 Pt/C 纳米粒子组成的系统,并与 Pt/C 和 Pt NW 进行了比较,发现 Pt/C 复合 NW 电极的 ORR 的质量活性高于 Pt/C E-TEK 和 Pt NW。这些结果证明纳米颗粒和纳米线的混合物会产生一些协同作用,从而导致反应动力学增加。

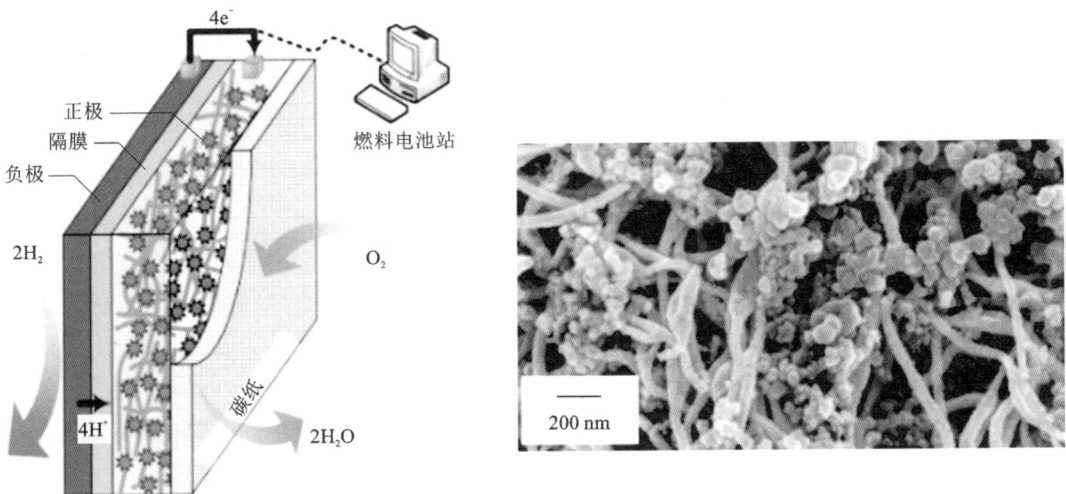

图 10-10　带有纳米线网络正极的 PEMFC 示意图(左),
Pt/C 和 Pt 纳米线复合正极催化体系的典型扫描电镜图像(右)

将 Pt 与更多亲氧元素形成合金，并将其形态从纳米颗粒变为 NW，是生产具有改进电化学性能催化剂的一种替代方法。

通过无表面活性剂水溶液法合成了由单晶 Pt 纳米线支撑在由锡纳米线和 CNT（Pt NW-Sn@CNT）组成的同轴纳米电缆上的三维（3D）纳米复合材料（如图 10-11）。这种结构的形成具有一些优势，例如：①高金属-载体相互作用；②促进传质；③更高的透气性。通过 HRTEM 和 SEM 分析，观察到 Pt NW-Sn@CNT 的直径为 4 nm，单晶形貌，晶格间距为 0.226 nm；此外，NW 倾向于沿<111>方向生长。室温下，缓慢的还原速率有利于 <111> 方向的各向异性生长。Pt NW-Sn@CNT 的质量活性和比活性比商业 E-TEK Pt/C 催化剂 30%（纳米颗粒）高 1.2 倍和 2.4 倍。

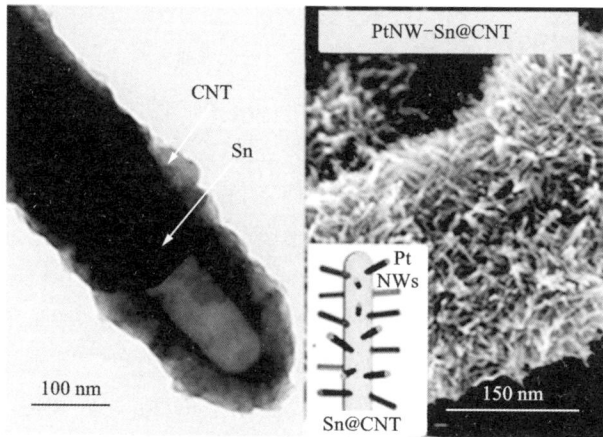

图 10-11　原始 Sn@CNT 纳米线的 TEM 图像（左）和
Pt NWs 生长在 Sn@CNT 纳米线上的 HRSEM 图像（右）

例如，可以开发一种新的稳健的湿化学路线，大规模生产 Pt 基多金属纳米结构；这些纳米结构具有一维形态，具有高比表面积和高折射率、小平面等特征。这种方法赋予催化剂许多特性，例如高密度的原子台阶、边缘和扭结，在增强催化作用方面发挥重要作用（如图 10-12）。TEM 图像显示合成的 PtNi 纳米线具有数百纳米的长度和约 9 nm 的直径。然而，所有纳米线沿其长度方向都具有超细直径，这表明有一种独特的机制支配着它们的生长。大多数小平面显示出晶面间距为 0.19 nm 的晶格条纹，这对应于 PtNi 合金纳米结构的 fcc 的（200）面。一维 PtNi 催化剂表现出高 ORR 催化性能，具有 9.2 mA/cm^2 的出色比活性和在 0.9 V 下具有 4.15 A/mg（Pt，vs. RHE）的高质量活性，远高于最先进的商用 Pt/C 催化剂［johnson matthey（JM），20% Pt，0.18 mA/cm^2 和 0.12 A/mg，（Pt）］。此外，PtNi 催化剂在 ORR 条件下非常稳定，即使在 50 mV/s 下进行 10000 次伏安循环后也没有活性衰减。值得注意的是，PtNi 纳米线的先进合成方法能够通过简单的在类似方法中引入铂（Ⅱ）乙酰丙酮化物和所需的金属乙酰丙酮化物来合成不同类型的 1D Pt 合金纳米结构，例如 PtCo，PtFe，PtRh，PtNiFe 和 PtNiCo 纳米线合成程序。

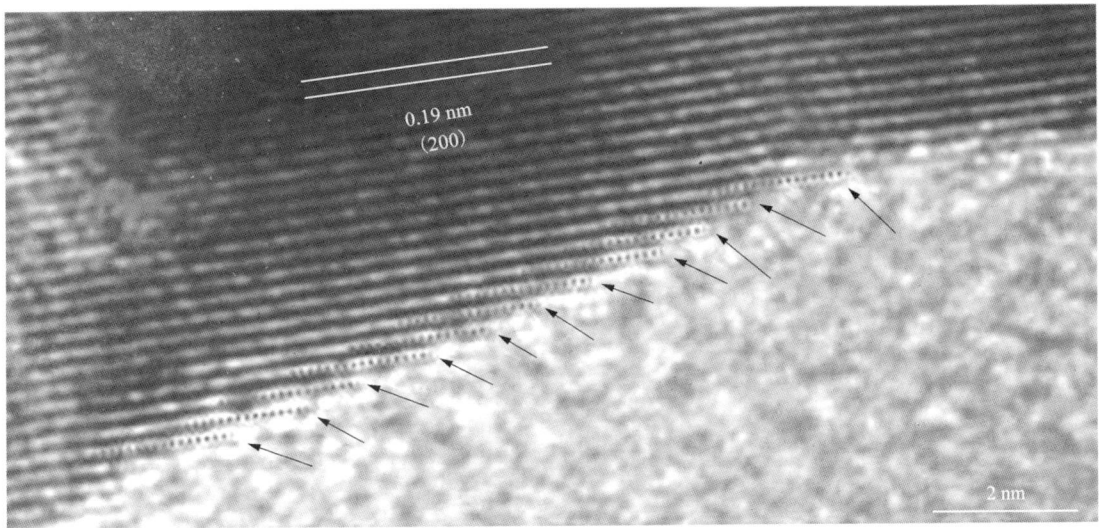

(a) HRTEM

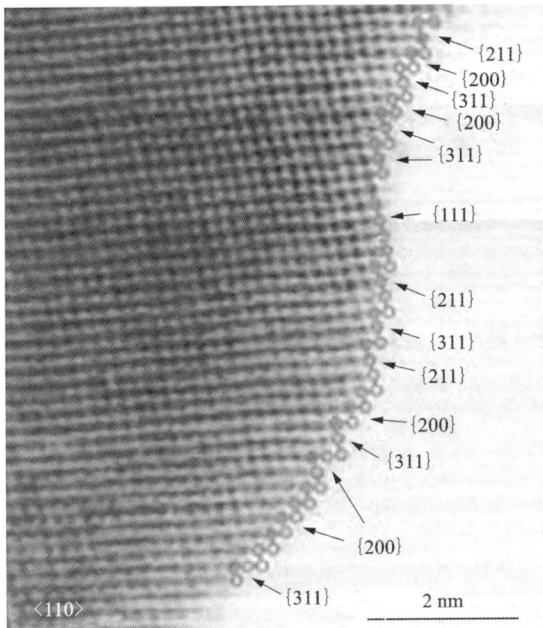

(b) STEM

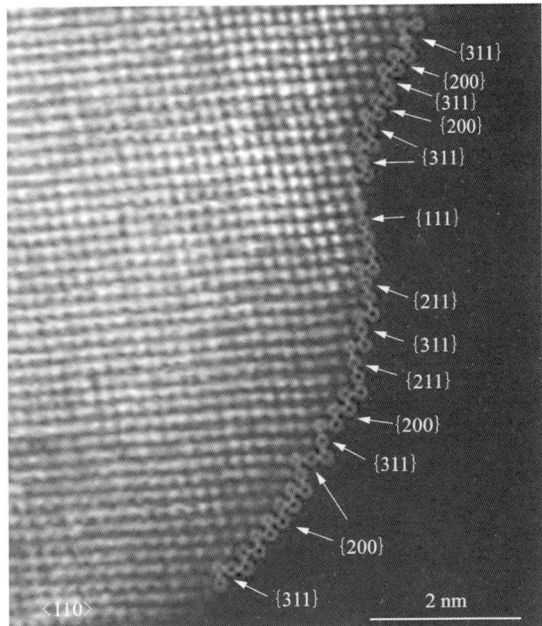

(c) 一维PtNi纳米结构的ADF图像，显示出高密度的表面台阶

图 10-12　一维 PtNi 纳米结构的结构分析

10.3.2　用作负极电催化剂的纳米线

寻找新的负极催化剂对于提高 DAFC 中醇氧化过程中产生的中间物质的催化性能和抗中毒能力至关重要。纳米线的上述特性，例如固有的各向异性结构、高柔韧性、高比表面积和高导电性，可能会研制出对几种负极催化反应具有增强活性和耐久性的催化剂。

研究人员采用聚合物模板合成法制备了直径为 (47 ± 9.8) nm、长度为 $0.5\sim6$ μm 的 Pt 纳米线(如图 10-13)。该方法的优点是可以快速移除和清洁模板(带径迹的聚碳酸酯模板膜),避免任何污染和形成的纳米线的整体形态发生变化。XRD 数据显示出面心立方结构的特征,峰在较高的 2θ 值下略有偏移(与商业催化剂相比),这归因于纳米线形成过程中 Pt 晶格的收缩。纳米线形成均匀且有序的 Pt 结构,研究人员仅依靠 XRD 图案通过化学蚀刻确认基板不含聚合物膜,本研究未使用其他技术来揭示模板残留物的存在。并将甲醇氧化研究的结果与市售 Pt/C 40% 和 Pt black 进行了比较。由于纳米粒子形态(纳米粒子到纳米线)的变化,开发的纳米线对甲醇电氧化具有高活性,比商业催化剂具有更高的 CO 耐受性,因此电化学活性更高的纳米线催化剂可以应用于 FC 系统的负极。

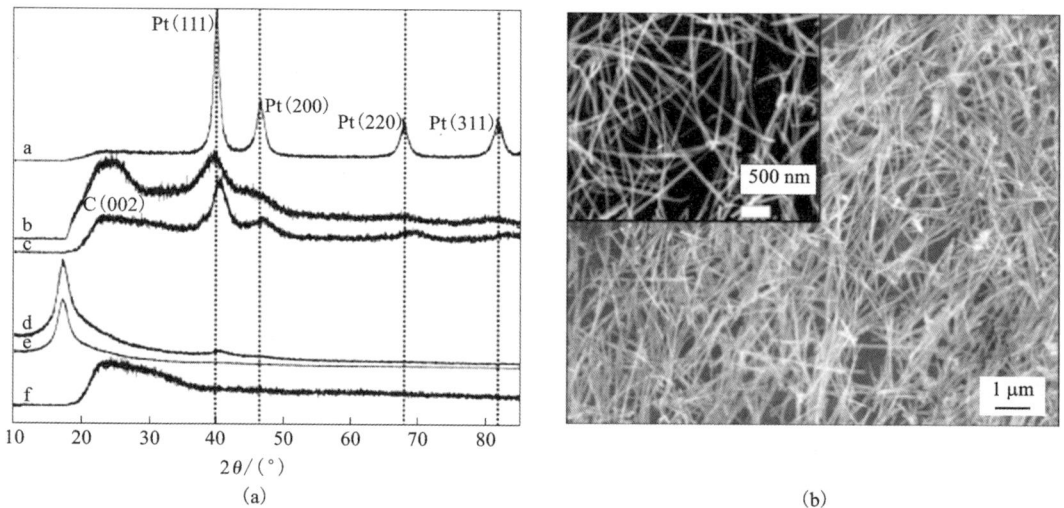

图中 a 为 Pt 黑,b 为 Pt/C,c 为从 PCTE 分离的 Pt 纳米线,
d 为嵌在 PCTE 中的 Pt 纳米线,e 为 PCTE,f 为玻璃基板

图 10-13　XRD 图谱(a)和 Pt 纳米线通过化学蚀刻从聚合物膜分离后出现在 Si 衬底上的 FESEM 图像(b)

　　例如,研究人员报道了一种制备新型 Pt/Pt$_x$Pb 核壳 NWs 高效 EOR 的简便方法,最重要的特点是它们集成了一维结构、核壳形态和合金化效应。TEM 图像显示,反应 5 h 后,所制备的 NW 具有 18~21 nm 的均匀直径,长度为 100~800 nm,如图 10-14(a)~(e)所示。在含有 0.15 mol/L CH$_3$CH$_2$OH 的 0.1 mol/L HClO$_4$ 水溶液中研究了 EOR。相对于 PtPb$_{0.21}$ 纳米粒子和商业 Pt/C(20%,Johnson Matthey),Pt/Pt$_x$Pb 核壳纳米线表现出增强的乙醇氧化反应电催化活性。优化的 PtPb$_{0.27}$ 组合物呈现出比商业 Pt 催化剂高 4.8 倍的质量活性,如图 10-14(f)所示。它们也比 Pt/C 稳定得多,如图 10-14(g)所示,表明这种 Pt-Pb NW 可用作未来实际燃料电池应用的活性和稳定的电催化剂。

　　目前,正在开展多项工作以合成具有纳米线一维形貌与其他新结构(如核壳、多孔、中空材料和超薄形状)相结合的先进材料。然而,人们对这些新结构对催化剂的催化活性和稳定性的影响知之甚少。此外,对一维纳米结构进行的大多数测试都是基于使用液体电解质的电化学测量,并且在燃料电池条件下仅研究了 Pt 基纳米线。因此,研究燃料电池堆中的这些新的一维结构对于未来的实际应用至关重要。

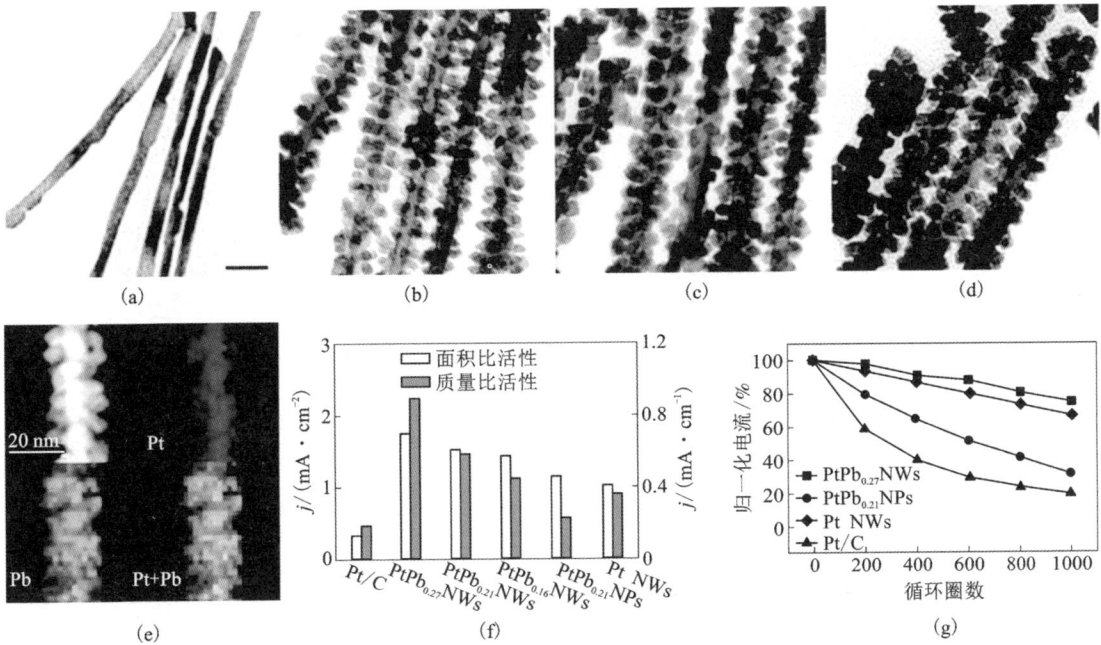

图 10-14　反应进行 (a) 0.5 h、(b) 1.0 h、(c) 3.0 h 和 (d) 5.0 h 后获得的中间体的 TEM 图像；(e) $PtPb_{0.21}$ NW 的 EDS 映射图像，$PtPb_{0.27}$ NWs、$PtPb_{0.21}$ NWs、$PtPb_{0.16}$ NWs、$PtPb_{0.21}$ NPs、Pt NWs 和商业 Pt/C 的 EOR 电催化；(f) 不同催化剂的比活性和质量活性；(g) PtPb NWs 和商业 Pt/C 在含有 0.15 mol/L CH_3CH_2OH 的 0.1 mol/L $HClO_4$ 溶液中以 50 mV/s 扫描速率的耐久性比较

思考与讨论

1. 纳米技术在环境保护中有哪些应用？具有哪些优势？请举例分析。

2. 你还知道纳米材料在哪些方面的应用？在你生活的周围有什么纳米技术的应用？请举例说明。

参考文献

[1] Schmool D S. Introduction to nanotechnologies[M]. Nanotechnologies: The physics of nanomaterials volume i. Boca Raton: Apple Academic Press, 2021.

[2] Pal K. Green nanomaterials: Sustainable technologies and applications[M]. Boca Raton: Apple Academic Press, 2021.

[3] 唐祝兴. 新型磁性纳米材料的制备、修饰及应用[M]. 北京: 机械工业出版社, 2016.

[4] 廖蕾. 金属氧化物半导体纳米线的物性研究及器件研制[M]. 武汉: 武汉理工大学出版社, 2017.

[5] Carlos R C, Félix M. Advanced nanomaterials for aerospace applications[M]. Pan Stanford: Jenny Stanford Publishing, 2013.

[6] Yazami R. Nanomaterials for lithium-ion batteries: Fundamentals and applications[M]. Pan Stanford Publishing, 2013.

[7] Agrawal D C. Introduction to nanoscience and nanomaterials[M]. World Scientific Publishing Company, 2013.

[8] Haghi A K, Zachariah A K, Kalariakkal N. Nanomaterials[M]. Apple Academic Press, 2013.

[9] 袁雅君, 周武源, 吴叶青. 世界主要国家纳米技术、材料科学发展动向分析[J]. 杭州科技, 2021, 1: 60-64.

[10] 赵青梅. 纳米技术的发展与应用[J]. 内蒙古石油化工, 2004, 30: 11-12.

[11] 李大庆. 我国纳米科技得到全面发展[N]. 科技日报, 2013-09-06.

[12] 郭文华, 张军剑, 王明华. 纳米材料技术的发展及应用[J]. 陶瓷, 2008, 40: 14-16.

[13] Maluin F N, Hussein M Z, Idris A S. An overview of the oil palm industry: Challenges and some emerging opportunities for nanotechnology development[J]. Agronomy, 2020, 10: 356.

[14] 袁玉燕, 白华萍, 李凤生. 激光光散射法的原理及其在超细粉体粒度测试中的应用[J]. 兵器材料科学与工程, 2001, 24: 59.

[15] 张小宁, 杨海军, 丁明玉, 等. 微纳颗粒分散体系的粒度分析[J]. 石化技术与应用, 2001, 19: 213.

[16] 杨玉颖, 张学文, 赵红, 等. 粒度分析样品分散条件的研究[J]. 建筑材料学报, 2002, 5: 198.

[17] 张小宁, 徐更光. 撞击流粉碎制备超细颗粒工艺的研究[J]. 功能材料, 1999, 30: 657.

[18] Sobal N S, Ebels U, Molhwald H, et al. Synthesis of core-shell PtCo nanocrystals[J]. Journal of Physical Chemistry B, 2003, 107: 7351.

[19] Peng Z A, Peng X. Nearly monodisperse and shape-controlled CdSe nanocrystals via alternative routes: Nucleation and growth[J]. Journal of the American Ceramic Society, 2002, 124: 3343.

[20] Kim K D, Kim H T. New process for the preparation of monodispersed, spherical silica particles[J]. Journal of the American Ceramic Society, 2002, 85: 1107.

[21] 刘有智, 李军平, 员汝胜, 等. 硫酸钡纳米粒子制备方法研究[J]. 应用基础与工程科学学报, 2001, 9: 141.

[22] 尹荔松, 黄钢明, 周歧发. 氧化锑/高岭土复合阻燃微粉的湿化学法制备及特性[J]. 中国粉体技术, 2001, 7: 342.

[23] 董朝霞，吴肇亮，林梅钦，等.聚合物浓度对交联聚合线团尺寸的影响[J].高分子材料科学与工程，2003，19：159.

[24] 毛日华，颜莉华，郭存济.纳米二氧化钛制备的形态控制[J].上海大学学报（自然科学版），2000，6：20.

[25] 汤鸣，蔡生民，刘忠范，等.利用扫描近场光学显微镜的偏振衬度对各向异性微晶的观察[J].高等学校化学学报，1998，19：1045.

[26] 张英侠，朱永法，姚文清，等.Gd_2CuO_4 薄膜与 Si，SiO_2/Si 基底界面相互作用研究[J].高等学校化学学报，2001，22：1703-1706.

[27] 郑雪琳，翁家宝，刘成峰，等.聚丙烯酸镍纳米微球的制备及表征[J].福建化工，2003，1：4.

[28] 宋会花，方震，郭海清.纳米 CdSe 与聚 4-乙烯基吡啶盐的复合与表征[J].物理化学学报，2003，19：9.

[29] 张超.生物分子的电感耦合等离子体质谱法分析研究[D].北京：清华大学，2002.

[30] 刘尚华，陶光仪，吉昂.纳米粉末 ZrO_2-CeO_2-La_2O_3 的 XRF 分析研究[J].无机材料学报，1999，14：1005.

[31] 李宗威，朱永法.TiO_2 纳米粒子的表面修饰研究[J].化学学报，2003，61：1484.

[32] Tian X L, Zhao X, Su Y Q, et al. Engineering bunched Pt-Ni alloy nanocages for efficient oxygen reduction in practical fuel cells[J]. Science, 2019, 366：850-856.

[33] 张立德，牟季美.纳米材料和纳米结构[M].北京：科学出版社，2001.

[34] （德）格莱特（GleiterH.）.纳米材料[M].崔平等译.北京：原子能出版社，1994.

[35] 成会明.纳米碳管：制备、结构、物性及应用[M].北京：化学工业出版社，2002.

[36] 陈乾旺.纳米科技基础[M].北京：高等教育出版社，2008.

[37] 张邦维.纳米材料物理基础[M].北京：化学工业出版社，2009.

[38] 章效锋.清晰的纳米世界：显微镜终极目标的千年追求[M].北京：清华大学出版社，2005.

[39] 江雷，冯琳.仿生智能纳米界面材料[M].北京：化学工业出版社，2007.

[40] （美）M·麦亚潘（M Meyyappan）.碳纳米管——科学与应用[M].刘忠范等译.北京：科学出版社，2007.

[41] Jin R C, Cao Y W, Mirkin C A, et al. Photoinduced conversion of silver nanospheres to nanoprisms[J]. Science, 2001, 294：1901-1903.

[42] Wang X F, Ding B, Yu J Y, et al. Engineering biomimetic superhydrophobic surfaces of electrospun nanomaterials[J]. Nano Today, 2011, 6：510-530.

[43] Zhang L, Niu W X, Xu G B. Synthesis and applications of noble metal nanocrystals with high-energy facets [J]. Nano Today, 2012, 7：586-605.

[44] 黄惠忠.纳米材料分析[M].北京：化学工业出版社，2003.

[45] 朱静.纳米材料和器件[M].北京：清华大学出版社，2003.

[46] 徐国财，张立德.纳米复合材料[M].北京：化学工业出版社，2002.

[47] 丁秉钧.纳米材料[M].北京：机械工业出版社，2004.

[48] 倪星元，沈军，张志华.纳米材料的理化特性与应用[M].北京：化学工业出版社，2006.

[49] 陈敬中，刘剑洪，孙学良.纳米材料科学导论[M].北京：高等教育出版社，2010.

[50] （美）K·J·克莱邦德（Kenneth J. Klabunde）.纳米材料化学[M].陈建峰等译.北京：化学工业出版社，2004.

[51] 嵇天浩，孙家跃，杜海燕.分散型无机纳米粒子：制备、组装和应用[M].北京：科学出版社，2009.

[52] 杨邦朝，王文生.薄膜物理与技术[M].成都：电子科技大学出版社，1994.

[53] 肖进新, 赵振国. 表面活性剂应用原理[M]. 北京: 化学工业出版社, 2003.

[54] 江龙. 胶体化学概论[M]. 北京: 科学出版社, 2002.

[55] Ma T H, Wang Z X, Wu D X, et al. High-areal-capacity and long-cycle-life all-solid-state battery enabled by freeze drying technology[J]. Energy & Environmental Science, 2023, 16: 2142-2152.

[56] Wang J L, Yan X F, Zhang Z, et al. Facile preparation of high-content N-doped CNT microspheres for high-performance lithium storage[J]. Advanced Functional Materials, 2019, 29: 1-9.

[57] 郑水林. 超微粉体加工技术与应用[M]. 北京: 化学工业出版社, 2021.

[58] 徐志军, 初瑞清. 纳米材料与纳米技术[M]. 北京: 化学工业出版社, 2010.

[59] 张凯锋, 卢振, 王长文. 纳米材料成形理论与技术[M]. 哈尔滨: 哈尔滨工业大学出版社, 2012.

[60] 刘红艳. 超声波辅助水溶液球磨制备纳米铁氧体粉末的研究[D]. 长沙: 湖南大学, 2012.

[61] 阿布力克木·阿布力孜. 超声合成氧化物和石墨烯纳米材料及其应用研究[D]. 南京: 南京大学, 2014.

[62] 陈伟坤. 超声化学法制备 FeO(OH, Cl) 和 Mn_3O_4 纳米材料及其应用探索[D]. 福州: 福建工程学院, 2019.

[63] 宋宁. 超声—微波化学共沉淀法制备 ITO 和 CIO 纳米粉体的研究[D]. 昆明: 昆明理工大学, 2007.

[64] 黄广华. 改性丙烯酸类水性分散剂的合成及其用于制备水基陶瓷墨水的研究[D]. 广州: 华南理工大学, 2020.

[65] 朱天飞. 高能球磨法制备 α-Al_2O_3 纳米颗粒[D]. 兰州: 兰州大学, 2013.

[66] 侯大姣. 机械化学法制备功能化磷纳米材料及其性能探究[D]. 武汉: 华中科技大学, 2020.

[67] 童景琳. 基于非局部理论的超声振动磨削纳米复相陶瓷损伤机理研究[D]. 焦作: 河南理工大学, 2015.

[68] 刘伟. 基于间十五烷基酚聚酯型超分散剂研究[D]. 郑州: 郑州大学, 2014.

[69] 王旭. 基于探针型超声器件的纳米加工[D]. 南京: 南京航空航天大学, 2018.

[70] 马兰. 纳米材料在盐水中的分散研究及其在油井工作液中的应用探讨[D]. 成都: 西南石油大学, 2018.

[71] 马伟佳. 纳米金刚石的分散与化学改性的研究[D]. 天津: 河北工业大学, 2016.

[72] 樊思迪. 球磨辅助优化工艺制备氮化硼纳米管膜润湿性的研究[D]. 哈尔滨: 哈尔滨工业大学, 2015.

[73] 高斌. 室温离子液体中纳米材料的超声制备研究[D]. 南京: 南京大学, 2014.

[74] 刘振宇. 碳纳米管增强铝基复合材料的机械分散制备及其组织性能研究[D]. 大连: 大连理工大学, 2014.

[75] 谢于辉. 氧化石墨烯在金属防腐蚀涂层中的应用及分散机理研究[D]. 广州: 华南理工大学, 2019.

[76] 刘伯元, 赵安赤. 超细振动磨在纳米材料分散作用的研究[J]. 中国粉体技术, 2001, 7: 66-70

[77] 王滨, 杨力. 纳米粉体的团聚、分散及表面改性[C]. 上海市颗粒学会 2005 年年会论文, 2005: 58-62.

[78] 闫兴山. $LiMn_2O_4$ 和 $LiNi_{0.5}Mn_{1.5}O_4$ 纳米丝的制备及其电化学性能研究[D]. 兰州: 兰州理工大学, 2017.

[79] 张璐. $LiMPO_4$(M=Mn, Fe)纳米材料的制备及其锂离子电池性能研究[D]. 青岛: 中国石油大学(华东), 2017.

[80] 黎彦希. Li-Ni-Mn-O 系锂离子电池正极材料纳米化及其电化学性能研究[D]. 武汉: 武汉理工大学, 2008.

[81] 吴织. 低共熔溶剂合成锂离子电池正极材料纳米结构 $LiMnPO_4/C$ 的工艺及性能研究[D]. 南宁: 广西大学, 2017.

[82] 王然. 二维纳米片状 $LiNi_{0.8}Co_{0.15}Al_{0.05}O_2$ 正极材料的制备及应用研究[D]. 北京: 北京理工大学, 2017.

[83] 丁夏楠. 高性能锂离子电池电极材料的静电纺丝技术制备与改性[D]. 北京：北京科技大学，2020.

[84] 梁凤. 孔状纳米级锂离子电池正极材料磷酸铁锂的制备与研究[D]. 昆明：昆明理工大学，2009.

[85] 田野. 锂离子电池正极材料 LiFePO$_4$ 纳米线的制备[D]. 太原：太原理工大学，2010.

[86] 廖龙欢. 纳米结构 Li(Mn, Fe)PO$_4$ 锂离子电池正极材料的溶剂热合成与电化学性能[D]. 杭州：浙江大学，2016.

[87] 吕途安. 纳米片状 LiMnPO$_4$/C 复合材料的制备与改性研究[D]. 湘潭：湘潭大学，2019.

[88] 郭威. 微纳米中空结构在锂离子电池正极材料中的应用[D]. 信阳：信阳师范学院，2020.

[89] 耿艳辉. 电纺法制备 LiFePO$_4$/C 纳米纤维锂离子电池正极材料的研究[D]. 哈尔滨：哈尔滨工业大学，2012.

[90] 王涛. 锂离子电池正极 Li$_2$FeSiO$_4$/C 纳米复合材料的合成与表征[D]. 哈尔滨：哈尔滨工业大学，2011.

[91] 高志刚. 纳米尺度锂离子电池电极材料的制备与储锂性能研究[D]. 长春：东北师范大学，2017.

[92] 朱成义. 一维尖晶石型 LiMn$_2$O$_4$ 纳米棒正极材料的可控合成及改性研究[D]. 昆明：昆明理工大学，2020.

[93] 朱晓军. 一维纳米纤维锂离子电池电极材料的制备及储能研究[D]. 兰州：兰州理工大学，2019.

[94] 张双鹏. 用于高性能锂离子电池的纳米碳三维复合正极材料的研究[D]. 昆明：云南大学，2020.

[95] Jung S K, Hwang I, Chang D, et al. Nanoscale phenomena in lithium-ion batteries[J]. Chemical Reviews, 2020, 120: 6684–6737.

[96] Kim S W, Pereira N, Chernova N A, et al. Structure stabilization by mixed anions in oxyfluoride cathodes for high-energy lithium batteries[J]. ACS Nano, 2015, 9: 10076–10084.

[97] Jung S K, Gwon H, Hong J, et al. Understanding the degradation mechanisms of LiNi$_{0.5}$Co$_{0.2}$Mn$_{0.3}$O$_2$ cathode material[J]. Advanced Energy Materials, 2014, 4: 1300787.

[98] Pieczonka N P W, Liu Z Y, Lu P, et al. Understanding transition-metal dissolution behavior in LiNi$_{0.5}$Mn$_{1.5}$O$_4$ high-voltage spinel for lithium ion batteries[J]. The Journal of Physical Chemistry C, 2013, 117: 15947–15957.

[99] Wang F, Yu H C, Chen M H, et al. Tracking lithium transport and electrochemical reactions in nanoparticles[J]. Nature Communications, 2012, 3: 1201.

[100] Lin F, Markus I M, Nordlund D, et al. Surface reconstruction and chemical evolution of stoichiometric layered cathode materials for lithium-ion batteries[J]. Nature Communications, 2014, 5: 3529.

[101] De Las Casas C, Li W Z. A review of application of carbon nanotubes for lithium ion battery anode material[J]. Journal of Power Sources, 2012, 208: 74–85.

[102] 彭盼盼，来雪琦，韩啸，等. 锂离子电池负极材料的研究进展[J]. 有色金属工程，2021，11：80–91.

[103] 侯佼，侯春平，孟令桐，等. 锂离子电池硅基负极材料的研究进展[J]. 炭素技术，2020，39：1–5, 20.

[104] 尹坚，董季玲，丁皓，等. 锂离子电池过渡金属氧化物负极材料研究进展[J]. 储能科学与技术，2021，10：995–1001.

[105] 杨乐之，刘志宽，方自力，等. 锂离子电池硅氧负极材料的研究进展[J]. 电池，2021，51：315–318.

[106] Liu W L, Zhi H Q, Yu X B. Recent progress in phosphorus based anode materials for lithium/sodium ion batteries[J]. Energy Storage Materials, 2019, 16: 290–322.

[107] Chang K, Chen W X. L-cysteine-assisted synthesis of layered MoS$_2$/graphene composites with excellent electrochemical performances for lithium ion batteries[J]. ACS Nano, 2011, 5: 4720–4728.

[108] Hernandez Y, Nicolosi V, Lotya M, et al. High-yield production of graphene by liquid-phase exfoliation of graphite[J]. Nature Nanotechnology, 2008, 3: 563–568.

[109] Qian W, Hao R, Hou Y L, et al. Solvothermal-assisted exfoliation process to produce graphene with high yield

and high quality[J]. Nano Research, 2009, 2: 706-712.

[110] Yang S B, Huo J P, Song H H, et al. A comparative study of electrochemical properties of two kinds of carbon nanotubes as anode materials for lithium ion batteries [J]. Electrochimica Acta, 2008, 53: 2238-2244.

[111] Ohta N, Kimura S, Sakabe J, et al. Anode properties of Si nanoparticles in all-solid-state Li batteries[J]. ACS Applied Energy Materials, 2019, 2: 7005-7008.

[112] Zhang M, Zhang T F, Ma Y F, et al. Latest development of nanostructured Si/C materials for lithium anode studies and applications[J]. Energy Storage Materials, 2016, 4: 1-14.

[113] Li W H, Sun X L, Yu Y. Si-Ge-Sn-based anode materials for lithium-ion batteries: From structure design to electrochemical performance[J]. Small Methods, 2017, 1: 1600037.

[114] Loaiza L C, Monconduit L, Seznec V. Si and Ge-based anode materials for Li, Na and K-ion batteries: A perspective from structure to electrochemical mechanism[J]. Small, 2020, 16: e1905260.

[115] 王帅, 宋广生, Wen C, et al. 锂离子电池硅负极初始库仑效率的研究进展[J]. 功能材料, 2020, 51: 11076-11082.

[116] 李世恒, 王超, 鲁振达. 锂离子电池硅基负极材料的预锂化研究进展[J]. 高等学校化学学报, 2021, 42: 1530-1542.

[117] Luo W, Chen X Q, Xia Y A, et al. Surface and interface engineering of silicon-based anode materials for lithium-ion batteries[J]. Advanced Energy Materials, 2017, 7: 1701083.

[118] 闵永刚, 陈妙玲, 黄兴文, 等. 金属硫化物作为锂离子电池负极材料研究进展[J]. 功能材料, 2020, 51: 12001-12008.

[119] Wang J S, Zhang X, Li Z, et al. Recent progress of biomass-derived carbon materials for supercapacitors [J]. Journal of Power Sources, 2020, 451: 227794.

[120] Zhong M Z, Zhang M A, Li X F. Carbon nanomaterials and their composites for supercapacitors[J]. Carbon Energy, 2022, 4: 950-985.

[121] 王鹏, 王晗, 张建文, 等. 超级电容储能系统在风电系统低电压穿越中的设计及应用[J]. 中国电机工程学报, 2014, 34: 1528-1537.

[122] Teng Y C, Wei J, Du H B, et al. A solar and thermal multi-sensing microfiber supercapacitor with intelligent self-conditioned capacitance and body temperature monitoring[J]. Journal of Materials Chemistry A, 2020, 8: 11695-11711.

[123] Skinner B, Chen T R, Loth M S, et al. Theory of volumetric capacitance of an electric double-layer supercapacitor[J]. Physical Review E, 2011, 83: 056102.

[124] Lim E, Jo C, Lee J. A mini review of designed mesoporous materials for energy-storage applications: From electric double-layer capacitors to hybrid supercapacitors[J]. Nanoscale, 2016, 8: 7827-7833.

[125] Wang G P, Zhang L, Zhang J J. A review of electrode materials for electrochemical supercapacitors [J]. Chemical Society Reviews, 2012, 41: 797-828.

[126] Xie K, Qin X T, Wang X Z, et al. Carbon nanocages as supercapacitor electrode materials [J]. Advanced Materials, 2012, 24: 347-352.

[127] Cao C Y, Zhou Y H, Ubnoske S, et al. Highly stretchable supercapacitors via crumpled vertically aligned carbon nanotube forests[J]. Advanced Energy Materials, 2019, 9: 1900618.

[128] 朱磊, 吴伯荣, 陈晖, 等. 超级电容器研究及其应用[J]. 稀有金属, 2003, 27: 385-390.

[129] 王芳, 梁春生, 徐大亮, 等. 锂空气电池的研究进展[J]. 无机材料学报, 2012, 27: 1233-1242.

[130] 顾大明, 张传明, 顾硕, 等. 锂-空气电池性能的影响因素及研究进展[J]. 化学学报, 2012, 70:

2115-2122.

[131] Liu B, Sun Y L, Liu L, et al. Advances in manganese-based oxides cathodic electrocatalysts for Li-air batteries[J]. Advanced Functional Materials, 2018, 28: 1704973.

[132] Zahoor A, Ghouri Z K, Hashmi S, et al. Electrocatalysts for lithium-air batteries: Current status and challenges[J]. ACS Sustainable Chemistry & Engineering, 2019, 7: 14288-14320.

[133] Pan J, Tian X L, Zaman S, et al. Recent progress on transition metal oxides as bifunctional catalysts for lithium-air and zinc-air batteries[J]. Batteries & Supercaps, 2019, 2: 336-347.

[134] Cao S W, Tao F F, Tang Y, et al. Size-and shape-dependent catalytic performances of oxidation and reduction reactions on nanocatalysts[J]. Chemical Society Reviews, 2016, 45: 4747-4765.

[135] Nakibli Y, Mazal Y, Dubi Y, et al. Size matters: Cocatalyst size effect on charge transfer and photocatalytic activity[J]. Nano Letters, 2018, 18: 357-364.

[136] Ren Y, Liu Z, Pourpoint F, et al. Nanoparticulate TiO$_2$(B): An anode for lithium-ion batteries[J]. Angewandte Chemie International Edition, 2012, 51: 2164-2167.

[137] Okubo M, Hosono E, Kim J, et al. Nanosize effect on high-rate Li-ion intercalation in LiCoO$_2$ electrode [J]. ChemInform, 2007, 38: 7444-7452.

[138] Seo D H, Park K Y, Kim H, et al. Intrinsic nanodomains in triplite LiFeSO$_4$F and its implication in lithium-ion diffusion[J]. Advanced Energy Materials, 2018, 8: 1701408.

[139] Liu P, Vajo J J, Wang J S, et al. Thermodynamics and kinetics of the Li/FeF$_3$ reaction by electrochemical analysis[J]. The Journal of Physical Chemistry C, 2012, 116: 6467-6473.

[140] Jia Z, Li T. Stress-modulated driving force for lithiation reaction in hollow nano-anodes[J]. Journal of Power Sources, 2015, 275: 866-876.

[141] Gu M, Yang H, Perea D E, et al. Bending-induced symmetry breaking of lithiation in germanium nanowires [J]. Nano Letters, 2014, 14: 4622-4627.

[142] Yao Y, Mcdowell M T, Ryu I, et al. Interconnected silicon hollow nanospheres for lithium-ion battery anodes with long cycle life[J]. Nano Letters, 2011, 11: 2949-2954.

[143] Zhang L T, Chen G H, Berg E J, et al. Triggering the in situ electrochemical formation of high capacity cathode material from MnO[J]. Advanced Energy Materials, 2017, 7: 1602200.

[144] Tawa S, Sato Y, Orikasa Y, et al. Lithium fluoride/iron difluoride composite prepared by a fluorolytic sol-gel method: Its electrochemical behavior and charge-discharge mechanism as a cathode material for lithium secondary batteries[J]. Journal of Power Sources, 2019, 412: 180-188.

[145] Kim S W, Nam K W, Seo D H, et al. Energy storage in composites of a redox couple host and a lithium ion host[J]. Nano Today, 2012, 7(3): 168-173.

[146] Fu L J, Chen C C, Samuelis D, et al. Thermodynamics of lithium storage at abrupt junctions: Modeling and experimental evidence[J]. Physical Review Letters, 2014, 112: 208301.

[147] Chen C C, Fu L J, Maier J. Synergistic, ultrafast mass storage and removal in artificial mixed conductors [J]. Nature, 2016, 536: 159-164.

[148] Freire M, Kosova N V, Jordy C, et al. A new active Li-Mn-O compound for high energy density Li-ion batteries[J]. Nature Materials, 2016, 15: 173-177.

[149] Jung S K, Hwang I, Chang D, et al. Nanoscale phenomena in lithium-ion batteries[J]. Chemical Reviews, 2020, 120: 6684-6737.

[150] Liu N, Lu Z D, Zhao J, et al. A pomegranate-inspired nanoscale design for large-volume-change lithium battery anodes[J]. Nature Nanotechnology, 2014, 9: 187-192.

[151] Zhu H J, Cheng X, Yu H X, et al. $K_6Nb_{10.8}O_{30}$ groove nanobelts as high performance lithium-ion battery anode towards long-life energy storage[J]. Nano Energy, 2018, 52: 192-202.

[152] Li J Y, Manthiram A. A comprehensive analysis of the interphasial and structural evolution over long-term cycling of ultrahigh-nickel cathodes in lithium-ion batteries[J]. Advanced Energy Materials, 2019, 9: 1902731.

[153] Zhang Q, Brady A B, Pelliccione C J, et al. Investigation of structural evolution of $Li_{1.1}V_3O_8$ by in situ X-ray diffraction and density functional theory calculations[J]. Chemistry of Materials, 2017, 29: 2364-2373.

[154] Xia M, Liu T, Peng N, et al. Lab-scale in situ X-ray diffraction technique for different battery systems: Designs, applications, and perspectives[J]. Small Methods, 2019, 3: 168-173.

[155] Huang S Q, Wang S W, Hu G H, et al. Modulation of solid electrolyte interphase of lithium-ion batteries by LiDFOB and LiBOB electrolyte additives[J]. Applied Surface Science, 2018, 441: 265-271.

[156] Lang S Y, Shi Y, Guo Y G, et al. Insight into the interfacial process and mechanism in lithium-sulfur batteries: An in situ AFM study[J]. Angewandte Chemie International Edition, 2016, 55: 15835-15839.

[157] Wen R, Hong M S, Byon H R. In situ AFM imaging of $Li-O_2$ electrochemical reaction on highly oriented pyrolytic graphite with ether-based electrolyte[J]. Journal of the American Chemical Society, 2013, 135: 10870-10876.

[158] Liu C, Ye S. In situ atomic force microscopy (AFM) study of oxygen reduction reaction on a gold electrode surface in a dimethyl sulfoxide (DMSO)-based electrolyte solution[J]. The Journal of Physical Chemistry C, 2016, 120: 25246-25255.

[159] Wu H L, Huff L A, Gewirth A A. In situ Raman spectroscopy of sulfur speciation in lithium-sulfur batteries [J]. ACS Applied Materials & Interfaces, 2015, 7: 1709-1719.

[160] Hy S, Chen Y H, Liu J Y, et al. In situ surface enhanced Raman spectroscopic studies of solid electrolyte interphase formation in lithium ion battery electrodes[J]. Journal of Power Sources, 2014, 256: 324-328.

[161] Ye J Y, Jiang Y X, Sheng T, et al. In-situ FTIR spectroscopic studies of electrocatalytic reactions and processes[J]. Nano Energy, 2016, 29: 414-427.

[162] Horwitz G, Calvo E J, Méndez De Leo L P, et al. Electrochemical stability of glyme-based electrolytes for $Li-O_2$ batteries studied by in situ infrared spectroscopy[J]. Physical Chemistry Chemical Physics, 2020, 22: 16615-16623.

[163] Vivek J P, Berry N, Papageorgiou G, et al. Mechanistic insight into the superoxide induced ring opening in propylene carbonate based electrolytes using in situ surface-enhanced infrared spectroscopy[J]. Journal of the American Chemical Society, 2016, 138: 3745-3751.

[164] Zhu Y G, Thomas Goh F W T, Yan R T, et al. Synergistic oxygen reduction of dual redox catalysts boosting the power of lithium-air battery[J]. Physical Chemistry Chemical Physics, 2018, 20: 27930-27936.

[165] Sasaki K, Marinkovic N, Isaacs H S, et al. Synchrotron-based in situ characterization of carbon-supported platinum and platinum monolayer electrocatalysts[J]. ACS Catalysis, 2016, 6: 69-76.

[166] Wei C, Feng Z X, Scherer G G, et al. Cations in octahedral sites: A descriptor for oxygen electrocatalysis on transition-metal spinels[J]. Advanced Materials, 2017, 29: 365-369.

[167] Genovese C, Schuster M E, Gibson E K, et al. Operando spectroscopy study of the carbon dioxide electro-reduction by iron species on nitrogen-doped carbon[J]. Nature Communications, 2018, 9: 935.

[168] Peterson E J, Delariva A T, Lin S, et al. Low-temperature carbon monoxide oxidation catalysed by regenerable atomically dispersed palladium on alumina[J]. Nature Communications, 2014, 5: 4885.

[169] Gao Q, Gu M, Nie A M, et al. Direct evidence of lithium-induced atomic ordering in amorphous TiO_2 nanotubes[J]. Chemistry of Materials, 2014, 26: 1660-1669.

［170］Niu J J, Kushima A, Qian X F, et al. In situ observation of random solid solution zone in LiFePO₄ electrode ［J］. Nano Letters, 2014, 14: 4005-4010.

［171］Zhou J, Yang Y, Zhang C Y. A low-temperature solid-phase method to synthesize highly fluorescent carbon nitride dots with tunable emission ［J］. Chemical Communications, 2013, 49: 8605-8607.

［172］Li S, Li L, Tu H Y, et al. The development of carbon dots: From the perspective of materials chemistry ［J］. Materials Today, 2021, 51: 188-207.

［173］Yeh T F, Teng C Y, Chen S J, et al. Nitrogen-doped graphene oxide quantum dots as photocatalysts for overall water-splitting under visible light illumination［J］. Advanced Materials, 2014, 26: 3297-3303.

［174］Wang Q L, Huang X X, Long Y J, et al. Hollow luminescent carbon dots for drug delivery［J］. Carbon, 2013, 59: 192-199.

［175］Shao J R, Zhu S J, Liu H W, et al. Full-color emission polymer carbon dots with quench-resistant solid-state fluorescence［J］. Advanced Science, 2017, 4: 1700395.

［176］Zhang X Y, Zeng Q S, Xiong Y A, et al. Energy level modification with carbon dot interlayers enables efficient perovskite solar cells and quantum dot based light-emitting diodes ［J］. Advanced Functional Materials, 2020, 30: 1910530.

［177］Li X M, Rui M C, Song J Z, et al. Carbon and graphene quantum dots for optoelectronic and energy devices: A review［J］. Advanced Functional Materials, 2015, 25: 4929-4947.

［178］Hou H S, Banks C E, Jing M J, et al. Carbon quantum dots and their derivative 3D porous carbon frameworks for sodium-ion batteries with ultralong cycle life［J］. Advanced Materials, 2015, 27: 7861-7866.

［179］Zhu Y R, Ji X B, Pan C C, et al. A carbon quantum dot decorated RuO₂ network: Outstanding supercapacitances under ultrafast charge and discharge ［J］. Energy & Environmental Science, 2013, 6: 3665-3675.

［180］Kim J K, Park M J, Kim S J, et al. Balancing light absorptivity and carrier conductivity of graphene quantum dots for high-efficiency bulk heterojunction solar cells［J］. ACS Nano, 2013, 7: 7207-7212.

［181］Zhang Y Q, Ma D K, Zhang Y G, et al. N-doped carbon quantum dots for TiO₂−based photocatalysts and dye-sensitized solar cells［J］. Nano Energy, 2013, 2: 545-552.

［182］Xie F, Xu Z, Jensen A C S, et al. Unveiling the role of hydrothermal carbon dots as anodes in sodium-ion batteries with ultrahigh initial coulombic efficiency ［J］. Journal of Materials Chemistry A, 2019, 7: 27567-27575.

［183］Hong D, Choi Y, Ryu J, et al. Homogeneous Li deposition through the control of carbon dot-assisted Li-dendrite morphology for high-performance Li-metal batteries［J］. Journal of Materials Chemistry A, 2019, 7: 20325-20334.

［184］Li S, Luo Z, Li L, et al. Recent progress on electrolyte additives for stable lithium metal anode［J］. Energy Storage Materials, 2020, 32: 306-319.

［185］Chao D L, Zhu C R, Xia X H, et al. Graphene quantum dots coated VO₂ arrays for highly durable electrodes for Li and Na ion batteries［J］. Nano Letters, 2015, 15: 565-573.

［186］Guo J X, Zhu H F, Sun Y F, et al. Boosting the lithium storage performance of MoS₂ with graphene quantum dots［J］. Journal of Materials Chemistry A, 2016, 4: 4783-4789.

［187］Ge P, Hou H S, Cao X Y, et al. Multidimensional evolution of carbon structures underpinned by temperature-induced intermediate of chloride for sodium-ion batteries［J］. Advanced Science, 2018, 5: 1800080.

［188］Fu Y S, Wu Z, Yuan Y F, et al. Switchable encapsulation of polysulfides in the transition between sulfur and lithium sulfide［J］. Nature Communications, 2020, 11: 845.

[189] Li L, Li Y T, Ye Y, et al. Kilogram-scale synthesis and functionalization of carbon dots for superior electrochemical potassium storage[J]. ACS Nano, 2021, 15: 6872-6885.

[190] Hou H S, Shao L D, Zhang Y, et al. Large-area carbon nanosheets doped with phosphorus: A high-performance anode material for sodium-ion batteries[J]. Advanced Science, 2017, 4: 1600243.

[191] Hong W W, Zhang Y, Yang L, et al. Carbon quantum dot micelles tailored hollow carbon anode for fast potassium and sodium storage[J]. Nano Energy, 2019, 65: 104038.

[192] 胡伟武, 冯传平. 纳米材料和纳米技术在环境保护方面的应用[J]. 化工新型材料, 2007, 35: 14-16.

[193] 郝保红, 段秋桐, 何琦, 等. "稀土-铝" 纳米催化剂的研制及其在尾气净化方面的应用前景[J]. 当代化工, 2013, 42: 810-812.

[194] Qian Y T, Qin C D, Chen M M, et al. Nanotechnology in soil remediation-applications vs. implications [J]. Ecotoxicology and Environmental Safety, 2020, 201: 110815.

[195] Ding X G, Peng F, Zhou J, et al. Defect engineered bioactive transition metals dichalcogenides quantum dots [J]. Nature Communications, 2019, 10: 41.

[196] Bu L Z, Guo S J, Zhang X, et al. Surface engineering of hierarchical platinum-cobalt nanowires for efficient electrocatalysis[J]. Nature Communications, 2016, 7: 11850.

[197] Antolini E. Palladium in fuel cell catalysis[J]. Energy & Environmental Science, 2009, 2: 915-931.

[198] Wasmus S, Küver A. Methanol oxidation and direct methanol fuel cells: A selective review[J]. Journal of Electroanalytical Chemistry, 1999, 461: 14-31.

[199] Badwal S P S, Giddey S, Kulkarni A, et al. Direct ethanol fuel cells for transport and stationary applications-A comprehensive review[J]. Applied Energy, 2015, 145: 80-103.

[200] Zhong Y, Xu C L, Kong L B, et al. Synthesis and high catalytic properties of mesoporous Pt nanowire array by novel conjunct template method[J]. Applied Surface Science, 2008(5): 3388-3393.

[201] Lu Y X, Du S F, Steinberger-Wilckens R. Temperature-controlled growth of single-crystal Pt nanowire arrays for high performance catalyst electrodes in polymer electrolyte fuel cells [J]. Applied Catalysis B: Environmental, 2015, 164: 389-395.

[202] Zhou W P, Li M, Koenigsmann C, et al. Morphology-dependent activity of Pt nanocatalysts for ethanol oxidation in acidic media: Nanowires versus nanoparticles[J]. Electrochimica Acta, 2011, 56: 9824-9830.

[203] Wang W, Lv F, Lei B, et al. Tuning nanowires and nanotubes for efficient fuel-cell electrocatalysis[J]. Advanced Materials, 2016, 28: 10117-10141.

[204] Koenigsmann C, Scofield M E, Liu H Q, et al. Designing enhanced one-dimensional electrocatalysts for the oxygen reduction reaction: Probing size and composition-dependent electrocatalytic behavior in noble metal nanowires[J]. The Journal of Physical Chemistry Letters, 2012, 3: 3385-3398.

[205] Kim H J, Kim Y S, Seo M H, et al. Highly improved oxygen reduction performance over Pt/C-dispersed nanowire network catalysts[J]. Electrochemistry Communications, 2010, 12: 32-35.

[206] Sun S H, Zhang G X, Geng D S, et al. Direct growth of single-crystal Pt nanowires on Sn@ CNT Nanocable: 3D electrodes for highly active electrocatalysts[J]. Chemistry, 2010, 16: 829-835.

[207] Bu L Z, Ding J B, Guo S J, et al. A general method for multimetallic platinum alloy nanowires as highly active and stable oxygen reduction catalysts[J]. Advanced Materials, 2015, 27: 7204-7212.

[208] Demirci U B. Theoretical means for searching bimetallic alloys as anode electrocatalysts for direct liquid-feed fuel cells[J]. Journal of Power Sources, 2007, 173: 11-18.

[209] Zhang N, Guo S J, Zhu X, et al. Hierarchical Pt/Pt$_x$Pb core/shell nanowires as efficient catalysts for electrooxidation of liquid fuels[J]. Chemistry of Materials, 2016, 28: 4447-4452.